高职高专“十三五”规划教材

Gao Deng Shu Xue

高等数学

（上册）

龚和林　主　编

王红玉　副主编

高　华　主　审

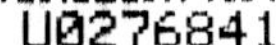

图书在版编目(CIP)数据

高等数学.上册 / 龚和林主编. —杭州:浙江大学出版社,2016.9(2023.7 重印)

ISBN 978-7-308-16224-1

Ⅰ.①高… Ⅱ.①龚… Ⅲ.①高等数学—高等职业教育—教材 Ⅳ.①O13

中国版本图书馆 CIP 数据核字(2016)第 216923 号

高等数学(上册)

龚和林　主编

责任编辑	张颖琪
责任校对	王　波
封面设计	春天书装
出版发行	浙江大学出版社 (杭州天目山路 148 号　邮政编码 310007) (网址:http://www.zjupress.com)
排　　版	杭州青翊图文设计有限公司
印　　刷	浙江新华数码印务有限公司
开　　本	787mm×1092mm　1/16
印　　张	11
字　　数	256 千
版 印 次	2016 年 9 月第 1 版　2023 年 7 月第 6 次印刷
书　　号	ISBN 978-7-308-16224-1
定　　价	30.00 元

内容提要

“高等数学”是理工科专业的一门重要的基础理论课程，它不仅培养学生的创新思维能力，而且还要为学生学习后继课程和解决实际问题提供必不可少的数学基础知识及常用的数学方法。本教材以教育部《关于全面提高高等职业教育教学质量的若干意见》(教高〔2006〕16号)和教育部为推动高等职业教育创新发展印发的《高等职业教育创新发展行动计划(2015—2018年)》(教职成〔2015〕9号)为指导，根据高职院校高等数学的教学目标和社会对高职学生的职业能力要求，并结合浙江工业职业技术学院四年制高职本科试点专业——机械设计制造及其自动化(数控技术)的专业特点，大量引入了教学与应用实例，强化了“自我学习、信息处理、数字应用、解决问题、创新”等职业核心能力的培养，以期达到培养高职本科专业学生综合应用数学的能力、建立数学模型的能力，力争培养学生的科学计算能力和利用计算机分析处理实际问题的能力.

本教材内容除预备知识外，包含极限与连续、导数与微分、微分的应用、不定积分、定积分、定积分的应用共六章内容，每一章从学习基础理论和解决实际问题两个角度，即从理论和应用两方面对高等数学知识进行全面的讲解，知识结构设置由易到难，逻辑清晰。首先学习相关概念，了解理论知识；再通过例题讲解，诠释理论；最后通过总结归纳来巩固要点，完善理论体系.

本教材结构严谨、逻辑清晰、例题较多、可读性强，有利于教师教学，方便学生的自我学习、自我提高和自我创新，可供高职高专等工科专业学生使用.

前言

本教材依照教育部《高职高专教育专业人才培养目标及规格》及《高职高专教育高等数学课程教学基本要求》，结合高职高专教学改革的经验及新时期高等职业本科教育对数学基础课的教学要求编写．

本教材以知识内容“必需、够用”为原则，以培养学生“可持续发展”为目的；综合吸收大量优质教材的特点，力求通俗、简洁与高效，力求符合高职相应层次学生的数学基础及学习心理，便于学生对高等数学的学习、理解及应用；选题重基础，注意覆盖面；强化基本理论、方法和技能的训练，以此夯实基础；对提高学生运用数学知识及思维方法的能力起到一定的促进作用．

本教材由浙江工业职业技术学院龚和林任主编，王红玉任副主编，高华任主审．其中第1～3章由王红玉编写，第0章及第4～6章由龚和林编写，高华负责教材的审校工作．

本书在编写过程中，得到了浙江大学出版社有关老师的指导和大力支持，在此表示感谢．

本书疏漏之处在所难免，敬请广大专家、教师和读者提出宝贵意见和建议，以便我们不断予以完善．

编　者

2016年5月

目　录

第 0 章　若干预备知识

(一) 集合

具有特定性质的具体或抽象的事物全体称为**集合**(简称**集**),一般用大写英文字母 A,B,C,… 表示.如自然数集合 $\mathbf{N}\{0,1,2,\cdots,n,\cdots\}$.组成集合的事物称为集合的**元素**.$\alpha$ 是集合 A 的元素,表示为 $\alpha\in A$.

集合的表示方法有:**列举法**(将集合的元素逐一列举出来的方式)、**描述法**(即{代表元素 | 满足的性质})、**韦恩图**(用一条封闭的曲线内部表示一个集合的方法)等.

集合的三要素:

(1) 确定性,集合中的元素是确定的,要么在集合中要么不在,两者必居其一;

(2) 互异性,集合不允许出现相同的元素,比如 $\{a,a,b,b,c,c\}$ 是错误的写法,应该写成 $\{a,b,c\}$;

(3) 无序性,集合中元素的排列不考虑顺序问题,例如 $\{a,b,c\}$ 与 $\{a,c,b\}$ 表示同一个集合.

集合 A 中元素的数目称为集合 A 的**基数**,记作 $|A|$.当其为有限时,集合 A 称为**有限集**,反之则为**无限集**.

特殊集合符号:

N:由自然数构成的集合 $\{0,1,2,\cdots,n,\cdots\}$,称为**自然数集**.

R:由实数构成的集合,称为**实数集**.

Z:由整数构成的集合,称为**整数集**.

C:由复数构成的集合,称为**复数集**.

Q:由有理数构成的集合,称为**有理数集**,即 $\mathbf{Q}=\left\{\dfrac{p}{q}\mid p\in\mathbf{Z},q\in\mathbf{N}^{+}\text{ 且 } p \text{ 与 } q \text{ 互质}\right\}$.

$\varnothing$:**空集**.

【说明】 可在集合记号上标示上标表示集合与正(负)实数集的交集.如 $\mathbf{N}^{+}$ 表示正整数集.

(二) 区间与邻域

有限区间:设 $a<b$,称数集 $\{x\mid a<x<b\}$ 为开区间,记为 (a,b),即

$$(a,b)=\{x\mid a<x<b\}.$$

类似可定义闭区间$[a,b]=\{x\mid a\leqslant x\leqslant b\}$,半开半闭区间$[a,b)=\{x\mid a\leqslant x<b\}$、$(a,b]=\{x\mid a<x\leqslant b\}$,其中$a$和$b$称为区间$(a,b)$、$[a,b]$、$[a,b)$、$(a,b]$的端点,$b-a$称为区间的长度.有限区间可在数轴上的表示,如图0-1.

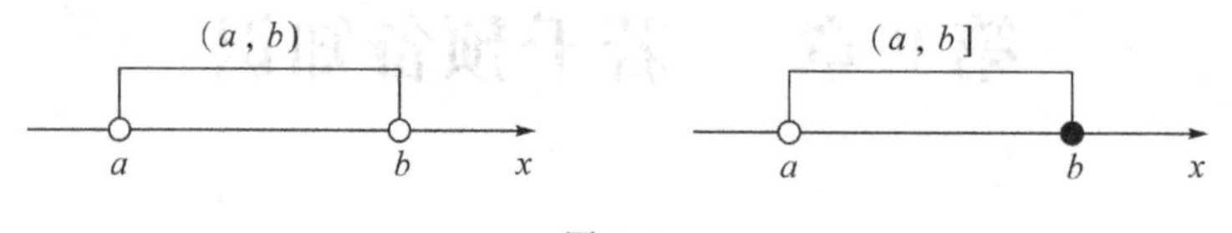

图 0-1

无限区间:$[a,+\infty)=\{x\mid x\geqslant a\}$,$(-\infty,b]=\{x\mid x\leqslant b\}$,$(-\infty,+\infty)=\{x\mid |x|<+\infty\}$.无穷区间也可在数轴上的表示,如图0-2.

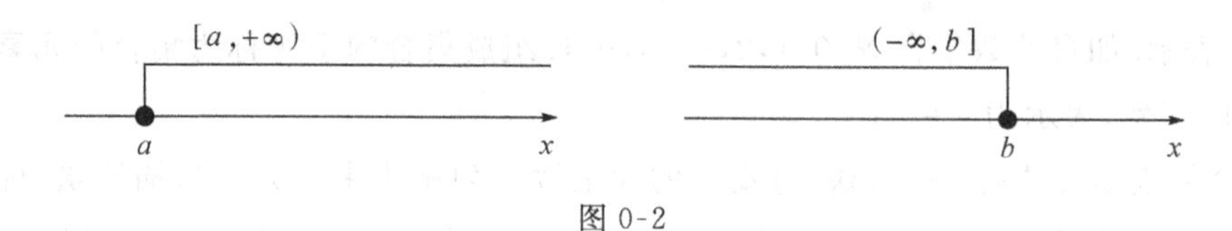

图 0-2

邻域:以点a为中心的任何开区间称为点a的**邻域**,记作$U(a)$.设$\delta>0$,称开区间$(a-\delta,a+\delta)$为点a的δ邻域(见图0-3),记作$U(a,\delta)$,即

$$U(a,\delta)=\{x\mid a-\delta<x<a+\delta\}=\{x\mid |x-a|<\delta\},$$

其中点a称为邻域的**中心**,δ称为邻域的**半径**.

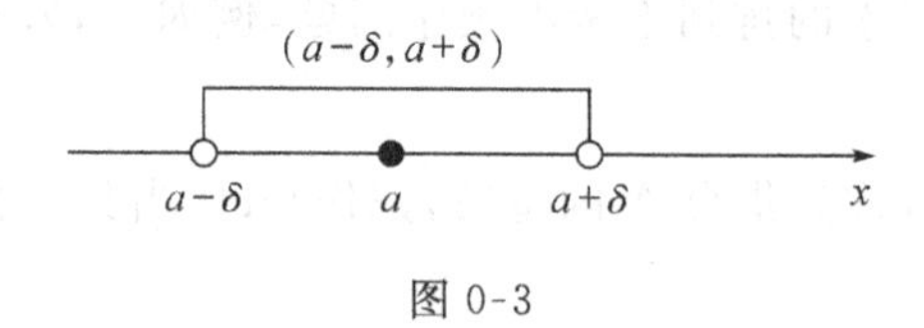

图 0-3

去心(空心)邻域:a的δ去心邻域$\mathring{U}(a,\delta)$定义为

$$\mathring{U}(a,\delta)=\{x\mid a-\delta<x<a+\delta,x\neq a\}=\{x\mid 0<|x-a|<\delta\}.$$

(三)数域

定义1(数域) 设K是某些复数所组成的集合.如果K中至少包含两个不同的复数,且K对复数的加、减、乘、除四则运算是封闭的,即对K内任意两个数a,b(a可以等于b),必有$a\pm b\in K$,$ab\in K$,且当$b\neq 0$时,$a/b\in K$,则称K为一个**数域**.

【例1】 典型的数域举例:复数域$\mathbf{C}$;实数域$\mathbf{R}$;有理数域$\mathbf{Q}$;Gauss数域:

$$Q(\mathrm{i})=\{a+b\mathrm{i}\mid a,b\in\mathbf{Q}\},\text{其中 }\mathrm{i}=\sqrt{-1}.$$

【例2】 任意数域K都包括有理数域$\mathbf{Q}$.

证明 设K为任意一个数域.由定义可知,存在一个元素$a\in K$,且$a\neq 0$.于是

$$0=a-a\in K,\qquad 1=\frac{a}{a}\in K.$$

进而 $\forall m \in \mathbf{Z}^{+}$，

$$m = 1 + 1 + \cdots + 1 \in K.$$

最后，$\forall m, n \in \mathbf{Z}^{+}$，$\frac{m}{n} \in K$，$-\frac{m}{n} = 0 - \frac{m}{n} \in K$. 这就证明了 $\mathbf{Q} \subseteq K$.

(四) 集合的运算，集合的映射(像与原像、单射、满射、双射)的概念

定义 2 (集合的交、并、差)　设 S 是集合，A 与 B 的公共元素所组成的集合称为 A 与 B 的**交集**，记作 $A \cap B$；把 A 和 B 中的元素合并在一起组成的集合称为 A 与 B 的**并集**，记作 $A \cup B$；从集合 A 中去掉属于 B 的那些元素之后剩下的元素组成的集合称为 A 与 B 的**差集**，记做 $A \backslash B$.

定义 3(集合的映射)　设 A、B 为集合，如果存在法则 f，使得 A 中任意元素 a 在法则 f 下对应 B 中唯一确定的元素(记作 $f(a)$)，则称 f 是 A 到 B 的一个**映射**，记为

$$f: A \to B, a \mapsto f(a).$$

如果 $f(a) = b \in B$，则 b 称为 a 在 f 下的**像**，a 称为 b 在 f 下的**原像**. A 的所有元素在 f 下的像构成的 B 的子集称为 A 在 f 下的**像**，记作 $f(A)$，即 $f(A) = \{f(a) \mid a \in A\}$.

若 $\forall a \neq a' \in A$，都有 $f(a) \neq f(a')$，则称 f 为**单射**. 若 $\forall b \in B$，都存在 $a \in A$，使得 $f(a) = b$，则称 f 为**满射**. 如果 f 既是单射又是满射，则称 f 为**双射**，或称**一一对应**.

(五) 函数的概念与性质

定义 4(函数)　设 x 和 y 是两个变量，D 是一个给定的数集，如果对于每个数 $x \in D$，变量 y 按照一定法则总有唯一确定的数值与其对应，则称 y 是 x 的**函数**，记作 $y = f(x)$. 数集 D 称为该函数的**定义域**，有时记为 D_f，x 称为**自变量**，y 称为**因变量**.

当自变量 x 取数值 x_0 时，因变量 y 按照法则 f 所取定的数值称为函数 $y = f(x)$ 在点 x_0 处的**函数值**，记作 $f(x_0)$. 当自变量 x 取遍定义域 D 的每个数值时，对应的函数值的全体组成的数集 $R_f = \{y \mid y = f(x), x \in D\}$ 称为函数的**值域**.

两个函数相等：函数的定义域和对应规则为函数的两个要素. 若两个函数的定义域相同，对应规则也相同，则称**两个函数相等**.

函数的表示法：函数的表示法有图像法、表格法和公式法等.

函数的单调性：若对任意 $x_1, x_2 \in (a,b)$，当 $x_1 < x_2$ 时，有 $f(x_1) \leqslant f(x_2)$，则称函数 $y = f(x)$ 在区间 (a,b) 上**单调增加**(函数的图像表现为自左至右是单调上升的曲线，见图 0-4)；当 $x_1 < x_2$ 时，有 $f(x_1) \geqslant f(x_2)$，则称函数 $y = f(x)$ 在区间 (a,b) 上**单调减少**(函数的图像表现为自左至右是单调下降的曲线，见图 0-5). 单调增加函数和单调减少函数统称**单调函数**. 若函数 $y = f(x)$ 是区间 (a,b) 上的单调函数，则称区间 (a,b) 为**单调区间**.

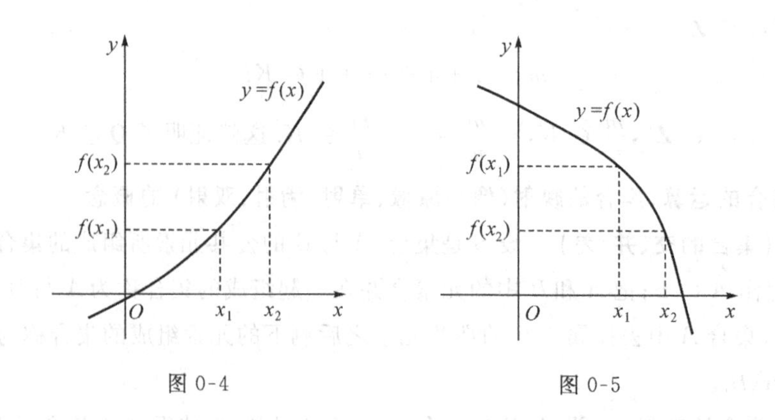

图 0-4　　　　图 0-5

函数的奇偶性:设函数 $y=f(x)$ 的定义域 D 关于原点对称,即对任意 $x\in D$,有 $-x\in D$.若对任意 $x\in D$ 满足 $f(-x)=f(x)$,则称 $f(x)$ 是 D 上的**偶函数**;若对任意 $x\in D$ 满足 $f(-x)=-f(x)$,则称 $f(x)$ 是 D 上的**奇函数**,既不是奇函数也不是偶函数的函数,称为**非奇非偶函数**.偶函数的图形关于 y 轴对称(见图 0-6),奇函数的图形关于原点对称(见图 0-7).

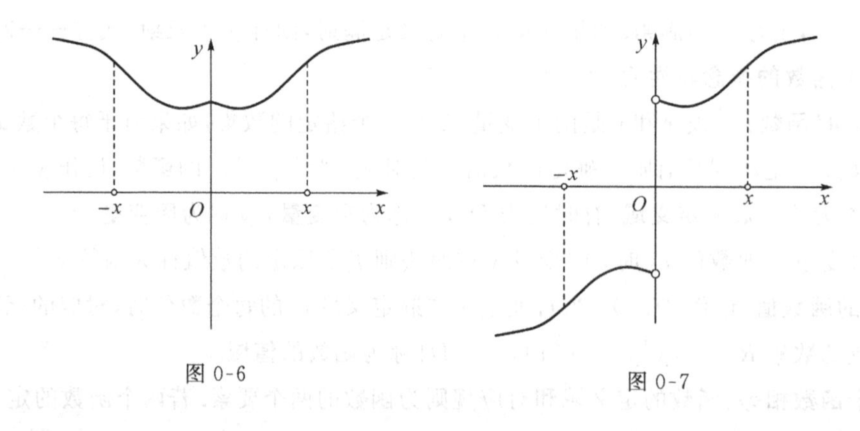

图 0-6　　　　图 0-7

函数的周期性:若存在 $T>0$,对任意 $x\in D$(定义域),一定有 $x\pm T\in D$,且 $f(x\pm T)=f(x)$,则称 $f(x)$ 是**周期函数**,T 为 $f(x)$ 的**周期**.常值函数 $f(x)=C$ 是以任意正数为周期的周期函数.

函数的有界性:如果存在 $M>0$,使对于任意 $x\in D$ 满足 $|f(x)|\leqslant M$,则称函数 $y=f(x)$ 是有界的.

反函数:设函数 $y=f(x)$ 为定义在数集 D 上的函数,其值域为 R_f.如果对于数集 R_f 中的每个数 y,在数集 D 中都有唯一确定的数 x 使 $y=f(x)$ 成立,则得到一个定义在数集 R_f 上的以 y 为自变量、x 为因变量的函数,称其为函数 $y=f(x)$ 的**反函数**,记为 $x=f^{-1}(y)$,其定义域为 R_f,值域为 D.如 $y=2x-1$ 的反函数是 $x=\dfrac{y+1}{2}$.

习惯上,我们总是将 $y=f(x),x\in D$ 的反函数 $x=f^{-1}(y),y\in R_f$ 用 $y=f^{-1}(x)$,

$x \in R_f$ 表示. 原函数 $y = f(x)$ 与反函数 $y = f^{-1}(x)$ 的图形关于直线 $y = x$ 对称(见图 0-8).

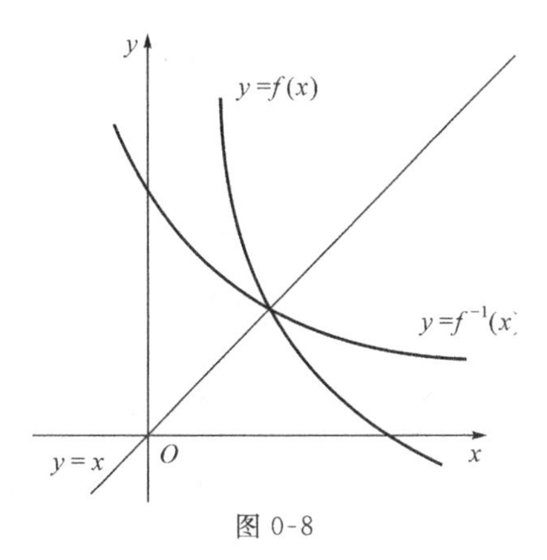

图 0-8

反函数存在定理:若函数 $y = f(x)$ 在数集 D 上单调递增(单调递减),则其反函数 $y = f^{-1}(x)$ 存在,并且在数集 D 上也单调递增(单调递减).

定义 5(复合函数)　设 $y = f(u), u \in D_f, u = g(x), x \in D_g$,值域为 R_g 且 $R_g \subseteq D_f$,若对每一个 $x \in D_g$,有唯一的 $u \in R_g$ 与 x 对应,则有唯一的 y 与 u 对应,从而变量 x 与 y 之间通过变量 u 形成的一种新的函数关系,这种函数关系称为由 $y = f(u), u \in D_f$ 与 $u = g(x), x \in D_g$ 复合而成的**复合函数**,记为 $y = f[g(x)], x \in D_g$,其中 x 称为**自变量**,u 为**中间变量**,y 为**因变量**(即函数). 复合函数是指具有中间变量的函数.

由定义知,两个函数的复合过程实际上就是将一个函数代入另一个函数. 例如,在自由落体运动中,物体的动能 E 是速度 v 的函数 $E = \frac{1}{2}mv^2$,而速度 v 又是时间 t 的函数 $v = gt$,因而,动能 E 通过速度 v 的关系,成为时间 t 的函数 $E = \frac{1}{2}m(gt)^2$.

【注意】　并不是任何两个函数都可复合成一个函数,可复合的条件是:只有当 $u = g(x)$ 的值域 R_g 和 $y = f(u)$ 的定义域 D_f 的交集不为空集时,两者才可以复合. 如 $y = \arcsin u$ 与 $u = x^2 + 2$ 不能复合成一个函数,因为 u 的值域为 $[2, +\infty)$ 与 $y = \arcsin u$ 的定义域 $[-1,1]$ 的交集为空集.

(六) 求和号与求积号

为了把加法和乘法表达得更简练,我们引进求和号和乘积号.

求和号与乘积号的定义:设给定某个数域 K 上 n 个数 $a_1, a_2, \cdots, a_n$,我们使用如下记号:

$$a_1 + a_2 + \cdots + a_n = \sum_{i=1}^{n} a_i,$$

$$a_1 a_2 \cdots a_n = \prod_{i=1}^{n} a_i.$$

当然也可以写成

$$a_1 + a_2 + \cdots + a_n = \sum_{1 \leqslant i \leqslant n} a_i,$$

$$a_1 a_2 \cdots a_n = \prod_{1 \leqslant i \leqslant n} a_i.$$

求和号的性质：容易证明，

$$\lambda \sum_{i=1}^{n} a_i = \sum_{i=1}^{n} \lambda a_i$$

$$\sum_{i=1}^{n} (a_i + b_i) = \sum_{i=1}^{n} a_i + \sum_{i=1}^{n} b_i$$

$$\sum_{i=1}^{n} \sum_{j=1}^{m} a_{ij} = \sum_{j=1}^{m} \sum_{i=1}^{n} a_{ij}$$

事实上，最后一条性质的证明只需要把各个元素排成如下形状：

$$\begin{matrix} a_{11} & a_{12} & \cdots & a_{1m} \\ a_{21} & a_{22} & \cdots & a_{2m} \\ \vdots & \vdots & \ddots & \vdots \\ a_{n1} & a_{n2} & \cdots\cdots & a_{nm} \end{matrix}$$

分别先按行和列求和，再求总和即可.

(七) 三角函数

三角函数在研究三角形和圆等几何形状的性质时有重要作用，也是研究周期性现象的基础数学工具. 常见的三角函数包括正弦函数、余弦函数和正切函数. 在航海学、测绘学、工程学等其他学科中，还会用到如余切函数、正割函数、余割函数、正矢函数、余矢函数等其他的三角函数. 不同的三角函数之间的关系可以通过几何直观或者计算得出，称为三**角恒等式**.

1. 三角函数的定义

在平面直角坐标系 xOy 中，由原点 O 引出一条射线，在射线上取一点 $P(x,y)$，设旋转角(从 x 轴沿逆时针方向旋转至射线所转过的角度)为 α，且 $|OP| = r = \sqrt{x^2 + y^2} > 0$，则定义(图 0-9)：

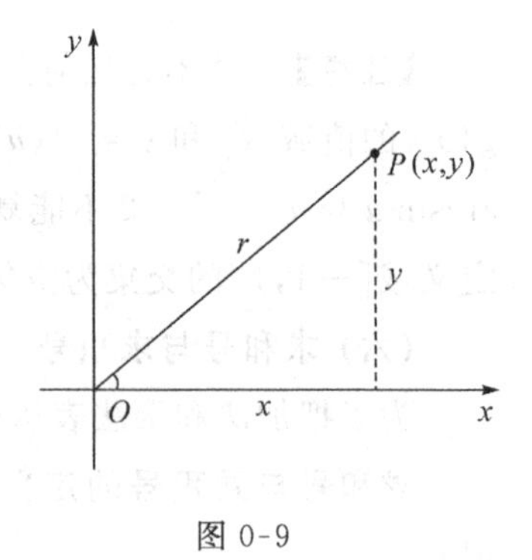

图 0-9

α 的**正弦**：$\sin \alpha = \dfrac{y}{r}$，

α 的**余弦**：$\cos \alpha = \dfrac{x}{r}$，

α 的**正切**：$\tan \alpha = \dfrac{y}{x}\ (x \neq 0)$，

α 的**余切**：$\cot \alpha = \dfrac{x}{y}\ (y \neq 0)$，

α 的**正割**：$\sec \alpha = \dfrac{r}{x}\ (x \neq 0)$，

α 的**余割**：$\csc\alpha = \dfrac{r}{y}\ (y \neq 0)$.

【注意】

(a) 正弦、余弦函数在实数域上均有定义，但正切函数在$\left\{\alpha \mid \alpha \in \mathbf{R}, \alpha = k\pi + \dfrac{\pi}{2}, k \in \mathbf{Z}\right\}$上，余切函数在$\{\alpha \mid \alpha \in \mathbf{R}, \alpha = k\pi, k \in \mathbf{Z}\}$上，正割函数在$\left\{\alpha \mid \alpha \in \mathbf{R}, \alpha = k\pi + \dfrac{\pi}{2}, k \in \mathbf{Z}\right\}$上，余割函数在$\{\alpha \mid \alpha \in \mathbf{R}, \alpha = k\pi, k \in \mathbf{Z}\}$上没有定义.

(b) α 的正弦与余割的符号由 y 确定；α 的余弦与正割的符号由 x 确定；α 的正切与余切的符号由 $x \cdot y$ 确定.

2. 特殊角的三角函数值(表 0-1)

表 0-1　注意 $1° = \dfrac{\pi}{180}$ 弧度，"—" 指代"不存在"

度	0°	30°	45°	60°	90°	120°	150°	180°	270°	360°
弧度	0	$\frac{\pi}{6}$	$\frac{\pi}{4}$	$\frac{\pi}{3}$	$\frac{\pi}{2}$	$\frac{2\pi}{3}$	$\frac{5\pi}{6}$	π	$\frac{3\pi}{2}$	2π
正弦	0	$\frac{1}{2}$	$\frac{\sqrt{2}}{2}$	$\frac{\sqrt{3}}{2}$	1	$\frac{\sqrt{3}}{2}$	$\frac{1}{2}$	0	-1	0
余弦	1	$\frac{\sqrt{3}}{2}$	$\frac{\sqrt{2}}{2}$	$\frac{1}{2}$	0	$-\frac{1}{2}$	$-\frac{\sqrt{3}}{2}$	-1	0	1
正切	0	$\frac{\sqrt{3}}{3}$	1	$\sqrt{3}$	—	$-\sqrt{3}$	$-\frac{\sqrt{3}}{3}$	0	—	0
余切	—	$\sqrt{3}$	1	$\frac{\sqrt{3}}{3}$	0	$-\frac{\sqrt{3}}{3}$	$-\sqrt{3}$	—	0	—

3. 同角三角函数的基本关系

倒数关系：$\cos\alpha \cdot \sec\alpha = 1$,

$\sin\alpha \cdot \csc\alpha = 1$,

$\tan\alpha \cdot \cot\alpha = 1$.

商的关系：$\tan\alpha = \dfrac{\sin\alpha}{\cos\alpha} = \dfrac{\sec\alpha}{\csc\alpha}$,

$\cot\alpha = \dfrac{\cos\alpha}{\sin\alpha} = \dfrac{\csc\alpha}{\sec\alpha}$.

平方关系：$\sin^2\alpha + \cos^2\alpha = 1$,

$1 + \tan^2\alpha = \sec^2\alpha$,

$1 + \cot^2\alpha = \csc^2\alpha$.

4. 诱导公式(表 0-2)

表 0-2　一些三角恒等式

$\sin(-\alpha)=-\sin\alpha$	$\cos(-\alpha)=\cos\alpha$	$\tan(-\alpha)=-\tan\alpha$	$\cot(-\alpha)=-\cot\alpha$
$\sin(\pi/2-\alpha)=\cos\alpha$	$\sin(\pi-\alpha)=\sin\alpha$	$\sin(3\pi/2-\alpha)=-\cos\alpha$	$\sin(2\pi-\alpha)=-\sin\alpha$
$\cos(\pi/2-\alpha)=\sin\alpha$	$\cos(\pi-\alpha)=-\cos\alpha$	$\cos(3\pi/2-\alpha)=-\sin\alpha$	$\cos(2\pi-\alpha)=\cos\alpha$
$\tan(\pi/2-\alpha)=\cot\alpha$	$\tan(\pi-\alpha)=-\tan\alpha$	$\tan(3\pi/2-\alpha)=\cot\alpha$	$\tan(2\pi-\alpha)=-\tan\alpha$
$\cot(\pi/2-\alpha)=\tan\alpha$	$\cot(\pi-\alpha)=-\cot\alpha$	$\cot(3\pi/2-\alpha)=\tan\alpha$	$\cot(2\pi-\alpha)=-\cot\alpha$
$\sin(\pi/2+\alpha)=\cos\alpha$	$\sin(\pi+\alpha)=-\sin\alpha$	$\sin(3\pi/2+\alpha)=-\cos\alpha$	$\sin(2\pi+\alpha)=\sin\alpha$
$\cos(\pi/2+\alpha)=-\sin\alpha$	$\cos(\pi+\alpha)=-\cos\alpha$	$\cos(3\pi/2+\alpha)=\sin\alpha$	$\cos(2\pi+\alpha)=\cos\alpha$
$\tan(\pi/2+\alpha)=-\cot\alpha$	$\tan(\pi+\alpha)=\tan\alpha$	$\tan(3\pi/2+\alpha)=-\cot\alpha$	$\tan(2\pi+\alpha)=\tan\alpha$
$\cot(\pi/2+\alpha)=-\tan\alpha$	$\cot(\pi+\alpha)=\cot\alpha$	$\cot(3\pi/2+\alpha)=-\tan\alpha$	$\cot(2\pi+\alpha)=\cot\alpha$

5. 两角和与差的三角公式

$$\sin(\alpha\pm\beta)=\sin\alpha\cos\beta\pm\cos\alpha\sin\beta,$$

$$\cos(\alpha\pm\beta)=\cos\alpha\cos\beta\mp\sin\alpha\sin\beta,$$

$$\tan(\alpha\pm\beta)=\frac{\tan\alpha\pm\tan\beta}{1\mp\tan\alpha\tan\beta}.$$

6. 万能公式

$$\sin\alpha=\frac{2\tan\frac{\alpha}{2}}{1+\tan^2\frac{\alpha}{2}},\quad \cos\alpha=\frac{1-\tan^2\frac{\alpha}{2}}{1+\tan^2\frac{\alpha}{2}},\quad \tan\alpha=\frac{2\tan\frac{\alpha}{2}}{1-\tan^2\frac{\alpha}{2}}.$$

7. 半角的正弦、余弦和正切公式

$$\sin\frac{\alpha}{2}=\pm\sqrt{\frac{1-\cos\alpha}{2}},\quad \cos\frac{\alpha}{2}=\pm\sqrt{\frac{1+\cos\alpha}{2}},$$

$$\tan\frac{\alpha}{2}=\pm\sqrt{\frac{1-\cos\alpha}{1+\cos\alpha}}=\frac{1-\cos\alpha}{\sin\alpha}=\frac{\sin\alpha}{1+\cos\alpha}.$$

8. 三角函数的降幂公式

$$\sin^2\alpha=\frac{1-\cos\alpha}{2},\quad \cos^2\alpha=\frac{1+\cos\alpha}{2}.$$

9. 二倍(三倍)角的正弦、余弦和正切公式

$\sin 2\alpha=2\sin\alpha\cos\alpha$，　$\cos 2\alpha=\cos^2\alpha-\sin^2\alpha=2\cos^2\alpha-1=1-2\sin^2\alpha$，

$$\tan 2\alpha = \frac{2\tan \alpha}{1-\tan^2\alpha}.$$

$$\sin 3\alpha = 3\sin \alpha - 4\sin^3\alpha,\quad \cos 3\alpha = 4\cos^3\alpha - 3\cos \alpha,\quad \tan 3\alpha = \frac{3\tan \alpha - \tan^2\alpha}{1-3\tan^2\alpha}.$$

10. 三角函数的和差化积、积化和差公式

$$\sin \alpha + \sin \beta = 2\sin \frac{\alpha+\beta}{2}\cos \frac{\alpha-\beta}{2},\quad \sin \alpha - \sin \beta = 2\cos \frac{\alpha+\beta}{2}\sin \frac{\alpha-\beta}{2},$$

$$\cos \alpha + \cos \beta = 2\cos \frac{\alpha+\beta}{2}\cos \frac{\alpha-\beta}{2},\quad \cos \alpha - \cos \beta = -2\sin \frac{\alpha+\beta}{2}\sin \frac{\alpha-\beta}{2}.$$

$$\cos \alpha \cdot \sin \beta = \frac{1}{2}[\sin(\alpha+\beta) - \sin(\alpha-\beta)],\quad \sin \alpha \cdot \cos \beta = \frac{1}{2}[\sin(\alpha+\beta) + \sin(\alpha-\beta)],$$

$$\cos \alpha \cdot \cos \beta = \frac{1}{2}[\cos(\alpha+\beta) + \cos(\alpha-\beta)],\quad \sin \alpha \cdot \sin \beta = -\frac{1}{2}[\cos(\alpha+\beta) - \cos(\alpha-\beta)].$$

(八) 一些基本初等函数的图像(表 0-3、表 0-4)

表 0-3　一些常见函数的图像

函数名称	函数的记号	函数的图形	函数的性质
指数函数	$y = a^x\ (a > 0, a \neq 1)$	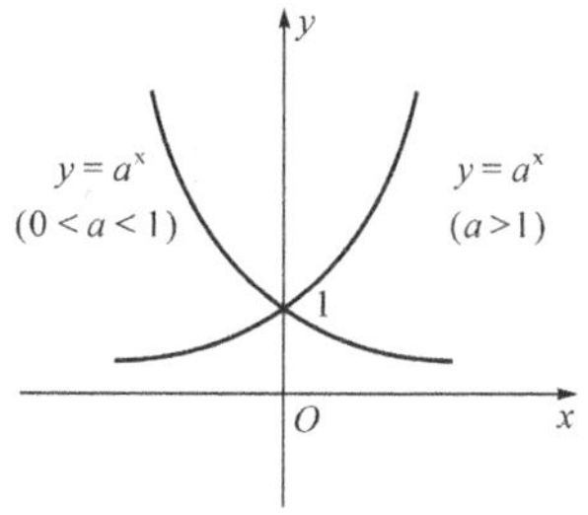 $y=a^x\ (0<a<1)$；$y=a^x\ (a>1)$；1；O；x；y	(1) 不论 x 为何值，y 总为正数； (2) 当 $x = 0$ 时，$y = 1$.
对数函数	$y = \log_a x\ (a > 0, a \neq 1)$	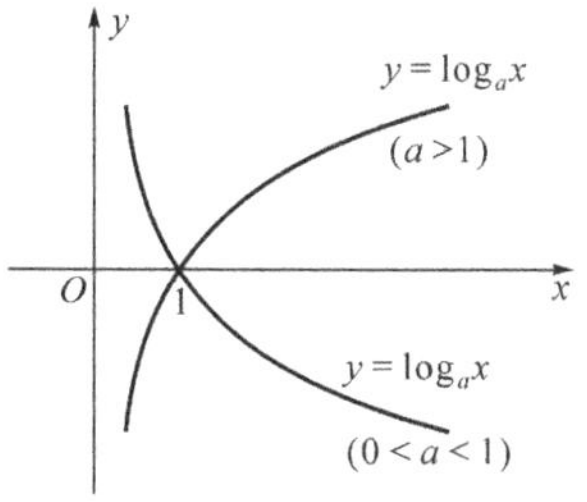 $y=\log_a x\ (a>1)$；$y=\log_a x\ (0<a<1)$；O；1；x；y	(1) 其图形总位于 y 轴右侧，并过(1,0) 点； (2) 当 $a > 1$ 时，在区间(0,1)的值为负；在区间$(1,+\infty)$的值为正；在定义域内单调增.
幂函数	$y = x^a$ (a 为任意实数)	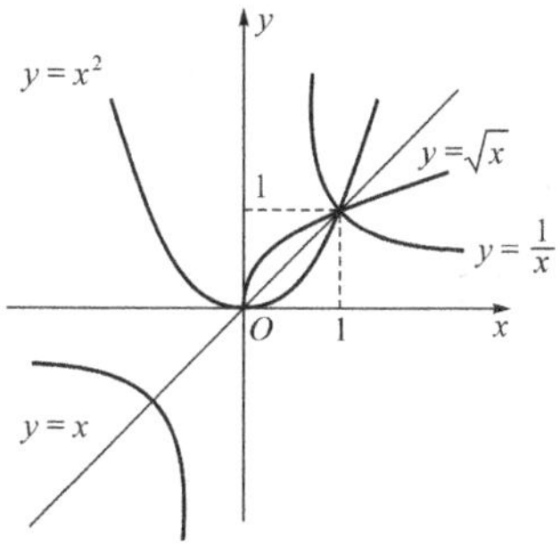 $y=x^2$；$y=\sqrt{x}$；$y=\frac{1}{x}$；$y=x$；1；O；1；x；y	令 $a = m/n$ (1) 当 m 为偶数，n 为奇数时，y 是偶函数； (2) 当 m,n 为奇数时，y 是奇函数； (3) 当 m 为奇数，n 为偶数时，y 在$(-\infty,0)$ 无意义.

续表

函数名称	函数的记号	函数的图形	函数的性质
三角函数	如 $y=\sin x$ (正弦函数) 仅以正弦函数为例	$y=\sin x$	(1) 正弦函数是以 2π 为周期的周期函数; (2) 正弦函数是奇函数,且 $\lvert \sin x \rvert \leqslant 1$.
反三角函数	如 $y=\arcsin x$ (反正弦函数) 仅以反正弦函数为例	$y=\arcsin x$	由于此函数为多值函数,因此我们将此函数值限制在 $\left[-\frac{\pi}{2},\frac{\pi}{2}\right]$ 上,并称其为反正弦函数的主值.

表 0-4 其他三角函数与反三角函数的图像

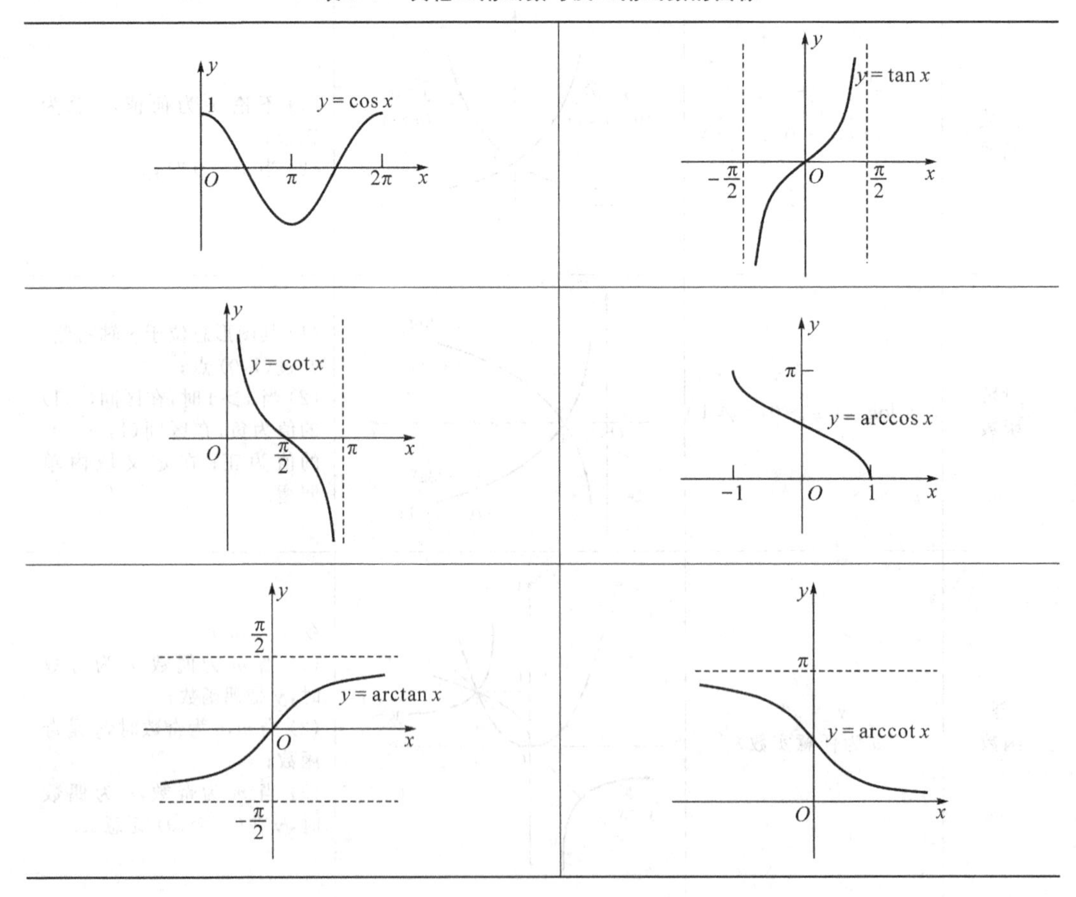

(九) 特殊函数

符号函数:$\operatorname{sgn} x=\begin{cases}1, & x>0\\ 0, & x=0\\ -1, & x<0\end{cases}$,其定义域为 $D=(-\infty,+\infty)$,值域 $R=\{1,0,-1\}$,如图 0-10 所示.

取整函数:不超过 x 的最大整数,称为 x 的整数部分,记为$[x]$. 如$[3.3]=3$,$[5]=5$,$[-1.5]=-2$. 如图 0-11 所示.

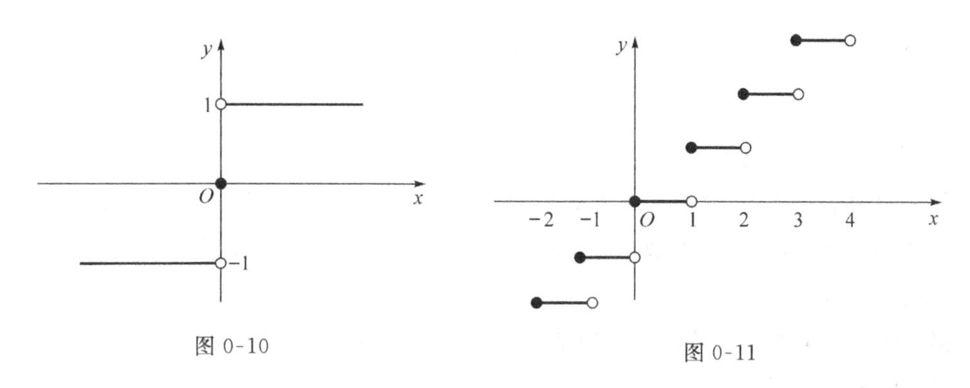

图 0-10　　图 0-11

狄利克雷函数:$D(x)=\begin{cases}1, & x\text{ 是有理数}\\ 0, & x\text{ 是无理数}\end{cases}$,它是以任何有理数为周期的周期函数.

克罗内克(Kronecker) 函数:克罗内克函数的自变量(输入值) 一般是两个整数,如果两者相等,则其输出值为 1,否则为 0. 即 δ_{ij} 或 $\delta(i,j)=\begin{cases}1, & i=j\\ 0, & i\neq j\end{cases}$.

一些特殊函数是微分方程的解或基本函数的积分,因此积分表中常常会出现特殊函数,特殊函数的定义中也经常会出现积分. 在此,暂且不讨论这些复杂的特殊函数(如在概率统计中十分有用的伽马函数,在物理和工程中最常用的贝塞尔函数等).

(十) 初等函数

基本初等函数:幂函数,如 x^a,x^2,x^3,$\sqrt{x}=x^{\frac{1}{2}}$,$\sqrt[n]{x^m}=x^{\frac{m}{n}}$,$x^{-1}$,$x^{-\frac{1}{2}}$,$\frac{1}{\sqrt[n]{x^m}}=x^{-\frac{m}{n}}$;指数函数,如 $a^x(a>0,a\neq 1)$,2^x,e^x;对数函数,如 $\log_a x(a>0,a\neq 1)$,$\log_2 x$,$\ln x$;三角函数,如 $\sin x$,$\cos x$,$\tan x$,$\cot x$,$\sec x$,$\csc x$;反三角函数,如 $\arcsin x$,$\arccos x$,$\arctan x$,$\operatorname{arccot} x$.

初等函数:由常数、基本初等函数经有限次四则运算和复合运算构成,并可用一个式子表示的函数. 如 $f(x)=\sqrt{x^3}$,$f(x)=\arccos(3\sqrt{2-x^3})$,$f(x)=\cot(\arcsin\sqrt{1-x^2})$.

(十一) 常用的数学证明方法

演绎法:从命题的条件出发,通过逐步的逻辑推理,最后达到要证的结论的方法. 演绎法的特点是从“已知”逐步推向“未知”,其逐步推理,实际是要寻找它的必要条件.

【例 3】 证明$\frac{1-\cos\alpha}{\sin\alpha}=\frac{\sin\alpha}{1+\cos\alpha}$.

证明 左边$=\frac{(1-\cos\alpha)(1+\cos\alpha)}{\sin\alpha(1+\cos\alpha)}=\frac{\sin^2\alpha}{\sin\alpha(1+\cos\alpha)}=\frac{\sin\alpha}{1+\cos\alpha}=$右边.

分析法:从要证的结论出发,一步一步的搜索下去,最后达到命题的已知条件的方法.分析法的特点是从"需知"逐步靠拢"已知",其逐步推理,实际上是要寻找它的充分条件.

【例 4】 证明$\frac{1-\cos\alpha}{\sin\alpha}=\frac{\sin\alpha}{1+\cos\alpha}$.

证明 欲证$\frac{1-\cos\alpha}{\sin\alpha}=\frac{\sin\alpha}{1+\cos\alpha}$,只需证明$(1-\cos\alpha)\cdot(1+\cos\alpha)=\sin\alpha\cdot\sin\alpha$,即证

$$1-\cos^2\alpha=\sin^2\alpha.$$

显然,这个命题成立,故得证.

数学归纳法:数学归纳法是一种数学证明方法,它用于证明与自然数 n 有关的命题 $P(n)$ 在整个(或者局部)自然数范围内成立.数学归纳法包含第一数学归纳法和与之等价的第二数学归纳法.

第一数学归纳法是数学归纳法最基本的形式,其步骤为:

(1) 验证 $P(1)$ 是成立的.

(2) 假设 $P(k)$ 成立,证明出 $P(k+1)$ 也成立.(k 代表任意自然数)

由(1)、(2) 可得对于任意的自然数 n,命题 $P(n)$ 都成立.

【多诺米骨牌效应】 如果(1) 第一张骨牌会倒,(2) 只要任意一张骨牌倒了,那么与其相邻的下一张骨牌也会倒,那么有结论:所有的骨牌都会倒下.

第二数学归纳法是数学归纳法最基本的形式,其步骤为:

(1) 验证 $P(1)$ 是成立的.

(2) 假设 $P(n)$ 对一切 $n\leqslant k$ 成立,证明出 $P(k+1)$ 也成立.(k 代表任意自然数).

由(1)、(2) 可得对于任意的自然数 n,命题 $P(n)$ 都成立.

【说明】 假如论证命题在 $n=k+1$ 时的真伪时,必须以 n 取不大于 k 的两个或两个以上乃至全部的自然数时命题的真伪为其论证的依据,则一般选用第二数学归纳法进行论证.

【例 5】 证明$\sqrt{2+\sqrt{2+\sqrt{2+\cdots}}}<2$.

证明 令 $a_k=\sqrt{2+\sqrt{2+\sqrt{2+\cdots}}}$ (共 k 个 2),则

(1) 归纳基础:$a_1=\sqrt{2}<2$.

(2) 若 $a_k<2$ 成立,则 $a_{k+1}=\sqrt{2+a_k}<\sqrt{2+2}=2$.($k$ 代表任意自然数)

由(第一) 数学归纳法知,对一切自然数 n, $a_n=\sqrt{2+\sqrt{2+\sqrt{2+\cdots}}}<2$ 成立.

【例 6】 卢卡斯(Lucas) 数列 $\{L_n\}$:

2,1,3,4,7, 11,18,29,47,76,123,199,322,521,843,1364,…

其通项 $L_n = \left(\frac{1+\sqrt{5}}{2}\right)^n + \left(\frac{1-\sqrt{5}}{2}\right)^n$,且满足 $L_0 = 2, L_1 = 1, L_2 = 3, L_n = L_{n-1} + L_{n-2}(n \geqslant 3)$. 证明 $L_n < \left(\frac{7}{4}\right)^n (n \geqslant 1)$.

证明 由已知条件,(1) 归纳基础 $L_1 = 1 < \frac{7}{4}, L_2 = 3 < \left(\frac{7}{4}\right)^2 = \frac{49}{16}$ 成立;

(2) 对任意 $k \geqslant 3$,假设 $L_n < \left(\frac{7}{4}\right)^n$ 对一切成立,则

$$L_k = L_{k-1} + L_{k-2} < \left(\frac{7}{4}\right)^{k-1} + \left(\frac{7}{4}\right)^{k-2} = \left(\frac{7}{4}\right)^{k-2}\left(\frac{7}{4}+1\right) < \left(\frac{7}{4}\right)^{k-2}\left(\frac{7}{4}\right)^2 = \left(\frac{7}{4}\right)^k.$$

由(第二)数学归纳法知,对一切正整数 n,恒有 $L_n < \left(\frac{7}{4}\right)^n$ 成立.

【思考】 用数学归纳法证明 $\sum_{i=1}^{n} i(i!) = (n+1)! - 1$.

反证法:通过证明论题的否定命题不真实,从而肯定论题真实性的方法叫作反证法. 反证法的一般步骤:假设命题的结论不成立,即结论的否定命题成立. 从否定的结论出发,逐层进行推理,得出与公理或前述的定理、定义或题设条件等自相矛盾的结论,即证明结论否定不成立.

【例 7】 证明素数有无穷多.

证明 采用反证法. 假设素数是有限的(共 n 个),用 $p_1, p_2, \cdots, p_n$ 来表示这些素数,其他任何一个数都是合数,且素数 $p_1, p_2, \cdots, p_n$ 中至少有一个能够整除它. 令 $p = p_1 p_2 \cdots p_n + 1$,则 p 比 $p_1, p_2, \cdots, p_n$ 中任一个都大,从而与它们中的任一个都不同. 但 p 不能被 $p_1, p_2, \cdots, p_n$ 中任一个整除,所以 p 是素数,这与素数只有 $p_1, p_2, \cdots, p_n$ 矛盾,因此素数是无穷多的.

(十二) 常用的数学符号及读法

大写	小写	英文注音	国际音标注音	中文读法
Α	α	alpha	alfa	阿耳法
Β	β	beta	beta	贝塔
Γ	γ	gamma	gamma	伽马
Δ	δ	deta	delta	德耳塔
Ε	ε	epsilon	epsilon	艾普西隆
Ζ	ζ	zeta	zeta	截塔
Η	η	eta	eta	艾塔
Θ	θ	theta	θita	西塔
Ι	ι	iota	iota	约塔
Κ	κ	kappa	kappa	卡帕
Λ	λ	lambda	lambda	兰姆达

大写	小写	英文注音	国际音标注音	中文读法
Μ	μ	mu	miu	缪
Ν	ν	nu	niu	纽
Ξ	ξ	xi	ksi	可塞
Ο	ο	omicron	omikron	奥密可戎
Π	π	pi	pai	派
Ρ	ρ	rho	rou	柔
Σ	σ	sigma	sigma	西格马
Τ	τ	tau	tau	套
Υ	υ	upsilon	jupsilon	衣普西隆
Φ	φ	phi	fai	斐
Χ	χ	chi	khai	恺
Ψ	ψ	psi	psai	普赛
Ω	ω	omega	omiga	欧米伽

第1章　极限与连续

前　言

微积分是高等数学的核心，函数是微积分的研究对象，极限是微积分的研究工具.微积分是通过极限方法来研究函数的性质和运算的，因此极限是微积分的重要概念，是微积分的精华，也是高等数学的灵魂. 本章着重讨论数列的极限、函数的极限和函数的连续性等问题.

教学知识

1. 数列的极限、函数的极限；
2. 无穷小与无穷大；
3. 函数的连续性.

重点难点

重点：极限的概念，极限的运算法则；函数的连续性及连续函数的性质.

难点：极限概念的理解，极限的运算法则；函数连续性定义，连续函数的性质.

§1.1　极限的概念

极限的方法是人们从有限中认识无限，从近似中认识精确，从量变中认识质变的辩证思想和数学方法.极限思想是近代数学的一种重要思想，微积分中的一系列重要概念，如函数的连续性、导数以及定积分等都是借助于极限来定义的.如果要问："微积分是一门什么学科？"那么可以概括地说："微积分就是用极限思想来研究函数的一门学科."因此，极限的概念是微积分的核心，是高等数学的灵魂.

1.1.1 数列的极限

【案例1】 割圆术

在中国古代,魏晋时期的数学家刘徽于公元263年提出了“割圆术”的方法来计算圆的面积,进而计算出圆周率π.

割圆术的原理并不复杂,它通过圆内接正多边形细割圆周,从而使正多边形的面积无限接近圆面积.刘徽以“割之弥细,所失弥少,割之又割,以至于不可割,则与圆周合体而无所失矣”来总结这种方法.他首先从圆内接正六边形开始割圆,每次边数倍增,当算得正3072边形的面积时,求得$\pi \approx 3.1416$.

一方面,圆内接正多边形的面积小于圆面积,而当边数屡次加倍时,正多边形的面积增大,且越来越接近于圆的面积.如图1-1-1,我们分别用内接正六边形、正十二边形……来割圆,可得关于正多边形面积的数列:

$$A_1, A_2, \cdots, A_n, \cdots$$

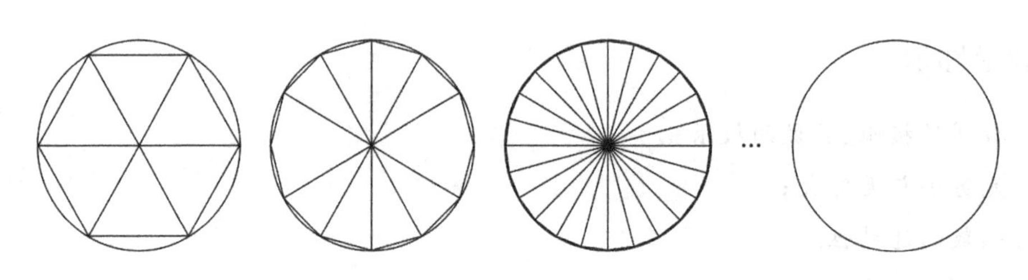

图1-1-1

当n越来越大时,正n边形的面积A_n无限逼近一个数值,这个值就是圆的面积.

【案例2】 截丈问题

在《庄子·天下篇》中有“截丈问题”的精彩论述:“一尺之棰,日取其半,万世不竭.”

分析 设木棰的初始长度为1,用a_n表示第n天截取之后所剩下的长度,可得数列$\{a_n\}$:

$$a_1 = \frac{1}{2}, \quad a_2 = \frac{1}{4}, \quad a_3 = \frac{1}{8}, \quad \cdots, \quad a_n = \frac{1}{2^n}, \quad \cdots$$

当n无限增大时,a_n无限接近于零,但它永远不会等于零(故谓“万世不竭”),这一变化过程可描述为:当$n \to \infty$时,$a_n \to 0$.

上述两个案例蕴含了数列极限的思想,我们把数列极限的定义描述如下:

定义1.1 对于数列$\{a_n\}$,若当n无限增大时,a_n无限接近于一个确定的常数A,则称常数A为**数列$\{a_n\}$的极限**,记作:

$$\lim_{n \to \infty} a_n = A \quad 或 \quad a_n \to A(n \to \infty)$$

若数列$\{a_n\}$存在极限,则称数列$\{a_n\}$是**收敛**的,且收敛于A;否则称数列$\{a_n\}$是**发散**的.

【例 1】 观察下列各数列的变化趋势,并写出它们的极限.

(1) $a_n = \frac{1}{3^n}$；(2) $a_n = \frac{n-1}{n+1}$；(3) $a_n = 1$；(4) $a_n = (-1)^n$.

解 当 $n \to \infty$ 时,可得各数列的变化趋势如下:

(1) $\lim\limits_{n\to\infty}\frac{1}{3^n} = 0$；(2) $\lim\limits_{n\to\infty}\frac{n-1}{n+1} = 1$；(3) $\lim\limits_{n\to\infty}1 = 1$；

(4) 当 $n \to \infty$ 时,a_n 在 1 和 -1 之间来回"摆动",不会无限接近于一个确定的常数,因而它没有极限,该数列发散.

【例 2】 计算极限:(1) $\lim\limits_{n\to\infty}\frac{3n^2+4n-5}{4n^2+5n-6}$；(2) $\lim\limits_{n\to\infty}\frac{2^n-1}{4^n+1}$ (n 为正整数).

解 (1) $\lim\limits_{n\to\infty}\frac{3n^2+4n-5}{4n^2+5n-6} = \lim\limits_{n\to\infty}\frac{3+\frac{4}{n}-\frac{5}{n^2}}{4+\frac{5}{n}-\frac{6}{n^2}} = \frac{3}{4}$；

(2) $\lim\limits_{n\to\infty}\frac{2^n-1}{4^n+1} = \lim\limits_{n\to\infty}\frac{\frac{1}{2^n}-\frac{1}{4^n}}{1+\frac{1}{4^n}} = \frac{0}{1} = 0$.

方法总结:多项式时,分子和分母同除最高次项;指数式时,分子和分母同除底较大的指数式.

下面是几个常用数列的极限:

(1) $\lim\limits_{n\to\infty}C = C$ (C 为常数)；(2) $\lim\limits_{n\to\infty}\frac{1}{n^\alpha} = 0$ ($\alpha > 0$)；(3) $\lim\limits_{n\to\infty}q^n = 0$ ($|q| < 1$).

定理 1.1(极限的唯一性) 数列的极限是唯一的.

定理 1.2(单调有界原理) 单调有界数列必存在极限.

1.1.2 函数的极限

1. 当 $x \to \infty$ 时函数 $f(x)$ 的极限

定义 1.2 设函数 $f(x)$ 在 $x > M$ 时($M > 0$)有定义,若当 x 无限增大($x \to +\infty$)时,函数 $f(x)$ 无限趋近于一个确定的常数 A,则称常数 A 为**函数 $f(x)$ 当 $x \to +\infty$ 时的极限**,记为

$$\lim_{x\to+\infty} f(x) = A,\text{或 } f(x) \to A(x \to +\infty).$$

【说明】 函数极限是数列极限的推广. 在数列极限中,自变量 n 只取正整数,极限过程中,自变量 n 是跳跃式地"离散"增大,而在函数极限中,自变量 x 可取所有实数,极限过程中,自变量是"连续"地增大.

从几何上看,极限式 $\lim\limits_{x\to+\infty} f(x) = A$ 表示:随着 x 无限增大,曲线 $y = f(x)$ 上对应的点与直线 $y = A$ 的距离无限地变小(见图 1-1-2).

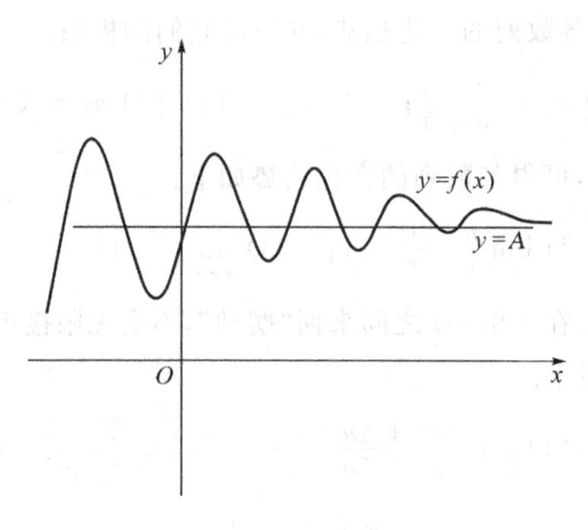

图 1-1-2

由于 ∞ 可以分为 $+\infty$ 和 $-\infty$,类似地,我们也可以定义函数 $f(x)$ 当 $x\to-\infty$ 时的极限.

定义 1.3 设函数 $f(x)$ 在 $x<-M$ 时($M>0$)有定义,若当 $x\to-\infty$ 时,函数 $f(x)$ 无限趋近于一个确定的常数 A,则称常数 A 为**函数 $f(x)$ 当 $x\to-\infty$ 时的极限**,记为

$$\lim_{x\to-\infty} f(x)=A,\text{或 } f(x)\to A(x\to-\infty).$$

这里 $x\to-\infty$ 表示 x 无限减小,而其绝对值无限增大.

观察函数 $f(x)=(\frac{1}{3})^x$ 的图像(图 1-1-3),当 $x\to+\infty$ 时,$f(x)$ 无限趋近于常数 0,称 0 为 $f(x)$ 当 $x\to+\infty$ 时的极限.由定义知,$\lim\limits_{x\to+\infty}(\frac{1}{3})^x=0$.

观察函数 $f(x)=3^x$ 的图像(图 1-1-4),当 $x\to-\infty$ 时,$f(x)$ 无限趋近于常数 0,称 0 为函数 $f(x)$ 当 $x\to-\infty$ 时的极限.由定义知,$\lim\limits_{x\to-\infty}3^x=0$.

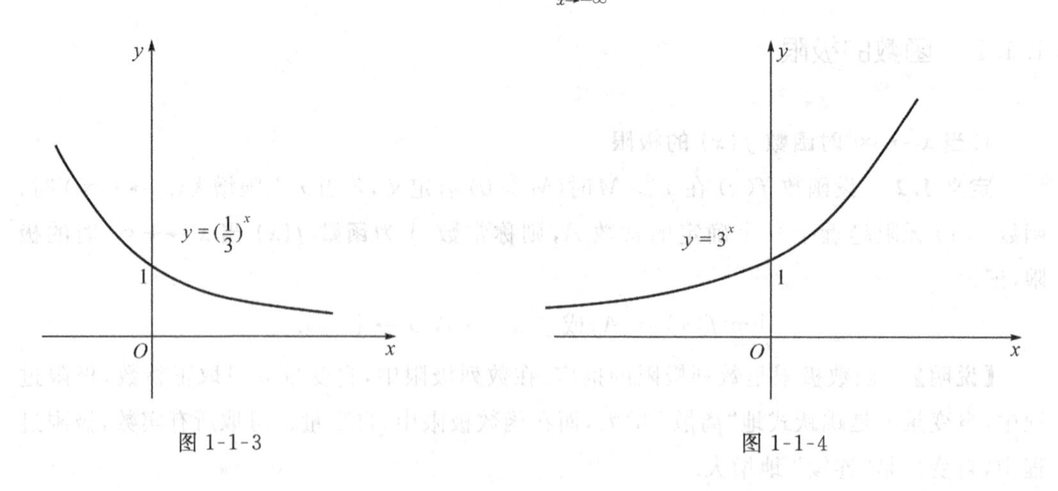

图 1-1-3　　图 1-1-4

如果函数 $f(x)$ 当 $x\to+\infty$ 和 $x\to-\infty$ 时都以 A 为极限(见图 1-1-5),则有以下定义:

定义 1.4 设函数 $f(x)$ 在 $|x|>M$ 时有定义(M 为某个正实数),若当 x 的绝对值无

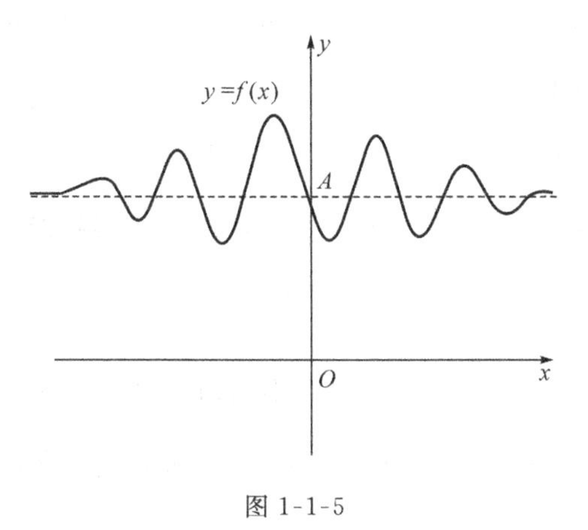

图 1-1-5

限增大时，$f(x)$ 无限趋近于一个确定的常数 A，则称常数 A 为**函数 $f(x)$ 当 $x \to \infty$ 时的极限**，记作

$$\lim_{x \to \infty} f(x) = A, \text{或 } f(x) \to A(x \to \infty).$$

观察 $f(x) = \dfrac{1}{x}$ 的图像(图 1-1-6)，当 $x \to +\infty$ 时，$f(x)$ 无限趋近于常数 0，同时，当 $x \to -\infty$ 时，$f(x)$ 也无限趋近于常数 0，称 0 为当 $x \to \infty$ 时 $f(x)$ 的极限. 由定义知，$\lim\limits_{x \to \infty} \dfrac{1}{x} = 0$.

由上述函数极限定义，不难得到如下重要结论：

定理 1.3　$\lim\limits_{x \to \infty} f(x) = A \Leftrightarrow \lim\limits_{x \to +\infty} f(x) = \lim\limits_{x \to -\infty} f(x) = A$.

【例 3】　讨论当 $x \to \infty$ 时，函数 $f(x) = \arctan x$ 的极限是否存在.

解　如图 1-1-7 所示，当 $x \to +\infty$ 时，$f(x)$ 无限趋近于 $\dfrac{\pi}{2}$，即 $\lim\limits_{x \to +\infty} \arctan x = \dfrac{\pi}{2}$；当 $x \to -\infty$ 时，$f(x)$ 无限趋近于 $-\dfrac{\pi}{2}$，即 $\lim\limits_{x \to -\infty} \arctan x = -\dfrac{\pi}{2}$. 由于 $\lim\limits_{x \to +\infty} \arctan x \neq \lim\limits_{x \to -\infty} \arctan x$，所以当 $x \to \infty$ 时，$\arctan x$ 的极限不存在.

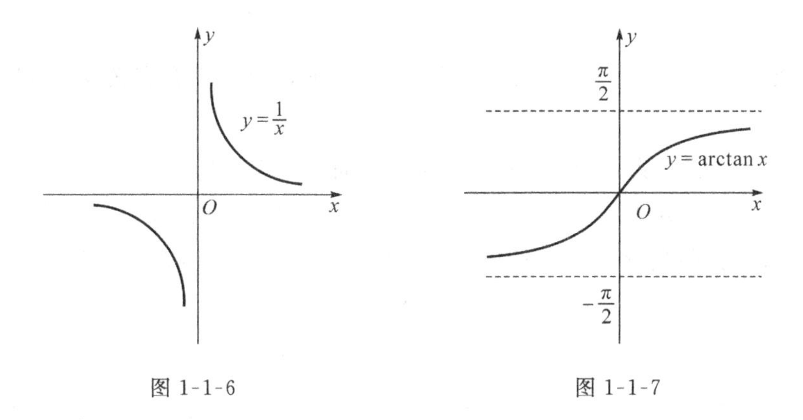

图 1-1-6　　　　图 1-1-7

同样,如图 1-1-4 所示,由于 $\lim\limits_{x\to-\infty}3^x=0$,$\lim\limits_{x\to+\infty}3^x=+\infty$,故$\lim\limits_{x\to\infty}3^x$ 不存在.

2. 当 $x\to x_0$ 时函数的极限

【例 4】 讨论当 $x\to1$ 时,函数 $f(x)=x+1$ 与 $g(x)=\dfrac{x^2-1}{x-1}$ 的变化趋势.

解 观察图 1-1-8 知,当 $x\to1$ 时,$f(x)=x+1$ 无限趋近于 2,并且 $f(1)=2$;当 $x\to1$ 时,由图 1-1-9,$g(x)=\dfrac{x^2-1}{x-1}$ 也无限趋近于 2.

$f(x)=x+1$ 与 $g(x)=\dfrac{x^2-1}{x-1}$ 是两个不同的函数,前者在 $x=1$ 处有定义,后者在 $x=1$ 处无定义.这说明当 $x\to1$ 时,$f(x)$ 和 $g(x)$ 的极限是否存在与它们在 $x=1$ 处是否有定义无关.

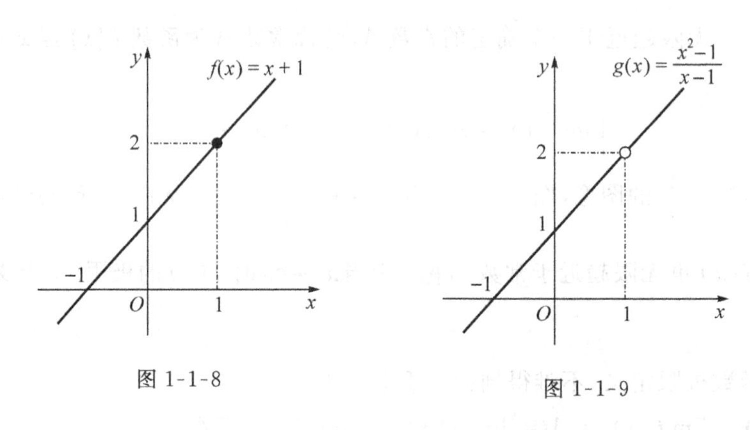

图 1-1-8　　图 1-1-9

定义 1.5 设函数 $f(x)$ 在 x_0 左、右两侧有定义(点 x_0 本身可以除外),若当 x 无限趋近于 x_0(记为 $x\to x_0$)时,$f(x)$ 无限趋近于一个确定的常数 A,则称常数 A 为函数 $f(x)$ 当 $x\to x_0$ 时的极限,记为

$$\lim_{x\to x_0}f(x)=A \quad 或 \quad f(x)\to A(x\to x_0).$$

由定义知,$\lim\limits_{x\to1}(x+1)=2$,$\lim\limits_{x\to1}\dfrac{x^2-1}{x-1}=2$.

【说明】

(1) 函数 $f(x)$ 在 $x\to x_0$ 时是否存在极限,与它在 x_0 处是否有定义或函数取什么值都无关;

(2) $x\to x_0$ 包括 x 从 x_0 的左、右两侧两个方向同时无限趋近于 x_0.

定义 1.6 设函数 $f(x)$ 在点 x_0 处左侧的某一个开区间内有定义,如果当 x 从 x_0 的左侧(即 $x<x_0$)无限趋近于 x_0(记为 $x\to x_0^-$)时,函数 $f(x)$ 无限趋近于一个确定的常数 A,则称常数 A 为函数 $f(x)$ 在 x_0 处的**左极限**,记为

$$\lim_{x\to x_0^-}f(x)=A \quad 或 \quad f(x_0^-).$$

定义 1.7 设函数 $f(x)$ 在点 x_0 处右侧的某一个开区间内有定义,如果当 x 从 x_0 的

右侧(即 $x>x_0$)无限趋近于 x_0(记为 $x\to x_0^+$)时,函数 $f(x)$ 无限趋近于一个确定的常数 A,则称常数 A 为函数 $f(x)$ 在 x_0 处的**右极限**,记为

$$\lim_{x\to x_0^+} f(x)=A \quad 或 \quad f(x_0^+).$$

定理 1.4　函数 $f(x)$ 当 $x\to x_0$ 时极限存在的充分必要条件是**左极限和右极限都存在且相等**,即

$$\lim_{x\to x_0} f(x)=A \Leftrightarrow \lim_{x\to x_0^-} f(x)=\lim_{x\to x_0^+} f(x)=A.$$

【说明】　由定理可知,当 $f(x_0^-)$ 及 $f(x_0^+)$ 都存在但不相等,或者 $f(x_0^-)$ 和 $f(x_0^+)$ 中至少有一个不存在时,就可以说函数 $f(x)$ 在 x_0 处的极限不存在.

【例 5】　判断函数 $f(x)=\begin{cases}e^x, & x>0\\ x+1, & x\leqslant 0\end{cases}$ 在 $x\to 0$ 时的极限是否存在,如果存在,求其极限值.

解　$\because f(0^-)=\lim\limits_{x\to 0^-} f(x)=\lim\limits_{x\to 0^-}(x+1)=1,$

又 $f(0^+)=\lim\limits_{x\to 0^+} f(x)=\lim\limits_{x\to 0^+} e^x=1,$

$\therefore f(0^-)=f(0^+)=1,$

所以函数 $f(x)$ 在 $x\to 0$ 时存在极限,且 $\lim\limits_{x\to 0} f(x)=1.$

【例 6】　判断 $\lim\limits_{x\to 0} e^{\frac{1}{x}}$ 是否存在.

解　当 $x\to 0^+$ 时,$\dfrac{1}{x}\to+\infty$,所以 $e^{\frac{1}{x}}\to+\infty$;当 $x\to 0^-$ 时,$\dfrac{1}{x}\to-\infty$,所以 $e^{\frac{1}{x}}\to 0$. 因此,当 $x\to 0$ 时,函数 $e^{\frac{1}{x}}$ 的左极限存在而右极限不存在,由定理 1.4 可知 $\lim\limits_{x\to 0} e^{\frac{1}{x}}$ 不存在.

【例 7】　试求函数 $f(x)=\begin{cases}2x-1, & -\infty<x<0\\ 3x^2, & 0\leqslant x\leqslant 1\\ x+2, & x>1\end{cases}$ 在 $x=0$ 和 $x=1$ 处的极限.

解　因为 $\lim\limits_{x\to 0^-} f(x)=\lim\limits_{x\to 0^-}(2x-1)=-1$,而 $\lim\limits_{x\to 0^+} f(x)=\lim\limits_{x\to 0^+} 3x^2=0$,所以 $\lim\limits_{x\to 0} f(x)$ 不存在;

因为 $\lim\limits_{x\to 1^-} f(x)=\lim\limits_{x\to 1^-} 3x^2=3$,且 $\lim\limits_{x\to 1^+} f(x)=\lim\limits_{x\to 1^+}(x+2)=3$,所以 $\lim\limits_{x\to 1} f(x)=3.$

▶▶▶▶ 习题 1.1 ◀◀◀◀

1. 填空题:

(1) 设函数 $f(x)=\begin{cases}1+\sin x, & x<0\\ a+e^x, & x>0\end{cases}$,若 $\lim\limits_{x\to 0} f(x)$ 存在,则 $a=$ ________.

(2) 设函数 $f(x)=\begin{cases}2, & x\neq 2\\ 0, & x=2\end{cases}$,则 $\lim\limits_{x\to 2} f(x)=$ ________.

(3) $\lim\limits_{x\to\infty}\sin x =$ ________.

2. 单项选择题:

(1) 函数 $y = f(x)$ 在点 $x = x_0$ 处有定义是 $x \to x_0$ 时 $f(x)$ 有极限的(　　).

A. 必要条件　　B. 充分条件　　C. 充要条件　　D. 无关条件

(2) $f(x_0^+)$ 与 $f(x_0^-)$ 都存在是函数 $f(x)$ 在点 $x = x_0$ 处有极限的(　　).

A. 必要条件　　B. 充分条件　　C. 充要条件　　D. 无关条件

(3) 设 $f(x)=\begin{cases}3x+2, & x\leqslant 0\\ x^2-2, & x>0\end{cases}$,则 $\lim\limits_{x\to 0^+} f(x) = $ (　　).

A. 2　　B. -2　　C. -1　　D. 0

3. 观察下列数列的变化趋势,并判断极限是否存在,若存在,指出其极限值.

(1) $a_n = 2 - n$;　　(2) $a_n = 3 + \dfrac{1}{n}$;

(3) $a_n = \dfrac{1}{n^3}$;　　(4) $a_n = 3^n$.

4. 设 $f(x)=\begin{cases}\dfrac{1}{x-1}, & x<0\\ 0, & x=0\\ x, & x>0\end{cases}$,求 $f(x)$ 当 $x\to 0$ 时的左、右极限,并说明 $f(x)$ 在点 $x = 0$ 处极限是否存在.

5. 设 $f(x)=\begin{cases}x^2+2x-1, & x\leqslant 1\\ x, & 1<x<2\\ 2x-2, & x\geqslant 2\end{cases}$,求 $\lim\limits_{x\to 0}f(x)$, $\lim\limits_{x\to 1}f(x)$, $\lim\limits_{x\to 2}f(x)$, $\lim\limits_{x\to 3}f(x)$.

§1.2　极限的运算

利用极限定义只能计算一些简单函数的极限,在实际问题中函数的极限要复杂得多.仅由极限定义来求函数的极限是不可取的,也是不够的,因此需寻求一些方法和技巧来求极限.本节介绍极限的四则运算法则、两个重要极限,这些都有助于极限运算.

1.2.1　极限的四则运算法则

定理 1.5　如果极限 $\lim f(x)$ 和 $\lim g(x)$ 都存在,则有:

(1) $\lim[f(x) \pm g(x)] = \lim f(x) \pm \lim g(x)$;

(2) $\lim[f(x) \cdot g(x)] = \lim f(x) \cdot \lim g(x)$;

(3) 若 $\lim g(x) \neq 0$,则 $\lim \dfrac{f(x)}{g(x)} = \dfrac{\lim f(x)}{\lim g(x)}$.

也就是说,如果两个函数都有极限,那么由这两个函数和、差、积、商组成的函数极限,分别等于这两个函数极限的和、差、积、商(作为除数的函数的极限不能为 0).

推论 1　若 C 为常数,则 $\lim[Cf(x)] = C\lim f(x)$(常数因子可移到极限符号外面).

推论 2　若 n 为正整数,则 $\lim[f(x)]^n = [\lim f(x)]^n$.

【说明】

(1) 上述法则中自变量 x 的变化过程省略,表示其变化过程可以是 $x \to x_0$,$x \to \infty$,$x \to x_0^+$,$x \to x_0^-$,$x \to +\infty$ 或 $x \to -\infty$,只要表达式中 x 的变化过程相同,上述等式均成立;

(2) 运用上述法则,前提是各函数极限存在;

(3) 上述法则可以推广到**有限**多个函数的情形.

【例 1】　求 $\lim\limits_{x\to 2}(x^2+3x)$.

解　$\lim\limits_{x\to 2}(x^2+3x) = \lim\limits_{x\to 2}x^2 + \lim\limits_{x\to 2}3x = 4+6 = 10$.

【例 2】　求 $\lim\limits_{x\to 1}\dfrac{2x^2+x+1}{x^3+2x^2-1}$.

解

$$\lim_{x\to 1}\frac{2x^2+x+1}{x^3+2x^2-1} = \frac{\lim\limits_{x\to 1}(2x^2+x+1)}{\lim\limits_{x\to 1}(x^3+2x^2-1)} = \frac{\lim\limits_{x\to 1}2x^2+\lim\limits_{x\to 1}x+\lim\limits_{x\to 1}1}{\lim\limits_{x\to 1}x^3+\lim\limits_{x\to 1}2x^2-\lim\limits_{x\to 1}1}$$

$$= \frac{2\times 1^2+1+1}{1^3+2\times 1^2-1} = 2.$$

一般地,多项式函数在 x_0 处的极限等于该函数在 x_0 处的函数值,即 $\lim\limits_{x\to x_0}f(x) = f(x_0)$. 如 $\lim\limits_{x\to 1}(x^2+2x-3) = 1^2+2\times 1-3 = 0$. 对于有理函数(两个多项式的商表示的函数) $\dfrac{f(x)}{g(x)}$,当 $x \to x_0$ 时,若分母极限不等于零,可直接用 $x = x_0$ 代入计算,即 $\lim\limits_{x\to x_0}\dfrac{f(x)}{g(x)} = \dfrac{f(x_0)}{g(x_0)}$. 这种方法叫**代入法**.

【例 3】　求 $\lim\limits_{x\to 1}\dfrac{x^2-1}{2x^2-x-1}$.

分析　当 $x\to 1$ 时,分子、分母都 $\to 0$(称"$\dfrac{0}{0}$"型),因此不能直接用四则运算法则. 我们将分子分母因式分解,发现它们共有 $x-1$ 这个因子. 因为 x 无限趋近于 1,不包含 $x=1$ 即 $x\neq 1$,所以可约去公因式,化简后再求极限.

解

$$\lim_{x\to 1}\frac{x^2-1}{2x^2-x-1} = \lim_{x\to 1}\frac{(x+1)(x-1)}{(x-1)(2x+1)} = \lim_{x\to 1}\frac{x+1}{2x+1}$$

$$= \frac{1+1}{2\cdot 1+1} = \frac{2}{3}.$$

若某一变化过程中,有理函数的分子、分母都趋近于 0,可对分子、分母进行因式分解,约去公因式后再求极限. 此过程中对原有理函数进行了恒等变形,这种方法叫**因式分解法**.

【例 4】 求$\lim\limits_{x\to 4}\dfrac{x^2-16}{x-4}$.

解 $\lim\limits_{x\to 4}\dfrac{x^2-16}{x-4}=\lim\limits_{x\to 4}\dfrac{(x-4)(x+4)}{x-4}=\lim\limits_{x\to 4}(x+4)=8$.

【例 5】 求下列极限:

(1) $\lim\limits_{x\to 1}\left(\dfrac{1}{x-1}-\dfrac{2}{x^2-1}\right)$; (2) $\lim\limits_{x\to 0}\dfrac{\sqrt{1+x}-1}{x}$; (3) $\lim\limits_{x\to 4}\dfrac{x-4}{\sqrt{x+5}-3}$.

解 (1) 当$x\to 1$时,上式两项极限均为无穷大(称"∞-∞"型),不能直接用差的极限法则,可先通分再求极限.

原式 $=\lim\limits_{x\to 1}\dfrac{x-1}{x^2-1}=\lim\limits_{x\to 1}\dfrac{1}{x+1}=\dfrac{1}{2}$.

(2) 当$x\to 0$时,非有理函数的分子、分母极限均为零(称"$\dfrac{0}{0}$"型),不能直接用商的极限法则,可先对分子有理化,然后再求极限.

原式 $=\lim\limits_{x\to 0}\dfrac{(\sqrt{1+x}-1)(\sqrt{1+x}+1)}{x(\sqrt{1+x}+1)}=\lim\limits_{x\to 0}\dfrac{x}{x(\sqrt{1+x}+1)}=\lim\limits_{x\to 0}\dfrac{1}{\sqrt{1+x}+1}=\dfrac{1}{2}$.

(3) 先分母有理化再求极限.

$$原式=\lim_{x\to 4}\frac{(x-4)(\sqrt{x+5}+3)}{(\sqrt{x+5}-3)(\sqrt{x+5}+3)}=\lim_{x\to 4}\frac{(x-4)(\sqrt{x+5}+3)}{x-4}$$

$$=\lim_{x\to 4}(\sqrt{x+5}+3)=6.$$

"$\dfrac{0}{0}$"型的计算过程中,先对分子或分母有理化,再进行极限运算的方法称为**根式有理化法**.

【例 6】 求$\lim\limits_{x\to\infty}\dfrac{3x^2-x+3}{x^2+1}$.

分析 当$x\to\infty$时,分子、分母的极限都不存在,不能直接运用上面商的极限运算法则. 如果分子、分母都除以x^2,所得到的分子、分母都有极限,则可以用商的极限运用法则计算.

解
$$\lim_{x\to\infty}\frac{3x^2-x+3}{x^2+1}=\lim_{x\to\infty}\frac{3-\dfrac{1}{x}+\dfrac{3}{x^2}}{1+\dfrac{1}{x^2}}=\frac{\lim\limits_{x\to\infty}\left(3-\dfrac{1}{x}+\dfrac{3}{x^2}\right)}{\lim\limits_{x\to\infty}\left(1+\dfrac{1}{x^2}\right)}$$

$$=\frac{\lim\limits_{x\to\infty}3-\lim\limits_{x\to\infty}\dfrac{1}{x}+\lim\limits_{x\to\infty}\dfrac{3}{x^2}}{\lim\limits_{x\to\infty}1+\lim\limits_{x\to\infty}\dfrac{1}{x^2}}=3.$$

【例 7】 求$\lim\limits_{x\to\infty}\dfrac{2x^2+x-4}{3x^3-x^2+1}$.

分析 同例6一样,不能直接用法则求极限. 如果分子、分母都除以x^3,就可以计算了.

解 $\lim\limits_{x\to\infty}\dfrac{2x^2+x-4}{3x^3-x^2+1}=\lim\limits_{x\to\infty}\dfrac{\dfrac{2}{x}+\dfrac{1}{x^2}-\dfrac{4}{x^3}}{3-\dfrac{1}{x}+\dfrac{1}{x^3}}=\dfrac{\lim\limits_{x\to\infty}\left(\dfrac{2}{x}+\dfrac{1}{x^2}-\dfrac{4}{x^3}\right)}{\lim\limits_{x\to\infty}\left(3-\dfrac{1}{x}+\dfrac{1}{x^3}\right)}=0.$

【例 8】 求 $\lim\limits_{x\to\infty}\dfrac{2x^3+x^2-5}{x^2-3x+1}$.

解 因$\lim\limits_{x\to\infty}\dfrac{x^2-3x+1}{2x^3+x^2-5}=\lim\limits_{x\to\infty}\dfrac{\dfrac{1}{x}+\dfrac{3}{x^2}+\dfrac{1}{x^3}}{2+\dfrac{1}{x}-\dfrac{5}{x^3}}=\dfrac{0}{2}=0$,故原式 $=\infty$.

【说明】 当 $x\to\infty$ 时,分子、分母极限都是无穷大(称"$\dfrac{\infty}{\infty}$"型),不能直接用商的极限法则,可将分子、分母同除以 x 的最高次幂项后再应用法则求极限.

一般地,有理函数有以下结论(可作为公式使用):若 $a_n\neq 0$,$b_m\neq 0$,m、n 为正整数,则

$$\lim_{x\to\infty}\frac{a_0x^n+a_1x^{n-1}+\cdots+a_{n-1}x+a_n}{b_0x^m+b_1x^{m-1}+\cdots+b_{m-1}x+b_m}=\begin{cases}\dfrac{a_0}{b_0}, & m=n\\ 0, & m>n\\ \infty, & m<n\end{cases}.$$

当 $x\to\infty$ 时,对"$\dfrac{\infty}{\infty}$"型的有理函数极限,可抓幂次最高的一项,利用上述公式进行快速计算,俗称**"抓大头"**. 如

$$\lim_{x\to\infty}\frac{3x^2-4x-5}{4x^2+x+2}=\frac{3}{4};\quad \lim_{x\to\infty}\frac{2x^2+x-3}{3x^3-2x^2-1}=0;\quad \lim_{x\to\infty}\frac{3x^2-x+5}{2x+2}=\infty.$$

1.2.2 两个重要极限

1. 第一个重要极限 $\lim\limits_{x\to 0}\dfrac{\sin x}{x}=1\ \left(\dfrac{0}{0}\text{型}\right)$

从表 1-2-1 可以直观地看出$\lim\limits_{x\to 0}\dfrac{\sin x}{x}=1$.

表 1-2-1

x	± 1	± 0.1	± 0.01	± 0.001	± 0.0001
$\sin x$	± 0.841471	± 0.099833	± 0.01	± 0.001	± 0.0001
$\dfrac{\sin x}{x}$	0.841471	0.998334	0.999983	1	1

【说明】 第一个重要极限$\lim\limits_{x\to 0}\dfrac{\sin x}{x}=1$ 的特征是:

(1) 其类型为"$\dfrac{0}{0}$"型未定式;

(2) 分式中含有三角函数;

(3) 推广形式 $\lim\limits_{\varphi(x)\to 0}\dfrac{\sin\varphi(x)}{\varphi(x)}=1$;

(4) $\lim\limits_{x\to 0}\dfrac{\sin x}{x}=1$ 的一个等价形式为$\lim\limits_{x\to 0}\dfrac{x}{\sin x}=1$.

【例 9】 求极限$\lim\limits_{x\to 0}\dfrac{\tan x}{x}$.

解 $\lim\limits_{x\to 0}\dfrac{\tan x}{x}=\lim\limits_{x\to 0}\left(\dfrac{\sin x}{x}\cdot\dfrac{1}{\cos x}\right)=\lim\limits_{x\to 0}\dfrac{\sin x}{x}\lim\limits_{x\to 0}\dfrac{1}{\cos x}=1.$

结论:$\lim\limits_{x\to 0}\dfrac{\tan x}{x}=1$ 可作为公式使用.

【例 10】 求$\lim\limits_{x\to 0}\dfrac{\sin 5x}{3x}$.

解 (换元) 令 $5x=t$,则当 $x\to 0$ 时,$t\to 0$,于是

原式 $=\lim\limits_{x\to 0}\left(\dfrac{\sin 5x}{5x}\cdot\dfrac{5}{3}\right)=\dfrac{5}{3}\lim\limits_{t\to 0}\dfrac{\sin t}{t}=\dfrac{5}{3}\times 1=\dfrac{5}{3}$.

本例可直接书写成:原式 $=\lim\limits_{x\to 0}\left(\dfrac{\sin 5x}{5x}\cdot\dfrac{5}{3}\right)=\dfrac{5}{3}\lim\limits_{x\to 0}\dfrac{\sin 5x}{5x}=\dfrac{5}{3}\times 1=\dfrac{5}{3}$.

利用换元法,可得到较一般的形式:$\lim\limits_{x\to 0}\dfrac{\sin ax}{bx}=\dfrac{a}{b}$.

【例 11】 求极限$\lim\limits_{x\to 0}\dfrac{1-\cos x}{x^2}$.

解 $\lim\limits_{x\to 0}\dfrac{1-\cos x}{x^2}=\lim\limits_{x\to 0}\dfrac{2\sin^2\dfrac{x}{2}}{x^2}=\dfrac{1}{2}\lim\limits_{x\to 0}\dfrac{\sin^2\dfrac{x}{2}}{\left(\dfrac{x}{2}\right)^2}=\dfrac{1}{2}\left[\lim\limits_{x\to 0}\dfrac{\sin\dfrac{x}{2}}{\dfrac{x}{2}}\right]^2=\dfrac{1}{2}$.

【例 12】 求极限$\lim\limits_{x\to\infty}x\sin\dfrac{1}{x}$.

解 $\lim\limits_{x\to\infty}x\sin\dfrac{1}{x}=\lim\limits_{x\to\infty}\dfrac{\sin\dfrac{1}{x}}{\dfrac{1}{x}}=\lim\limits_{t\to 0}\dfrac{\sin t}{t}=1$.

【例 13】 求极限$\lim\limits_{x\to 3}\dfrac{\sin(x^2-9)}{x-3}$.

解
$$\lim_{x\to 3}\frac{\sin(x^2-9)}{x-3}=\lim_{x\to 3}\left[\frac{\sin(x^2-9)}{x^2-9}\cdot(x+3)\right]$$
$$=\lim_{x\to 3}\frac{\sin(x^2-9)}{x^2-9}\lim_{x\to 3}(x+3)=1\times 6=6.$$

【例 14】 求极限$\lim\limits_{x\to 0}\dfrac{\arctan x}{x}$.

解 令 $t=\arctan x$,当 $x\to 0$ 时,$t\to 0$,所以

$$\lim_{x\to 0}\frac{\arctan x}{x}=\lim_{t\to 0}\frac{t}{\tan t}=\lim_{t\to 0}\left(\frac{t}{\sin t}\cdot\cos t\right)=1.$$

2. 第二个重要极限 $\lim\limits_{x\to\infty}(1+\frac{1}{x})^x=\mathrm{e}$（$1^\infty$ 型）

【案例】　存款本利和问题

设李明有一笔存款，本金为 C_0，存款年利率为 r，如何计算 k 年后李明这笔存款的本利和 C_k？

(1) 单利计算

一年期满时本利和为 $C_1=C_0+C_0r=C_0(1+r)$，

两年期满时本利和为 $C_2=C_1+C_0r=C_0(1+2r)$，

可推知，k 年期满时本利和为 $C_k=C_0(1+kr)$.

(2) 一年计一次利息的复利问题

一年后的本利和为 $C_1=C_0(1+r)$，

两年后的本利和为 $C_2=C_1(1+r)=C_0(1+r)^2$，

可推知，k 年后的本利和为 $C_k=C_0(1+r)^k$.

(3) 一年分期计息的复利问题

如果一年分 n 期计息，即一年中结算 n 次，年利率仍为 r，则每期利率为 $\frac{r}{n}$，于是

一年后的本利和为 $C_1=C_0\left(1+\frac{r}{n}\right)^n$，

两年后的本利和为 $C_2=C_0\left(1+\frac{r}{n}\right)^{2n}$，

可推知，k 年后的本利和为 $C_k=C_0\left(1+\frac{r}{n}\right)^{nk}$.

(4) 连续复利

如果计息期数无限增多，即结算次数无限增大，也就是立即变现，则 k 年后的本利和为

$$C_k=\lim_{n\to\infty}C_0\left(1+\frac{r}{n}\right)^{nk}.$$

第二个重要极限公式可以解决这个极限问题.

由表 1-2-2 可以看出，其中 $\mathrm{e}=2.718281828\cdots$，是无理数.

表 1-2-2

x	1	10	100	1000	10000	100000	1000000
$\left(1+\frac{1}{x}\right)^x$	2	2.593742	2.704814	2.716924	2.718146	2.718268	2.71828

【说明】 第二个重要极限的特征是：

(1) 其类型是 1^{∞} 型未定式；

(2) 其推广形式为 $\lim\limits_{\varphi(x)\to\infty}\left(1+\dfrac{1}{\varphi(x)}\right)^{\varphi(x)}=\mathrm{e}$ 或 $\lim\limits_{f(x)\to 0}[1+f(x)]^{\frac{1}{f(x)}}=\mathrm{e}$.

(3) 在 $\lim\limits_{x\to\infty}\left(1+\dfrac{1}{x}\right)^{x}=\mathrm{e}$ 中，令 $t=\dfrac{1}{x}$，则当 $x\to\infty$ 时，$t\to 0$，于是得到：

$$\lim_{x\to\infty}\left(1+\frac{1}{x}\right)^{x}=\mathrm{e}\Leftrightarrow\lim_{x\to 0}(1+x)^{\frac{1}{x}}=\mathrm{e}.$$

【例 15】 求 $\lim\limits_{x\to\infty}\left(1+\dfrac{1}{x}\right)^{\frac{x}{3}}$.

解 原式 $=\lim\limits_{x\to\infty}\left[\left(1+\dfrac{1}{x}\right)^{x}\right]^{\frac{1}{3}}=\left[\lim\limits_{x\to\infty}\left(1+\dfrac{1}{x}\right)^{x}\right]^{\frac{1}{3}}=\mathrm{e}^{\frac{1}{3}}$.

【例 16】 求 $\lim\limits_{x\to 0}(1-x)^{\frac{2}{x}}$.

解 令 $u=-\dfrac{1}{x}$，则 $x=-\dfrac{1}{u}$，当 $x\to 0$ 时，$u\to\infty$，于是

原式 $=\lim\limits_{u\to\infty}\left(1+\dfrac{1}{u}\right)^{-2u}=\lim\limits_{u\to 0}\left[\left(1+\dfrac{1}{u}\right)^{u}\right]^{-2}=\mathrm{e}^{-2}=\dfrac{1}{\mathrm{e}^{2}}$.

熟练后，本例可以直接这样书写：原式 $=\lim\limits_{x\to 0}\{[1+(-x)]^{-\frac{1}{x}}\}^{-2}=\mathrm{e}^{-2}=\dfrac{1}{\mathrm{e}^{2}}$.

【例 17】 求极限 $\lim\limits_{x\to 0}\dfrac{\ln(1+x)}{x}$.

解 $\lim\limits_{x\to 0}\dfrac{\ln(1+x)}{x}=\lim\limits_{x\to 0}\ln(1+x)^{\frac{1}{x}}=\ln[\lim\limits_{x\to 0}(1+x)^{\frac{1}{x}}]=\ln\mathrm{e}=1$.

注：此题综合运用了复合函数的极限运算法则和重要极限二进行求解.

【例 18】 求 $\lim\limits_{x\to 0}(1-x)^{\frac{3}{x}+5}$.

解 原式 $=\lim\limits_{x\to 0}\{[1+(-x)]^{-\frac{1}{x}}\}^{-3}(1-x)^{5}=\mathrm{e}^{-3}\lim\limits_{x\to 0}(1-x)^{5}=\dfrac{1}{\mathrm{e}^{3}}$.

【例 19】 求极限 $\lim\limits_{x\to\infty}\left(\dfrac{2+x}{1+x}\right)^{x}$.

解 方法一
$$\lim_{x\to\infty}\left(\frac{2+x}{1+x}\right)^{x}=\lim_{x\to\infty}\left(1+\frac{1}{1+x}\right)^{x}=\lim_{x\to\infty}\left(1+\frac{1}{1+x}\right)^{1+x}\lim_{x\to\infty}\left(1+\frac{1}{1+x}\right)^{-1}=\mathrm{e}\times 1=\mathrm{e}.$$

方法二
$$\lim_{x\to\infty}\left(\frac{2+x}{1+x}\right)^{x}=\lim_{x\to\infty}\left(\frac{1+\frac{2}{x}}{1+\frac{1}{x}}\right)^{x}=\lim_{x\to\infty}\frac{\left(1+\frac{2}{x}\right)^{x}}{\left(1+\frac{1}{x}\right)^{x}}=\frac{\mathrm{e}^{2}}{\mathrm{e}}=\mathrm{e}.$$

【例 20】 求 $\lim\limits_{x\to\infty}\left(\dfrac{x+1}{x-1}\right)^{x+2}$.

解 原式 $=\lim\limits_{x\to\infty}\left[\left(1+\dfrac{2}{x-1}\right)^{\frac{x-1}{2}}\right]^{2}\left(1+\dfrac{2}{x-1}\right)^{3}=\mathrm{e}^{2}\lim\limits_{x\to\infty}\left(1+\dfrac{2}{x-1}\right)^{3}=\mathrm{e}^{2}$.

▶▶▶▶ 习题 1.2 ◀◀◀◀

1. 单项选择题：

(1) 下列各式正确的是(　　).

A. $\lim\limits_{x\to 0}\dfrac{x}{\sin x}=0$　　B. $\lim\limits_{x\to\infty}\dfrac{\sin x}{x}=1$　　C. $\lim\limits_{x\to 0}\dfrac{\sin x}{x}=1$　　D. $\lim\limits_{x\to\infty}\dfrac{x}{\sin x}=1$

(2) $\lim\limits_{n\to\infty}\left(1+\dfrac{2}{n}\right)^{kn}=e^{-3}$，则 $k=$(　　).

A. $\dfrac{3}{2}$　　B. $\dfrac{2}{3}$　　C. $-\dfrac{3}{2}$　　D. $-\dfrac{2}{3}$

(3) $\lim\limits_{n\to\infty}\left(1+\dfrac{2}{n}\right)^{n+2}=$(　　).

A. e^2　　B. e^4　　C. $e^{\frac{1}{4}}$　　D. $e^{-\frac{1}{4}}$

2. 填空题：

(1) $\lim\limits_{x\to\infty}\dfrac{(2x-1)^{15}(3x+1)^{30}}{(3x-2)^{45}}=$________.

(2) $\lim\limits_{n\to\infty}\dfrac{1+\dfrac{1}{2}+\dfrac{1}{4}+\cdots+\dfrac{1}{2^{n-1}}}{1+\dfrac{1}{3}+\dfrac{1}{9}+\cdots+\dfrac{1}{3^{n-1}}}=$________.

3. 计算下列各极限：

(1) $\lim\limits_{x\to 1}\dfrac{x^2+2x+5}{x^2+1}$；

(2) $\lim\limits_{x\to\frac{\pi}{4}}\dfrac{1+\sin 2x}{1-\cos 4x}$；

(3) $\lim\limits_{x\to\infty}\dfrac{x^4-3x^3+1}{2x^4+5x^2-6}$；

(4) $\lim\limits_{x\to\infty}\dfrac{2x^2+x}{3x^4-x+1}$；

(5) $\lim\limits_{x\to\infty}\dfrac{x^5+x^2-x}{x^4-2x-1}$；

(6) $\lim\limits_{x\to\infty}\left(\dfrac{5x^2}{1-x^2}+2^{\frac{1}{x}}\right)$；

(7) $\lim\limits_{n\to\infty}\left(1+\dfrac{1}{2}+\dfrac{1}{4}+\cdots+\dfrac{1}{2^n}\right)$；

(8) $\lim\limits_{x\to+\infty}\left(\dfrac{2^x-1}{4^x+1}\right)$；

(9) $\lim\limits_{x\to 1}\dfrac{x^2-3x+2}{x-1}$；

(10) $\lim\limits_{x\to 2}\dfrac{2-\sqrt{x+2}}{2-x}$；

(11) $\lim\limits_{x\to\infty}\left(\dfrac{x^3}{2x^2-1}-\dfrac{x^2}{2x+1}\right)$；

(12) $\lim\limits_{x\to 1}\left(\dfrac{1}{1-x}-\dfrac{3}{1-x^3}\right)$

4. 计算下列各极限：

(1) $\lim\limits_{n\to\infty}\dfrac{1+2+3+\cdots+(n+1)}{n^2}$；

(2) $\lim\limits_{n\to\infty}\dfrac{(n+1)(n+2)(n+3)}{3n^2}$；

(3) $\lim\limits_{x\to 2}\left(\dfrac{1}{x-2}-\dfrac{12}{x^3-8}\right)$；

(4) $\lim\limits_{h\to 0}\dfrac{(x+h)^3-x^3}{h}$；

(5) $\lim\limits_{x\to 1}\dfrac{\sqrt{5x-4}-\sqrt{x}}{x-1}$；　　(6) $\lim\limits_{x\to 4}\dfrac{\sqrt{2x+1}-3}{\sqrt{x-2}-\sqrt{2}}$.

5. 计算下列各极限：

(1) $\lim\limits_{x\to 0}\dfrac{\sin 4x}{x}$；　(2) $\lim\limits_{x\to 0}\dfrac{\sin mx}{\sin nx}$；　(3) $\lim\limits_{x\to 0}\dfrac{\tan 4x}{x}$；　(4) $\lim\limits_{x\to 0}\dfrac{x-\sin x}{x+\sin x}$.

6. 计算下列各极限：

(1) $\lim\limits_{x\to\infty}\left(1+\dfrac{2}{x}\right)^{x}$；　(2) $\lim\limits_{x\to\infty}\left(1+\dfrac{3}{5x}\right)^{x}$；　(3) $\lim\limits_{x\to 0}(1-x)^{\frac{1}{x}}$；　(4) $\lim\limits_{x\to 0}(1+2x)^{\frac{2}{x}}$；

(5) $\lim\limits_{x\to\infty}\left(\dfrac{1+x}{x}\right)^{2x}$；　(6) $\lim\limits_{x\to\infty}\left(1+\dfrac{2}{1+x}\right)^{x}$.

§1.3　无穷小量与无穷大量

在学习数列极限时，有一类数列非常引人注目，它们具有如下特征：$\lim\limits_{n\to\infty}a_n=0$，我们称之为无穷小数列. 通过前面几节对函数极限的学习，我们可以发现，在一般函数极限中也有类似的情形. 例如：$\lim\limits_{x\to 0}\sin x=0$，$\lim\limits_{x\to 0}x^2=0$. 我们将讨论这类函数，即“无穷小量”.

既然有“无穷小量”，与之对应的也有“无穷大量”. 那么什么是“无穷大量”？无穷小量和无穷大量分别有哪些性质呢？本节将对此进行阐述.

1.3.1　无穷小量

1. 无穷小量的定义

定义 1.7　若 $f(x)$ 当 $x\to x_0$ 或 $x\to\infty$ 时的极限为零，则称 $f(x)$ 为当 $x\to x_0$ 或 $x\to\infty$ 时的**无穷小量**，简称**无穷小**. 记为

$$\lim_{x\to x_0}f(x)=0\quad 或\quad \lim_{x\to\infty}f(x)=0.$$

【说明】

(1) 类似地可以定义当 $x\to x_0^{+}$，$x\to x_0^{-}$，$x\to+\infty$，$x\to-\infty$ 时的无穷小量.

(2) 无穷小必须指明自变量的变化过程，不能笼统地说某个变量是无穷小. 如当 $x\to\infty$ 时，$\dfrac{1}{x}$ 是无穷小，而当 $x\to 2$ 时，$\dfrac{1}{x}$ 不是无穷小.

(3) 无穷小不是一个数，而是一个特殊的函数(极限为 0)，不要将其与非常小的数混淆，因为任一常数不可能任意地小，除非是 0 本身. 由此，0 是唯一可作为无穷小的常数.

【例 1】　因为 $\lim\limits_{x\to 2}(2x-4)=2\times 2-4=0$，所以 $2x-4$ 当 $x\to 2$ 时为无穷小.

同理：$\lim\limits_{x\to\infty}\dfrac{\sin x}{x}=0$，所以 $\dfrac{\sin x}{x}$ 当 $x\to\infty$ 时为无穷小；

而$\lim\limits_{x\to 0}(2x-4)=-4\neq 0$,所以$2x-4$当$x\to 0$时不是无穷小.

【例2】 $x^k(k=1,2,\cdots)$,$\sin x$,$1-\cos x$都是当$x\to 0$时的无穷小量;

$\sqrt{1-x}$是当$x\to 1^-$时的无穷小量;

$\dfrac{1}{x^2}$,$\dfrac{\cos x}{x}$是$x\to\infty$时的无穷小量.

2. 函数极限与无穷小量的关系

定理1.6(极限与无穷小的关系) 在自变量x的某一个变化过程中,函数$f(x)$有极限A的充要条件是$f(x)=A+\alpha$,其中α是自变量x在同一变化过程中的无穷小.

3. 无穷小量的性质

性质1 有限个无穷小的代数和仍为无穷小;

性质2 有限个无穷小之积仍为无穷小;

性质3 有界变量与无穷小之积仍为无穷小. 特别地,常数与无穷小之积为无穷小.

例如:$\lim\limits_{x\to 0}x^2\sin\dfrac{1}{x}=0$, $\lim\limits_{x\to 0}(x^2\pm x^3)=0$, $\lim\limits_{x\to 0}x\sin x=0$.

【例3】 证明$\lim\limits_{x\to\infty}\dfrac{\sin x}{x}=0$.

证明 因$\dfrac{\sin x}{x}=\dfrac{1}{x}\sin x$,其中$\sin x$为有界函数,$\dfrac{1}{x}$为$x\to\infty$时的无穷小,

由性质3知 $\lim\limits_{x\to\infty}\dfrac{\sin x}{x}=0$.

【例4】 求极限$\lim\limits_{x\to 0}x\cos\dfrac{1}{x}$.

解 因为$\left|\cos\dfrac{1}{x}\right|\leqslant 1$,所以函数$f(x)=\cos\dfrac{1}{x}$是有界函数. 根据无穷小的性质“有界变量与无穷小之积仍是无穷小”,可得$\lim\limits_{x\to 0}x\cos\dfrac{1}{x}=0$.

【例5】 求极限$\lim\limits_{x\to\infty}\dfrac{\arctan x}{x}$.

解 当$x\to\infty$时,$\dfrac{1}{x}$是无穷小量,又$-\dfrac{\pi}{2}\leqslant\arctan x\leqslant\dfrac{\pi}{2}$,即$\arctan x$是有界函数,由“无穷小量与有界变量之积仍是无穷小量”的性质,得$\lim\limits_{x\to\infty}\dfrac{\arctan x}{x}=\lim\limits_{x\to\infty}\left(\dfrac{1}{x}\cdot\arctan x\right)=0$.

4. 无穷小量的比较

【问题】 两个无穷小量之商是否仍为无穷小量?考虑:

$$\lim_{x\to 0}\frac{x^2}{x}=0,\quad \lim_{x\to 0}\frac{x}{x^2}=?,\quad \lim_{x\to 0}\frac{x^2}{x^2}=1,\quad \lim_{x\to 0}\frac{\sin x}{x}=1,\quad \lim_{x\to 0}\frac{2x^2}{x^2}=2.$$

【分析】 同为无穷小量,$\lim\limits_{x\to 0}\dfrac{x^2}{x}=0$,而$\lim\limits_{x\to 0}\dfrac{x}{x^2}$不存在?这说明“无穷小量”是有“级别”

的. 这个"级别"表现在趋近于0的速度有快有慢. 就上述例子而言,这个"级别"的标志是 x 的"指数",当 $x \to 0$ 时, x 的指数越大,它接近于0的速度越快. 这样看来,当 $x \to 0$ 时, x^2 的收敛速度快于 x 的收敛速度. 此时称 x^2 是(当 $x \to 0$ 时) x 的高阶无穷小量;或称 $x \to 0$ 时, x 是 x^2 的低阶无穷小量.

下面,仅就 $x \to x_0$ 介绍无穷小的阶的概念,其他变化过程下也有类似定义.

定义 1.8 设 α 和 β 是当 $x \to x_0$ 时的两个无穷小,若

(1) $\lim\limits_{x \to x_0} \dfrac{\beta}{\alpha} = 0$,则称当 $x \to x_0$ 时, β 是 α 的**高阶无穷小**,记为 $\beta = o(\alpha)(x \to x_0)$;

(2) $\lim\limits_{x \to x_0} \dfrac{\beta}{\alpha} = \infty$,则称当 $x \to x_0$ 时, β 是 α 的**低阶无穷小**;

(3) $\lim\limits_{x \to x_0} \dfrac{\beta}{\alpha} = C$($C$ 为不等于零的常数),则称当 $x \to x_0$ 时, β 与 α 是**同阶无穷小**. 特别地,当 $C = 1$ 时,称 β 与 α 是**等价无穷小**,记为 $\alpha \sim \beta\ (x \to x_0)$.

如,当 $x \to 0$ 时, $2x$ 是 x^2 的低阶无穷小,而 x^2 是 $2x$ 的高阶无穷小,记作 $x^2 = o(2x)$;当 $x \to 0$ 时, $2x$ 是 $\sin x$ 的同阶无穷小;由于 $\lim\limits_{x \to 0} \dfrac{\sin x}{x} = 1$, $\lim\limits_{x \to 0} \dfrac{\tan x}{x} = 1$,所以,当 $x \to 0$ 时, x 与 $\sin x$、x 与 $\tan x$ 是等价无穷小,分别记作 $\sin x \sim x$, $\tan x \sim x$.

关于等价无穷小,有下面一个性质:

定理 1.7 如果当 $x \to x_0$ 时, α_1 和 α_2 是等价无穷小, β_1 和 β_2 是等价无穷小,即 $\alpha_1 \sim \alpha_2$, $\beta_1 \sim \beta_2$,且 $\lim\limits_{x \to x_0} \dfrac{\beta_2}{\alpha_2}$ 存在,则 $\lim\limits_{x \to x_0} \dfrac{\beta_1}{\alpha_1}$ 也存在,且有 $\lim\limits_{x \to x_0} \dfrac{\beta_1}{\alpha_1} = \lim\limits_{x \to x_0} \dfrac{\beta_2}{\alpha_2}$.

这个定理表明,求两个无穷小之比的极限时,分子及分母都可用等价无穷小来代替.

当 $x \to 0$ 时,常用的等价无穷小有:

$\sin x \sim x$; $\tan x \sim x$; $\arcsin x \sim x$; $\arctan x \sim x$; $1 - \cos x \sim \dfrac{1}{2}x^2$;

$\ln(1 + x) \sim x$; $e^x - 1 \sim x$; $\sqrt{1 + x} - 1 \sim \dfrac{1}{2}x$.

【例 6】 求(1) $\lim\limits_{x \to 0} \dfrac{\sin 4x}{\tan 2x}$; (2) $\lim\limits_{x \to 0} \dfrac{1 - \cos x}{\sin^2 x}$; (3) $\lim\limits_{x \to 0} \dfrac{\arcsin 2x}{x^2 + 2x}$.

解 (1) 当 $x \to 0$ 时, $\sin 4x \sim 4x$, $\tan 2x \sim 2x$,所以 $\lim\limits_{x \to 0} \dfrac{\sin 4x}{\tan 2x} = \lim\limits_{x \to 0} \dfrac{4x}{2x} = 2$;

(2) 当 $x \to 0$ 时, $\sin x \sim x$, $1 - \cos x \sim \dfrac{1}{2}x^2$,所以 $\lim\limits_{x \to 0} \dfrac{1 - \cos x}{\sin^2 x} = \lim\limits_{x \to 0} \dfrac{\frac{1}{2}x^2}{x^2} = \dfrac{1}{2}$;

(3) 当 $x \to 0$ 时, $\arcsin 2x \sim 2x$,所以原式 $= \lim\limits_{x \to 0} \dfrac{2x}{x^2 + 2x} = \lim\limits_{x \to 0} \dfrac{2}{x + 2} = \dfrac{2}{2} = 1$.

1.3.2　无穷大量

1. 无穷大量的定义

定义 1.9　若当 $x \to x_0$ 或 $x \to \infty$ 时 $f(x) \to \infty$，就称 $f(x)$ 为当 $x \to x_0$ 或 $x \to \infty$ 时的**无穷大量**，简称**无穷大**. 记为

$$\lim_{x \to x_0} f(x) = \infty \quad 或 \quad \lim_{x \to \infty} f(x) = \infty.$$

如 $\lim\limits_{x \to \infty} x^3 = \infty$，$\lim\limits_{x \to 1} \dfrac{1}{x-1} = \infty$，$\lim\limits_{x \to \infty} x^2 = +\infty$，$\lim\limits_{x \to \infty}(-x^2) = -\infty$，$\lim\limits_{x \to 0^+} \ln x = -\infty$ 等.

【说明】

(1) 类似还有 $f(x) \to -\infty$，$f(x) \to +\infty$ 时的定义.

(2) 无穷大必须指明自变量的变化过程，不能笼统地说某个变量是无穷大. 如当 $x \to 0$ 时，$\dfrac{1}{x}$ 是无穷大，而当 $x \to 2$ 时，$\dfrac{1}{x}$ 不是无穷大.

(3) 无穷大量不是一个数，不要将其与非常大的数混淆.

(4) 无穷大记号仅表示变量的一种变化趋势，并不表示极限存在.

【例 7】　讨论自变量在怎样的变化过程中，下列函数为无穷大.

(1) $y = 2^x$；　　(2) $y = \ln x$.

解　(1) 因为 $\lim\limits_{x \to +\infty} 2^x = +\infty$，所以 2^x 是当 $x \to +\infty$ 时的无穷大.

(2) 由图 1-3-1 知，因为 $x \to 0^+$ 时，$\ln x \to -\infty$，而 $x \to +\infty$ 时，$\ln x \to +\infty$，所以当 $x \to 0^+$ 及 $x \to +\infty$ 时，$\ln x$ 都是无穷大.

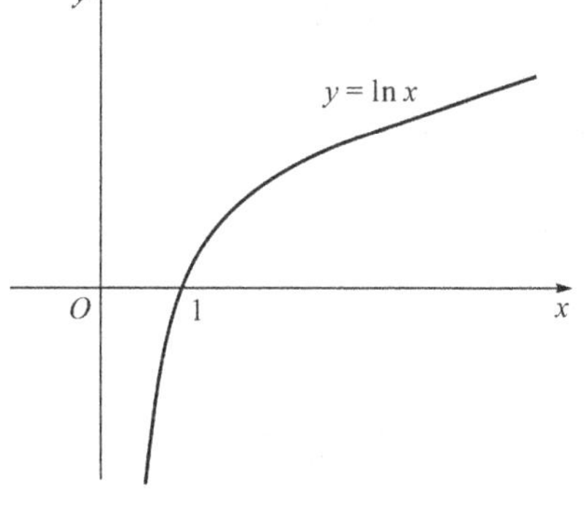

图 1-3-1

2. 无穷小与无穷大的关系

定理 1.8　在自变量的同一变化过程中，如果 $f(x)$ 是无穷大，则 $\dfrac{1}{f(x)}$ 是无穷小；如果 $f(x) \neq 0$ 且 $f(x)$ 是无穷小，则 $\dfrac{1}{f(x)}$ 是无穷大.

如当 $x \to 0$ 时，x^3 是无穷小，$\dfrac{1}{x^3}$ 是无穷大.

【例 8】　求极限 (1) $\lim\limits_{x \to 1} \dfrac{1}{x-1}$；　(2) $\lim\limits_{x \to 1} \dfrac{x-1}{x^2-2x+1}$.

解　(1) 因为 $\lim\limits_{x \to 1}(x-1) = 0$，所以 $\lim\limits_{x \to 1} \dfrac{1}{x-1} = \infty$；

(2) 因为 $\lim\limits_{x \to 1} \dfrac{x^2-2x+1}{x-1} = \lim\limits_{x \to 1} \dfrac{(x-1)^2}{x-1} = \lim\limits_{x \to 1}(x-1) = 0$，所以 $\lim\limits_{x \to 1} \dfrac{x-1}{x^2-2x+1} = \infty$.

▶▶▶▶ 习题 1.3 ◀◀◀◀

1. 选择题：

(1) 当 $x \to 1$ 时，下列变量中不是无穷小的是(   ).

A. x^2-1　　B. $x(x-2)+1$　　C. $3x^2-2x-1$　　D. $4x^2-2x+1$

(2) 当 $n \to \infty$ 时，与 $\sin^3 \frac{1}{n}$ 等价的无穷小是(   ).

A. $\ln\left(1+\frac{1}{n}\right)$　　B. $\ln\left(1+\frac{1}{\sqrt{n}}\right)$　　C. $\ln\left(1+\frac{3}{n}\right)$　　D. $\ln\left(1+\frac{1}{n^3}\right)$

2. 指出下列变量中，哪些是无穷小?哪些是无穷大?

(1) $\ln x$，当 $x \to 1$ 时；　　(2) $e^{\frac{1}{x}}$，当 $x \to 0^+$ 时；

(3) $x-\sin 2x$，当 $x \to 0$ 时；　　(4) $1-\cos x$，当 $x \to 0$ 时；

(5) $2^{-x}-1$，当 $x \to 0$ 时；　　(6) $\frac{1+2x}{x^2}$，当 $x \to 0$ 时.

3. 当 x 趋于何值时，下列变量是无穷小?

(1) $\frac{1}{1+x^2}$；　(2) $\tan 2x$；　(3) $\arcsin x$.

4. 当 x 趋于何值时，下列变量是无穷大?

(1) $\frac{1}{x-2}$；　(2) $\ln(x+1)$；　(3) $\frac{1}{\frac{\pi}{4}-\arctan x}$.

5. 求下列极限：

(1) $\lim\limits_{x\to\infty}\frac{2+\sin x}{x}$；　　(2) $\lim\limits_{x\to 3}\frac{x}{3-x}$；

(3) $\lim\limits_{x\to 0}\frac{\sin(x^n)}{(\sin x)^m}$；　　(4) $\lim\limits_{x\to 0}\frac{\tan x-\sin x}{\ln(1+x^3)}$；

(5) $\lim\limits_{x\to 0}\frac{(e^x-1)\sin 2x}{1-\cos x}$；　　(6) $\lim\limits_{x\to\infty}x^2\left(1-\cos\frac{1}{x}\right)$.

6. 比较无穷小量的阶：

(1) 当 $x \to 0$ 时，$1-\cos x$ 和 x^2；　　(2) 当 $x \to \infty$ 时，$\frac{1}{1+x^2}$ 和 $\frac{1}{x}$.

§1.4　函数的连续性

在自然界中，许多自然现象的变化过程都是连续不断的. 例如，气温的变化、河水的流动、动植物的生长等. 这些现象都是随着时间连续不断地变化着的. 它们反映在数学上，就是函数的连续性. 连续性是函数的重要性态之一，这种性态与函数的极限密切相关，可以用极限来进行数学描述.

1.4.1　连续与间断

1. 增量

定义 1.10　设变量 u 由初值 u_1 变到终值 u_2，终值与初值之差 $u_2 - u_1$ 称为 u 的**增量(或改变量)**，记作 Δu，即 $\Delta u = u_2 - u_1$. 增量 Δu 可正、可负.

设函数 $y = f(x)$ 在 x_0 的某个邻域内有定义，当自变量 x 从 x_0 变化到 $x_0 + \Delta x$(仍在该邻域内)时，函数 $y = f(x)$ 的值相应地由 $f(x_0)$ 变化到 $f(x_0 + \Delta x)$，我们称 Δx 为**自变量的增量**，$\Delta y = f(x_0 + \Delta x) - f(x_0)$ 为**函数 $y = f(x)$ 的增量**. 几何解释如图 1-4-1 所示.

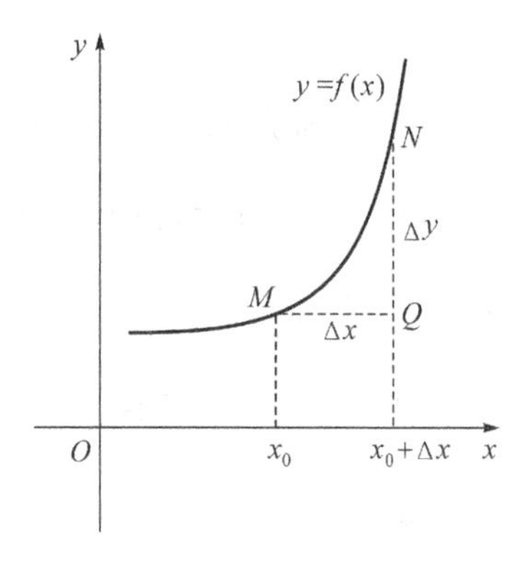

图 1-4-1

2. 连续

由图 1-4-1 可以看到，若函数 $y = f(x)$ 在点 x_0 处连续，当 $\Delta x \to 0$ 时，$\Delta y \to 0$.

定义 1.11　设函数 $y = f(x)$ 在点 x_0 的某个邻域内有定义，如果当自变量 x 在点 x_0 处的增量 Δx 趋于零时，对应的函数的增量 $\Delta y = f(x_0 + \Delta x) - f(x_0)$ 也趋于零，即 $\lim\limits_{\Delta x \to 0} \Delta y = 0$，则称函数**在点 x_0 处连续**，或称点 x_0 为函数的**连续点**.

在定义 1.11 中，如果令 $x = x_0 + \Delta x$，则当 $\Delta x \to 0$ 时，有 $x \to x_0$，且 $\Delta y \to 0$，也即 $f(x) \to f(x_0)$. 于是 $y = f(x)$ 在点 x_0 处连续又可表述为：

定义 1.12　设函数 $y = f(x)$ 在 x_0 的某邻域内有定义，若 $\lim\limits_{x \to x_0} f(x) = f(x_0)$，则称**函数 $y = f(x)$ 在 x_0 处连续**.

【说明】　由定义 1.12 可知，函数在点 x_0 处连续必须同时满足三个条件：

(1) 函数在点 x_0 处有定义，即有 $f(x_0)$ 存在；

(2) 函数在点 x_0 处有极限，即有 $\lim\limits_{x \to x_0} f(x)$ 存在；

(3) 函数在点 x_0 处的极限等于点 x_0 处的函数值.

定义 1.13　设函数 $y = f(x)$ 在点 x_0 及其左侧附近有定义，若 $\lim\limits_{x \to x_0^-} f(x) = f(x_0)$，则称**函数 $f(x)$ 在点 x_0 处左连续**. 相应地，设函数 $y = f(x)$ 在点 x_0 及其右侧附近有定义，若 $\lim\limits_{x \to x_0^+} f(x) = f(x_0)$，则称**函数 $f(x)$ 在点 x_0 处右连续**.

若函数 $f(x)$ 在点 x_0 处既左连续又右连续，则函数 $f(x)$ 在点 x_0 处连续.

在开区间 (a,b) 内每一点都连续的函数，称为**在开区间 (a,b) 内的连续函数**，或者称函数在开区间 (a,b) 内连续. 如果函数在开区间 (a,b) 内连续，且在左端点 a 处右连续，在右端点 b 处左连续，那么称**函数在闭区间 $[a,b]$ 上连续**.

从几何上看,在某个区间上连续的函数,其图像是一条连绵不断的曲线.

初等函数在其定义域内都是连续的.分段函数常需考察其分界点处的连续性.

【例 1】 讨论函数 $f(x)=\begin{cases}\dfrac{1}{x^2}, & 0<x\leqslant 1\\ 2-x, & 1<x\leqslant 2\end{cases}$ 在点 $x=1$ 处的连续性.

解 因为 $f(1)=1$,又因为函数在点 $x=1$ 处的左、右极限分别是:$\lim\limits_{x\to 1^-}\dfrac{1}{x^2}=1$,$\lim\limits_{x\to 1^+}(2-x)=1$,所以左、右极限存在且相等,并且等于该点处的函数值,因而该函数在点 $x=1$ 处连续.

【例 2】 讨论函数 $y=\begin{cases}x+2, & x\geqslant 0\\ x-2, & x<0\end{cases}$ 在 $x=0$ 处的连续性.

解 因为,$\lim\limits_{x\to 0^-}y=\lim\limits_{x\to 0^-}(x-2)=0-2=-2$,$\lim\limits_{x\to 0^+}y=\lim\limits_{x\to 0^+}(x+2)=0+2=2$,$-2\neq 2$,所以该函数在点 $x=0$ 处不连续.

【例 3】 确定常数 a,使函数 $f(x)=\begin{cases}\sin x, & x<\dfrac{\pi}{2}\\ a+x, & x\geqslant\dfrac{\pi}{2}\end{cases}$ 在点 $x=\dfrac{\pi}{2}$ 处连续.

解 要使 $f(x)$ 在 $x=\dfrac{\pi}{2}$ 处连续,则需要 $\lim\limits_{x\to\frac{\pi}{2}^-}f(x)=\lim\limits_{x\to\frac{\pi}{2}^+}f(x)=f\left(\dfrac{\pi}{2}\right)$.

又 $\lim\limits_{x\to\frac{\pi}{2}^-}f(x)=\lim\limits_{x\to\frac{\pi}{2}^-}\sin x=1$,$\lim\limits_{x\to\frac{\pi}{2}^+}f(x)=\lim\limits_{x\to\frac{\pi}{2}^+}(a+x)=a+\dfrac{\pi}{2}$,$f\left(\dfrac{\pi}{2}\right)=a+\dfrac{\pi}{2}$,所以 $a+\dfrac{\pi}{2}=1$,解得 $a=1-\dfrac{\pi}{2}$.因此,当 $a=1-\dfrac{\pi}{2}$ 时,$f(x)$ 在 $x=\dfrac{\pi}{2}$ 处连续.

3. 函数的间断点

定义 1.14 若函数 $f(x)$ 在点 x_0 处不连续,则称点 x_0 为函数 $f(x)$ 的**间断点**.

由连续的定义知,满足下列条件之一的点 x_0 为函数 $f(x)$ 的间断点:

(1) $f(x)$ 在点 x_0 处没有定义;

(2) $f(x)$ 在点 x_0 处有定义,但 $\lim\limits_{x\to x_0}f(x)$ 不存在;

(3) $f(x)$ 在点 x_0 处有定义,且 $\lim\limits_{x\to x_0}f(x)$ 存在,但 $\lim\limits_{x\to x_0}f(x)\neq f(x_0)$.

通常,我们把间断点分为两大类:设 x_0 为 $f(x)$ 的间断点,如果当 $x\to x_0$ 时,$f(x)$ 的左、右极限都存在,则称 x_0 为 $f(x)$ 的**第一类间断点**;否则,称 x_0 为 $f(x)$ 的**第二类间断点**.若 x_0 为 $f(x)$ 的第一类间断点,则当 $\lim\limits_{x\to x_0^+}f(x)=\lim\limits_{x\to x_0^-}f(x)$,即 $\lim\limits_{x\to x_0}f(x)$ 存在时,称 x_0 为 $f(x)$ 的**可去间断点**(如图 1-4-2);当 $\lim\limits_{x\to x_0^+}f(x)\neq\lim\limits_{x\to x_0^-}f(x)$ 时,称 x_0 为 $f(x)$ 的**跳跃间断点**(图 1-4-3).

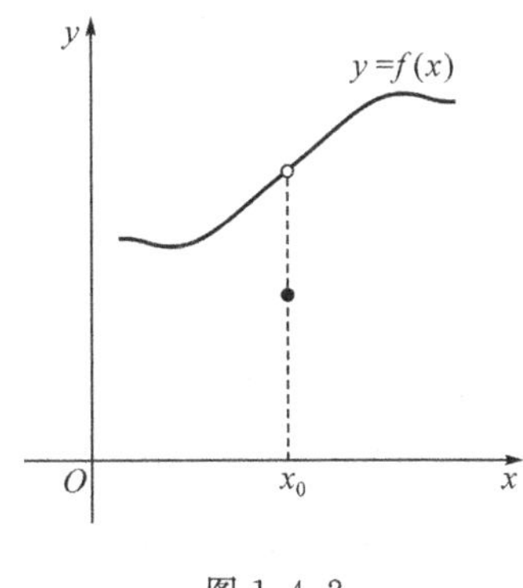

图 1-4-2

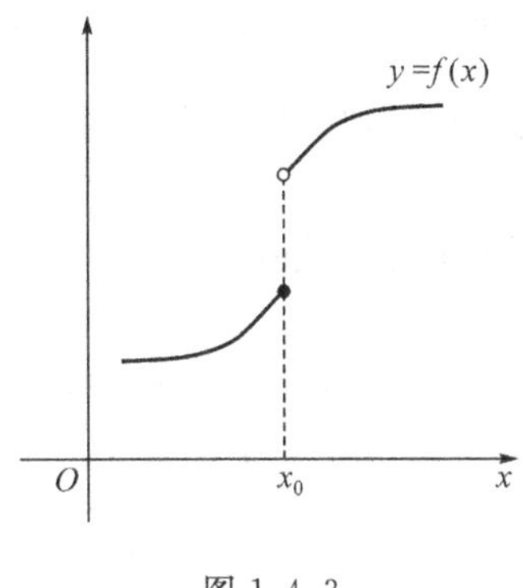

图 1-4-3

【例 4】 设 $f(x)=\begin{cases} x, & x\neq 1 \\ \frac{1}{2}, & x=1 \end{cases}$,讨论 $f(x)$ 在 $x=1$ 处的连续性.

解 显然,$f(x)$ 在 $x=1$ 处及其邻域内有定义,且 $f(1)=\frac{1}{2}$,而 $\lim\limits_{x\to 1}f(x)=\lim\limits_{x\to 1}x=1$,可见 $\lim\limits_{x\to 1}f(x)\neq f(1)$,故 $x=1$ 是函数 $f(x)$ 的间断点,且 $x=1$ 是函数 $f(x)$ 的可去间断点(图 1-4-4).

【例 5】 设 $f(x)=\begin{cases} x^2, & 0\leqslant x\leqslant 1 \\ x+1, & x>1 \end{cases}$,讨论 $f(x)$ 在 $x=1$ 处的连续性.

解 因为 $\lim\limits_{x\to 1^-}f(x)=\lim\limits_{x\to 1^-}x^2=1$,$\lim\limits_{x\to 1^+}f(x)=\lim\limits_{x\to 1^+}(x+1)=2$,所以左、右极限虽都存在但不相等,即 $\lim\limits_{x\to 1}f(x)$ 不存在,故 $x=1$ 是 $f(x)$ 的间断点,且为跳跃间断点(图 1-4-5).

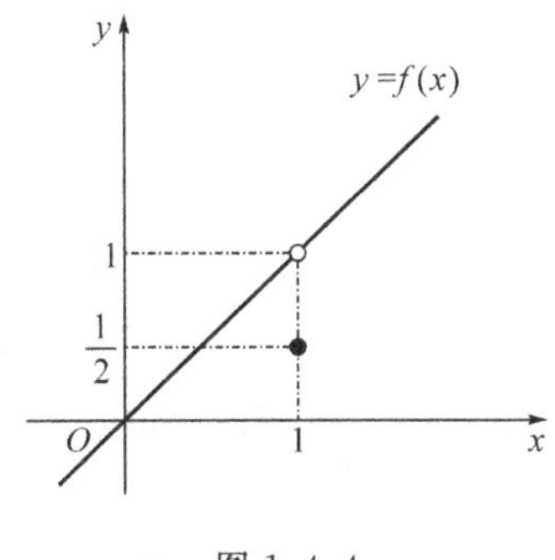

图 1-4-4

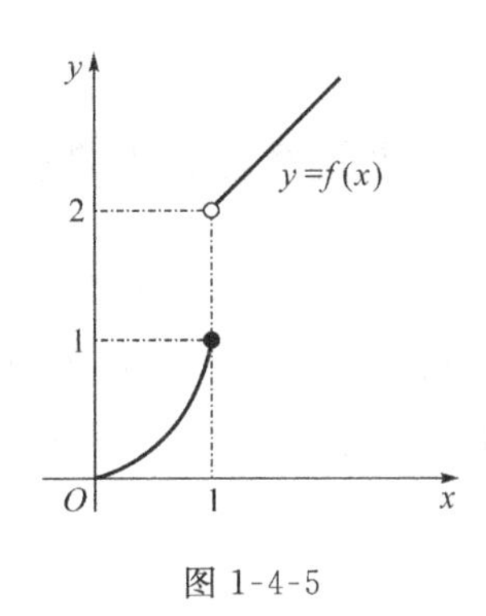

图 1-4-5

函数的第二类间断点中有两种常见类型:**无穷间断点和振荡间断点**.

【例 6】 设 $f(x)=\frac{1}{x^2}$,当 $x\to 0$,$f(x)\to\infty$,即极限不存在,所以 $x=0$ 为 $f(x)$ 的间断点.因为 $\lim\limits_{x\to 0}\frac{1}{x^2}=\infty$,我们称 $x=0$ 为函数 $f(x)$ 的无穷间断点.

【例 7】 $y=\sin\frac{1}{x}$ 在 $x=0$ 点无定义，且当 $x\to 0$ 时，函数值在 -1 与 $+1$ 之间无限次地振荡，我们称这种间断点为振荡间断点.

1.4.2 初等函数的连续性

根据函数连续性的定义和函数极限的四则运算法则，有以下结论：

定理 1.9 若函数 $f(x)$ 和 $g(x)$ 在点 x_0 处连续，则它们的和 $f(x)+g(x)$、差 $f(x)-g(x)$、积 $f(x)\cdot g(x)$、商 $\frac{f(x)}{g(x)}(g(x_0)\neq 0)$ 在点 x_0 处也连续.

定理 1.10 设 $u=\varphi(x)$ 在点 x_0 处连续，且 $y=f(u)$ 在点 $u_0=\varphi(x_0)$ 处连续，则复合函数 $y=f[\varphi(x)]$ 在点 x_0 处连续.

由基本初等函数的连续性、连续的四则运算法则以及复合函数的连续性可知：

定理 1.11 初等函数在其定义区间内是连续的.

因此，求初等函数的连续区间就是求其定义区间. 求初等函数在其定义区间内某点的极限时，只要求出该点的函数值即可. 即对于初等函数 $f(x)$ 在其定义区间的任一点 x_0 处，都有 $\lim\limits_{x\to x_0}f(x)=f(x_0)$.

【例 8】 求下列各极限：

(1) $\lim\limits_{x\to\frac{\pi}{4}}\sqrt{1-\sin 2x}$；　　(2) $\lim\limits_{x\to 0}\ln\left(1+\frac{\sin 2x}{x}\right)$.

解 (1) $\lim\limits_{x\to\frac{\pi}{4}}\sqrt{1-\sin 2x}=\sqrt{1-\sin\left(2\times\frac{\pi}{4}\right)}=0$；

(2) $\lim\limits_{x\to 0}\ln\left(1+\frac{\sin 2x}{x}\right)=\ln(1+2)=\ln 3$.

1.4.3 闭区间上连续函数的性质

定理 1.12(最值定理) 闭区间上的连续函数一定存在最大值和最小值.

若函数在开区间内连续，或函数在闭区间上有间断点，则它在该区间上未必能取得最大值和最小值. 如函数 $y=x^2$ 在区间 $(0,1)$ 内就没有最大值和最小值.

又如，函数 $f(x)=\begin{cases}-x+1, & 0\leqslant x<1\\ 1, & x=1\\ -x+3, & 1<x\leqslant 2\end{cases}$，该函数在闭区间 $[0,2]$ 上有间断点 $x=1$，而函数在闭区间 $[0,2]$ 上既无最大值又无最小值(见图 1-4-6).

定理 1.13(零点定理) 若函数 $f(x)$ 在闭区间 $[a,b]$ 上连续，且 $f(a)\cdot f(b)<0$，则在开区间 (a,b) 内至少存在函数 $f(x)$ 的一个零点(如图 1-4-7)，即至少存在一点 $\xi(a<\xi<b)$，使得 $f(\xi)=0$.

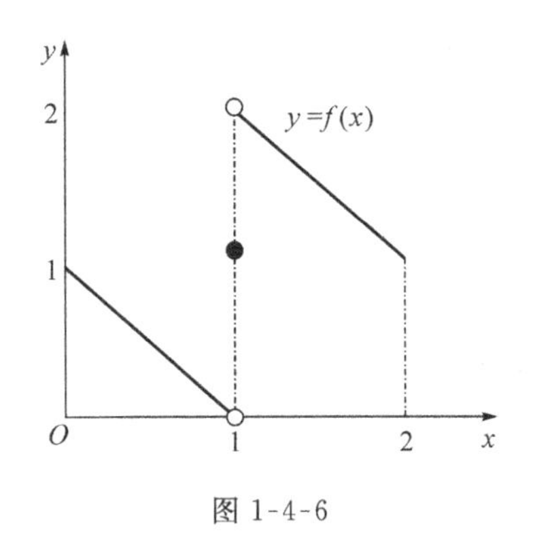

图 1-4-6

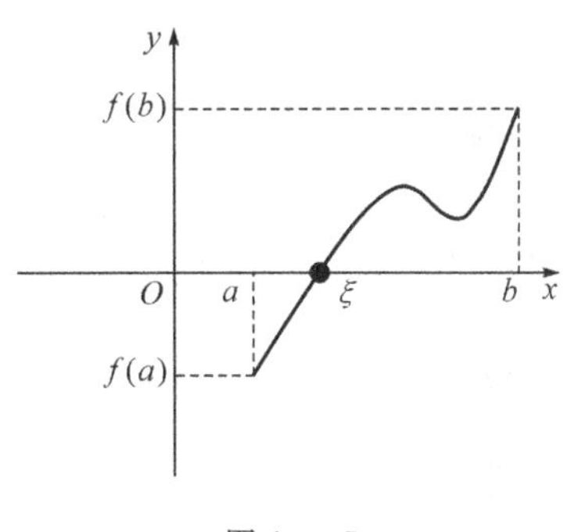

图 1-4-7

定理 1.14(介值定理)　如果函数 $f(x)$ 在闭区间$[a,b]$上连续,M 和 m 分别为 $f(x)$ 在$[a,b]$上的最大值与最小值,那么,对介于 m 与 M 之间的任意一个数 C,在开区间(a,b) 内至少存在一点 $\xi\,(a<\xi<b)$,使得 $f(\xi)=C$.

其几何意义是:连续曲线 $y=f(x)$ 与水平直线 $y=C$ 至少有一个交点(图 1-4-8).

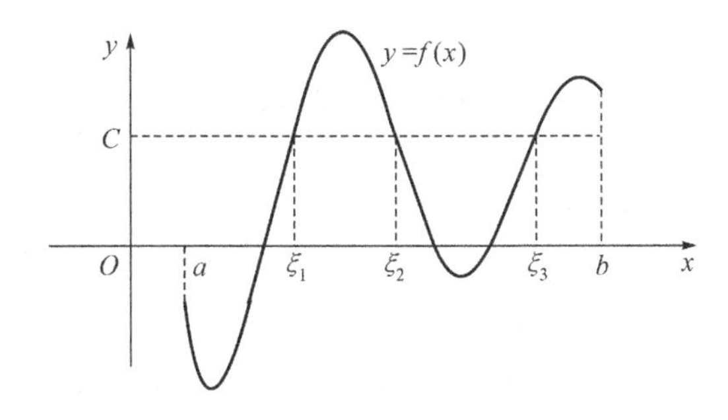

图 1-4-8

【例 9】　证明方程 $x^4-5x-1=0$ 在区间(1,2) 内至少有一个根.

证明　显然,函数 $f(x)=x^4-5x-1$ 在闭区间[1,2]上连续,又

$$f(1)=-5<0,\quad f(2)=5>0,\quad 故\ f(1)\cdot f(2)<0.$$

由零点定理可知,在区间(1,2) 内至少有一点 $\xi\,(1<\xi<2)$,使得 $f(\xi)=0$,即方程 $x^4-5x-1=0$ 在区间(1,2) 内至少有一个实根 ξ.

【结束语】　极限是研究函数在某一变化过程中的无限变化趋势,极限的运算是重点和难点,注意极限的四则运算法则及两个重要极限在解决未定式极限时的灵活应用;连续和间断是两个相对的概念,函数在一点处连续的两个等价定义分别是:(1) $\lim\limits_{\Delta x\to 0}\Delta y=0$ 和 (2) $\lim\limits_{x\to x_0}f(x)=f(x_0)$,这两个定义分别在证明函数的连续性和判断函数的连续性时发挥各自的作用;闭区间上连续函数的几个性质、定理常用来证明函数和方程根的存在性.

▶▶▶▶ 习题 1.4 ◀◀◀◀

1. 填空题：

(1) 函数 $f(x)=\dfrac{\sqrt{x+2}}{(x-1)(x+3)}$ 的间断点是________.

(2) 函数 $f(x)=\dfrac{\sqrt{x+2}}{(x+1)(x-4)}$ 的连续区间是________.

2. 单项选择题：

(1) $\lim\limits_{x\to 0}\dfrac{\sqrt{1+x^2}-1}{x}=($　　$)$.

A. 1　　B. 2　　C. 0　　D. ∞

(2) 方程 $x^3+2x^2-x-3=0$ 在区间 $(-1,2)$ 内(　　).

A. 恰有一个实根　　B. 恰有两个实根

C. 至少有一个实根　　D. 无实根

3. 求下列极限：

(1) $\lim\limits_{x\to 0}\sqrt{x^2-2x+1}$；　(2) $\lim\limits_{x\to \frac{\pi}{9}}\ln(3\cos 3x)$；　(3) $\lim\limits_{x\to \frac{\pi}{4}}\dfrac{\sin 2x}{5\cos(\pi-x)}$.

4. 设函数 $f(x)=\begin{cases}\sqrt{x^2-1}, & x<-1\\ b, & x=-1\\ a+\arccos x, & -1<x\leqslant 1\end{cases}$ 在 $x=-1$ 处连续，求常数 a 和 b 的值.

5. 证明方程 $x^3-4x^2+1=0$ 在开区间 $(0,1)$ 内至少有一个根.

6. 设函数 $f(x)=\begin{cases}x\sin\dfrac{1}{x}+b, & x<0\\ a, & x=0\\ \dfrac{\sin 2x}{x}, & x>0\end{cases}$，问：(1) 当 a,b 为何值时，$f(x)$ 在 $x=0$ 处极限存在？(2) 当 a,b 为何值时，$f(x)$ 在 $x=0$ 处连续？

7. 讨论下列函数的连续性，如有间断点，指出其类型：

(1) $y=\dfrac{x^2-4}{x^2-3x+2}$；　(2) $y=\begin{cases}e^{\frac{1}{x}}, & x<0\\ 1, & x=0.\\ x, & x>0\end{cases}$

极限思想的起源与发展

如果把数学比作一个浩瀚无边而又奇异神秘的宇宙，那么极限思想就是这个宇宙中最闪亮、最神秘、最牵动人心的一颗恒星. 极限思想的起源与发展历程大致分为三个阶段—— 萌芽阶段、产生阶段和完善阶段.

极限思想的历史可谓源远流长，一直可以上溯到2000多年前. 这一时期可以称作是极限思想的萌芽阶段. 其突出特点为人们已经开始意识到极限的存在，并且会运用极限思想解决一些实际问题，但是还不能够对极限思想得出一个抽象的概念. 也就是说，这时的极限思想是建立在一种直观的原始基础上，没有上升到理论层面，人们还不能够系统而清晰地利用极限思想解释现实问题. 极限思想的萌芽阶段以希腊的芝诺，中国古代的惠施、刘徽、祖冲之等为代表.

提到极限思想，就不得不提到著名的阿基里斯悖论，一个困扰了数学界十几个世纪的问题. 阿基里斯悖论是由古希腊的著名哲学家芝诺提出的，他的话援引如下："阿基里斯不能追上一只逃跑的乌龟，因为在他到达乌龟所在的地方所花的那段时间里，乌龟能够走开. 然而即使它等着他，阿基里斯也必须首先到达他们之间一半路程的目标，并且，为了他能到达这个中点，他必须首先到达距离这个中点一半路程的目标，这样无限继续下去. 从概念上，面临这样一个倒退，他甚至不可能开始，因此运动是不可能的."就是这样一个从直觉与现实两个角度都不可能的问题困扰了世人十几个世纪，直至17世纪随着微积分的发展，极限的概念得到进一步的完善，人们对"阿基里斯悖论"造成的困惑才得以解除.

无独有偶，我国春秋战国时期的哲学名著《庄子》记载着惠施的一句名言"一尺之锤，日取其半，万世不竭". 也就是说，从一尺长的竿，每天截取前一天剩下的一半，随着时间的流逝，竿会越来越短，长度越来越趋近于零，但又永远不会等于零. 这更是从直观上体现了极限思想. 我国古代的刘徽和祖冲之计算圆周率时所采用的"割圆术"则是极限思想的一种基本应用. 所谓"割圆术"，就是用圆的内接正多边形的边数一倍一倍地增多，多边形的面积就越来越接近于圆的面积. 在有限次的过程中，用正多边形的面积来逼近圆的面积，只能达到近似的程度. 但可以想象，如果把这个过程无限次地继续下去，就能得到精确的圆面积.

以上诸多内容都是极限思想萌芽阶段的一些表现，尽管在这一阶段人们没有明确提出极限这一概念，但是哲人们留下的这些生动事例却是激发后人继续积极探索极限、发展极限思想的不竭动力. 极限思想的发展阶段大致在16、17世纪，在这一阶段，真正意义上的极限概念得以产生. 从这一时期开始，极限与微积分开始形成密不可分的关系，并且最终成为微积分的直接基础. 尽管极限概念被明确提出，可是它仍然过于直观，与数学上追求严密的原则相抵触.

例如，在瞬时速度这一问题上，牛顿曾说："两个量和量之比，如果在有限时间内不断趋于相等,且在这一时间终止前互相靠近,使得其差小于任意给定的差,则最终就成为相等."

牛顿所运用的极限概念,只是接近于下列直观性的语言描述:"当 n 无限增大时,a_n 无限接近于一个确定的常数 A,则称常数 A 为数列 $\{a_n\}$ 的极限."这只是"在运动观点的基础上凭借几何图像产生的直觉用自然语言做出的定性描述".这一概念固然直观、清晰、简单易懂,但是从数学的角度审视,对极限的认识不能仅停留在直观的认识阶段.极限需要有一个严格意义上的概念描述.于是,人们继续对极限进行深入的探索,推动极限进入了发展的第三个阶段.值得注意的是,极限思想的完善与微积分的严格化密切相关.18世纪时,罗宾斯、达朗贝尔与罗伊里艾等人先后明确地表示必须将极限作为微积分的基础,并且都对极限做出了定义.然而他们仍然没有摆脱对几何直观的依赖.尽管如此,他们对极限的定义也是有所突破的,极限思想也是无时无刻不在进步着.

直至19世纪,魏尔斯特拉斯提出了极限的静态定义——极限的 ε-N 定义.在这一定义中,"无限""接近"等字眼消失了,取而代之的是数字及其大小关系,排除了极限概念中的直观痕迹,这一定义被认为是严格的.数学极限的"ε-N"定义远没有建立在运动和直观基础上的描述性定义易于理解.这也体现出了数学概念的抽象性,越抽象越远离原型,然而越能精确地反映原型的本质.不管怎么说,极限终于迎来了属于自己的严格意义上的定义,为以后极限思想的进一步发展以及微积分的发展开辟了新的道路.

在极限思想的发展历程中,变量与常量、有限与无限、近似与精确的对立统一关系体现得淋漓尽致.从这里,我们可以看出数学并不是自我封闭的学科,它与其他学科有着千丝万缕的联系.正如一位哲人所说:"数学不仅是一种方法、一门艺术或一种语言,数学更主要的是一个有着丰富内容的知识体系."在探求极限起源与发展的过程中,我们可以发现数学确实是一个美丽的世界,享受数学是一个美妙的过程.在数学推理的过程中,我们可以尽情发散自己的思维,抛开身边的一切烦恼,插上智慧的双翼,遨游于浩瀚无疆的数学世界,什么琐事都不要想,全身心投入其中,享受智慧的自由飞翔,这种感觉真的很美.

培根说:"数学使人精细."我们应该再加上一句:数学使人尽情享受思维飞翔的美感.

第2章　导数与微分

前　言

导数与微分是微积分学的两个基本概念，导数与微分都是建立在函数极限的基础之上的. 导数反映的是函数相对于自变量的变化快慢，即函数的变化率;微分反映的是当自变量有微小变化时,函数的绝对变化情况. 导数与微分的运算,是微分学的基本运算,也与积分学有着千丝万缕的关系. 本章主要介绍导数与微分的概念以及微分运算法则.

教学知识

1. 导数的概念与几何意义,微分的概念与几何意义;
2. 求导法则,基本导数公式,高阶导数,微分法则;
3. 可导与连续,可导与可微的关系;
4. 微分的简单应用.

重点难点

重点:导数的概念,导数的运算法则;微分的概念和运算.

难点:导数和微分的概念.

§2.1　导数的概念

导数的概念和其他数学概念一样,源于人类的实践. 导数的思想最初是由法国数学家费马(Fermat)为研究极值问题而引入的,后来英国数学家牛顿(Newton)在研究物理问题——变速运动物体的瞬时速度、德国数学家莱布尼兹(Leibniz)在研究几何问题——曲线切线的斜率问题中,都采用了相同的研究思想. 这个思想归结到数学上来,就是我们将要学习的导数.

2.1.1 导数形成的背景

【物理背景】 变速直线运动物体的瞬时速度

问题提出 设一质点做变速直线运动,其经过的路程和时间的函数关系为 $s=s(t)$,若 t_0 为某一确定时刻,求质点在此时刻的瞬时速度.

分析求解 当物体做匀速直线运动时,速度 = 路程 / 时间,即 $v=\dfrac{\Delta s}{\Delta t}$,取临近于 t_0 时刻的某一时刻 t,则质点在 $[t_0,t]$ 时间段的平均速度为:$\bar{v}=\dfrac{s(t)-s(t_0)}{t-t_0}$,当 t 越接近 t_0,平均速度就越接近 t_0 时刻的瞬时速度,所以利用极限思想,当 $t\to t_0$ 时,平均速度 $\bar{v}=\dfrac{\Delta s}{\Delta t}=\dfrac{s(t)-s(t_0)}{t-t_0}$ 的极限,便是物体在时刻 t_0 的瞬时速度,即瞬时速度 $v(t_0)=\lim\limits_{t\to t_0}\dfrac{s(t)-s(t_0)}{t-t_0}$.

令 $\Delta t=t-t_0$,可以得到该瞬时速度的等价形式:

$$v(t_0)=\lim_{\Delta t\to 0}\frac{\Delta s}{\Delta t}=\lim_{\Delta t\to 0}\frac{s(t_0+\Delta t)-s(t_0)}{\Delta t}.$$

【几何背景】 平面曲线上一点处切线的斜率

问题提出 已知曲线方程为 $y=f(x)$,如何求此曲线在点 $P(x_0,y_0)$ 处的切线方程?

分析求解 在曲线上取邻近于 P 点的任意点 $Q(x,y)$,则割线 PQ 的斜率为:

$$\tan\beta=\frac{f(x)-f(x_0)}{x-x_0}.$$

由图 2-1-1 可知,当 Q 越接近于 P,割线 PQ 斜率就越接近于切线 PT 的斜率,利用极限思想,可得曲线在点 P 处的斜率:

$$k=\tan\alpha=\lim_{x\to x_0}\frac{f(x)-f(x_0)}{x-x_0}.$$

令 $\Delta x=x-x_0$,可以得到切线斜率的等价形式:

$$k=\lim_{\Delta x\to 0}\frac{\Delta y}{\Delta x}=\lim_{\Delta t\to 0}\frac{f(x_0+\Delta x)-f(x_0)}{\Delta x}.$$

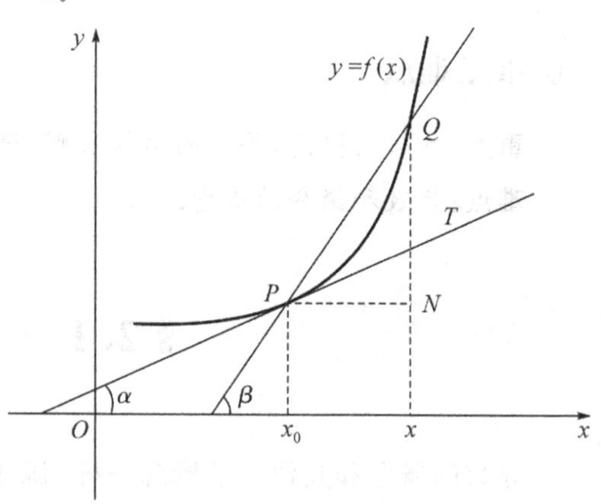

图 2-1-1

曲线 $y=f(x)$ 在点 $P(x_0,y_0)$ 处的切线斜率反映了曲线在该点处的变化快慢程度. 因此,切线斜率 k 又称为曲线 $y=f(x)$ 在点 $P(x_0,y_0)$ 处的变化率.

2.1.2 导数的定义

以上两个问题的实际意义虽然不同,但从数学角度来看,都是研究某个变量相对于另一个变量的变化快慢程度,这类问题通常叫做变化率问题.这类问题从形式上看都是函数在某点处的增量与自变量增量之比的极限,导数的概念就是从中抽象出来的.

定义 2.1　设函数 $y=f(x)$ 在 x_0 的某邻域内有定义,若极限$\lim\limits_{x\to x_0}\dfrac{f(x)-f(x_0)}{x-x_0}$存在,则称函数 $f(x)$ 在点 x_0 处**可导**,并称该极限为 $f(x)$ 在点 x_0 处的**导数**,记作:$f'(x_0)$,$y'\big|_{x=x_0}$,　$\dfrac{\mathrm{d}y}{\mathrm{d}x}\Big|_{x=x_0}$ 或$\dfrac{\mathrm{d}f(x)}{\mathrm{d}x}\Big|_{x=x_0}$,即

$$f'(x_0)=\lim_{x\to x_0}\frac{f(x)-f(x_0)}{x-x_0}.$$

定义 2.1′　设函数 $y=f(x)$ 在 x_0 的某邻域内有定义,令 $\Delta x=x-x_0$,$\Delta y=f(x_0+\Delta x)-f(x_0)$,则上述定义又可表示为:

$$f'(x_0)=\frac{\mathrm{d}y}{\mathrm{d}x}\Big|_{x=x_0}=\lim_{\Delta x\to 0}\frac{\Delta y}{\Delta x}=\lim_{\Delta x\to 0}\frac{f(x_0+\Delta x)-f(x_0)}{\Delta x},$$

即,导数是函数在某一点处函数值的增量与自变量的增量之比当自变量增量趋近于零时的极限.

【说明】

(1) 导数的定义有多种形式,常见的还有 $f'(x_0)=\lim\limits_{h\to 0}\dfrac{f(x_0+h)-f(x_0)}{h}$.

(2) 若极限$\lim\limits_{\Delta x\to 0}\dfrac{\Delta y}{\Delta x}=\lim\limits_{\Delta x\to 0}\dfrac{f(x_0+\Delta x)-f(x_0)}{\Delta x}$不存在,就说函数 $y=f(x)$ 在点 x_0 处不可导;若函数 $y=f(x)$ 在点 x_0 处当 $\Delta x\to 0$ 时,$\dfrac{\Delta y}{\Delta x}\to\infty$,我们称函数 $y=f(x)$ 在点 x_0 处的导数为无穷大.

(3) 根据导数的定义,变速直线运动在 $t=t_0$ 时的瞬时速度,就是路程函数 $s=s(t)$ 在 $t=t_0$ 处的导数,即 $v(t_0)=s'(t_0)$;曲线 $y=f(x)$ 在点 $P(x_0,y_0)$ 处切线的斜率 k,就是函数 $y=f(x)$ 在点 $x=x_0$ 处的导数,即 $k=f'(x_0)$.

上面讲的是函数在某一点 x_0 处的导数.如果函数 $y=f(x)$ 在区间(a,b)内每一点都有导数,那么,函数 $y=f(x)$ 在任意点 x 处的导数是随 x 的变化而变化的,对于区间(a,b)内的每一个确定的 x 值,都有一个确定的导数值 $f'(x)$ 与之对应,这就构成了一个新的函数,这个函数叫做函数 $y=f(x)$ 的**导函数**,用记号y',$f'(x)$,$\dfrac{\mathrm{d}y}{\mathrm{d}x}$或$\dfrac{\mathrm{d}f(x)}{\mathrm{d}x}$表示,即

$$f'(x)=\lim_{\Delta x\to 0}\frac{f(x+\Delta x)-f(x)}{\Delta x}.$$

函数 $y=f(x)$ 的导函数 $f'(x)$ 与函数 $y=f(x)$ 在点 x_0 处的导数 $f'(x_0)$ 是既有区别又有联系的两个概念,它们的区别在于:$f'(x)$ 是一个函数,$f'(x_0)$ 却是一个数值. 它们的联系在于:在 $x=x_0$ 处的导数值,就是导函数 $f'(x)$ 在处 x_0 的函数值.

以后,在不引起混淆的情况下,导函数也简称导数.

【例 1】 已知函数 $f(x)=x^2$,求 $f'(2)$.

解 $f'(2)=\lim\limits_{x\to 2}\dfrac{f(x)-f(2)}{x-2}=\lim\limits_{x\to 2}\dfrac{x^2-4}{x-2}=\lim\limits_{x\to 2}(x+2)=4$;

或 $f'(2)=\lim\limits_{\Delta x\to 0}\dfrac{f(2+\Delta x)-f(2)}{\Delta x}=\lim\limits_{\Delta x\to 0}\dfrac{(2+\Delta x)^2-2}{\Delta x}=\lim\limits_{\Delta x\to 0}(\Delta x+4)=4$.

【例 2】 已知函数 $f(x)=\begin{cases}x^3\sin\dfrac{1}{x}, & x\neq 0\\ 0, & x=0\end{cases}$,求 $f'(0)$.

解 $f'(0)=\lim\limits_{x\to 0}\dfrac{f(x)-f(0)}{x-0}=\lim\limits_{x\to 0}x^2\sin\dfrac{1}{x}=0$.

【例 3】 已知函数 $f(x)=\sqrt[3]{x}$,求 $f'(0)$.

解 $\lim\limits_{x\to 0}\dfrac{f(x)-f(0)}{x-0}=\lim\limits_{x\to 0}\dfrac{\sqrt[3]{x}}{x}=\lim\limits_{x\to 0}\dfrac{1}{\sqrt[3]{x^2}}=+\infty$,故函数 $f(x)=\sqrt[3]{x}$ 在点 $x=0$ 处不可导.

【例 4】 求下列函数的导数(所得结论需熟记):

(1) $f(x)=C$ (其中 C 为常数);

(2) $f(x)=\sin x, f(x)=\cos x$;

(3) $f(x)=\log_a x\ (a>0, a\neq 1, x>0)$;

(4) $f(x)=a^x\ (a>0, a\neq 1)$;

(5) $f(x)=x^2$.

解 (1) $(C)'=\lim\limits_{\Delta x\to 0}\dfrac{f(x+\Delta x)-f(x)}{\Delta x}=\lim\limits_{\Delta x\to 0}\dfrac{C-C}{\Delta x}=0$,即 $(C)'=0$.

(2) $(\sin x)'=\lim\limits_{\Delta x\to 0}\dfrac{f(x+\Delta x)-f(x)}{\Delta x}=\lim\limits_{\Delta x\to 0}\dfrac{\sin(x+\Delta x)-\sin x}{\Delta x}$

$$=\lim_{\Delta x\to 0}\frac{2\cos\left(x+\frac{\Delta x}{2}\right)\sin\frac{\Delta x}{2}}{\Delta x}$$

$$=\lim_{\Delta x\to 0}\frac{\sin\frac{\Delta x}{2}}{\frac{\Delta x}{2}}\cdot\cos\left(x+\frac{\Delta x}{2}\right)=\cos x,$$

即 $(\sin x)'=\cos x$. 类似可求出:$(\cos x)'=-\sin x$.

(3) $(\log_a x)'=\lim\limits_{\Delta x\to 0}\dfrac{f(x+\Delta x)-f(x)}{\Delta x}=\lim\limits_{\Delta x\to 0}\dfrac{\log_a(x+\Delta x)-\log_a x}{\Delta x}$

$$= \lim_{\Delta x \to 0} \frac{1}{\Delta x} \cdot \log_a\left(1+\frac{\Delta x}{x}\right) = \lim_{\Delta x \to 0} \frac{1}{x}\log_a\left(1+\frac{\Delta x}{x}\right)^{\frac{\Delta x}{x}} = \frac{1}{x}\log_a e,$$

即　$(\log_a x)' = \dfrac{1}{x\ln a}$. 特殊地，$(\ln x)' = \dfrac{1}{x}$.

$$(4)\ (a^x)' = \lim_{h \to 0} \frac{f(x+h)-f(x)}{h} = \lim_{h \to 0} \frac{a^{x+h}-a^x}{h}$$

$$= a^x \lim_{h \to 0} \frac{a^h - 1}{h} = a^x \lim_{h \to 0} \frac{e^{h\ln a}-1}{h} = a^x \lim_{h \to 0} \frac{h\ln a}{h} = a^x \ln a,$$

即　$(a^x)' = a^x \ln a$. 特殊地，$(e^x)' = e^x$.

$$(5)\ (x^2)' = \lim_{\Delta x \to 0} \frac{f(x+\Delta x)-f(x)}{\Delta x} = \lim_{\Delta x \to 0} \frac{(x+\Delta x)^2 - x^2}{\Delta x} = \lim_{\Delta x \to 0}(2x+\Delta x) = 2x,$$

即　$(x^2)' = 2x$.

更一般地，有 $(x^\alpha)' = \alpha x^{\alpha-1}$（$\alpha$ 是常数），这个公式对于 α 是任意实数都成立.

例如，函数 $y = \sqrt{x}$ 的导数为 $y' = (x^{\frac{1}{2}})' = \dfrac{1}{2}x^{-\frac{1}{2}}$.

2.1.3　导数的几何意义

通过前面对几何背景问题的分析和求解，我们已经看到，已知曲线方程 $y = f(x)$，若 $f(x)$ 在点 x_0 可导，那么曲线 $y = f(x)$ 在点 $(x_0, f(x_0))$ 处存在切线，并且切线斜率为 $f'(x_0)$. 过切点 $(x_0, f(x_0))$ 且与切线垂直的直线称为曲线 $y = f(x)$ 在点 $(x_0, f(x_0))$ 处的法线. 显然，有下面结论：

切线方程（点斜式）：$y - y_0 = f'(x_0)(x - x_0)$；

法线方程（点斜式）：$y - y_0 = -\dfrac{1}{f'(x_0)}(x - x_0)\ (f'(x_0) \neq 0)$.

注：若曲线 $y = f(x)$ 在点 $(x_0, f(x_0))$ 处存在切线，那么 $f(x)$ 在点 x_0 处一定可导吗？（不一定，如 $y = |x|$ 在 0 点处连续但不可导.）

【例 5】　求曲线 $y = x^3$ 在点 $P(1,1)$ 处的切线与法线方程.

解　$\because \left.\dfrac{dy}{dx}\right|_{x=1} = \lim\limits_{x \to 1} \dfrac{y(x)-y(1)}{x-1} = \lim\limits_{x \to 1} \dfrac{x^3-1}{x-1} = \lim\limits_{x \to 1}(x^2+x+1) = 3,$

$\therefore$ 切线方程为：$y - 1 = 3(x-1)$，即　$3x - y - 2 = 0$；

法线方程为：$y - 1 = -\dfrac{1}{3}(x-1)$，即　$x + 3y - 4 = 0$.

2.1.4　单侧导数

若只研究函数在某一点 x_0 右邻域（或左邻域）上的变化率，只需讨论导数定义中极限的右极限（或左极限），于是我们引入单侧导数的概念.

定义 2.2 设函数 $y=f(x)$ 在点 x_0 及其左邻域内有定义，若

$$\lim_{\Delta x\to 0^-}\frac{\Delta y}{\Delta x}=\lim_{\Delta x\to 0^-}\frac{f(x_0+\Delta x)-f(x_0)}{\Delta x}$$

存在,则称该极限为 $f(x)$ 在点 x_0 的左导数,记作 $f'_-(x_0)$.

类似地,设函数 $y=f(x)$ 在点 x_0 及其右邻域内有定义，若

$$\lim_{\Delta x\to 0^+}\frac{\Delta y}{\Delta x}=\lim_{\Delta x\to 0^+}\frac{f(x+\Delta x)-f(x)}{\Delta x}$$

存在,则称该极限为 $f(x)$ 在点 x_0 的右导数,记作$f'_+(x_0)$.

【说明】

(1) 左、右导数也有另一种表示形式,即$f'_-(x_0)=\lim\limits_{x\to x_0^-}\dfrac{f(x)-f(x_0)}{x-x_0}$;

$$f'_+(x_0)=\lim_{x\to x_0^+}\frac{f(x)-f(x_0)}{x-x_0}.$$

(2) 左导数和右导数统称为**单侧导数**.

定理 2.1 函数 $f(x)$ 在点 x_0 可导,且 $f'(x_0)=A\Leftrightarrow f(x)$ 在点 x_0 处的右导数 $f'_+(x_0)$ 和左导数 $f'_-(x_0)$ 都存在,且 $f'_+(x_0)=f'_-(x_0)=A$.

【例 6】 判断函数 $f(x)=|x|$在点$x=0$处是否可导.

解 $f(x)=|x|=\begin{cases}x, & x\geqslant 0\\ -x, & x<0\end{cases}$,

$$f'_-(0)=\lim_{x\to 0^-}\frac{f(x)-f(0)}{x-0}=\lim_{x\to 0^-}\frac{-x-0}{x-0}=-1,$$

$$f'_+(0)=\lim_{x\to 0^+}\frac{f(x)-f(0)}{x-0}=\lim_{x\to 0^+}\frac{x-0}{x-0}=1,$$

所以 $f'_-(x_0)\neq f'_+(x_0)$,因此函数 $f(x)=|x|$在点 $x=0$ 处不可导(见图 2-1-2).

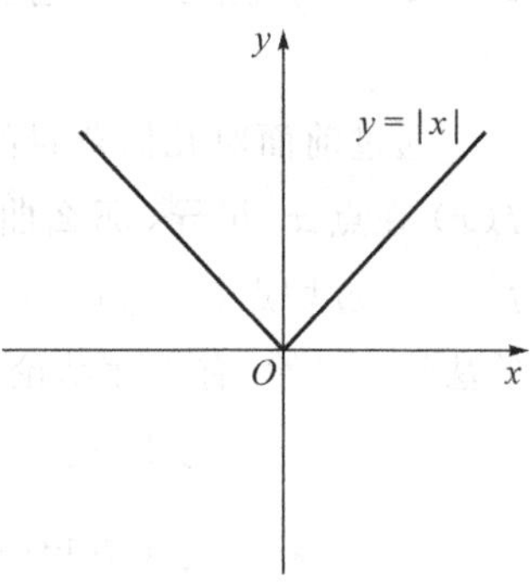

图 2-1-2

【例 7】 设函数 $f(x)=\begin{cases}1-\cos x, & x\geqslant 0\\ x, & x<0\end{cases}$,讨论函数 $f(x)$ 在点 $x=0$ 处的左、右导数与导数.

解 $$f'_+(0)=\lim_{\Delta x\to 0^+}\frac{1-\cos\Delta x}{\Delta x}=\lim_{\Delta x\to 0^+}\frac{2\sin^2\frac{\Delta x}{2}}{\Delta x}=\lim_{\Delta x\to 0^+}\frac{1}{2}\cdot\left(\frac{\sin\frac{\Delta x}{2}}{\frac{\Delta x}{2}}\right)^2\cdot\Delta x=0,$$

$$f'_-(0)=\lim_{\Delta x\to 0^-}\frac{\Delta x}{\Delta x}=1.$$

由定理 2.1 可知函数在点 $x=0$ 处不可导.

2.1.5　可导与连续

定理 2.2　若函数 $y=f(x)$ 在点 x_0 处可导，则 $y=f(x)$ 在点 x_0 处连续.

证明　函数 $y=f(x)$ 在点 x_0 可导，由导数定义知 $f'(x_0)$ 存在，且 $f'(x_0)=\lim\limits_{\Delta x\to 0}\dfrac{\Delta y}{\Delta x}$，所以 $\lim\limits_{\Delta x\to 0}\Delta y=\lim\limits_{\Delta x\to 0}\dfrac{\Delta y}{\Delta x}\cdot\Delta x=\lim\limits_{\Delta x\to 0}\dfrac{\Delta y}{\Delta x}\cdot\lim\limits_{\Delta x\to 0}\Delta x=f'(x_0)\cdot 0=0$. 由函数连续性定义可知，$y=f(x)$ 在点 x_0 处连续.

【说明】　这个定理的逆定理不成立，即函数 $y=f(x)$ 在点 x_0 处连续，但在点 x_0 处不一定可导. 如例 6 中，函数 $f(x)=|x|$ 在点 $x_0=0$ 处连续，但是不可导.

▶▶▶▶ 习题 2.1 ◀◀◀◀

1. 填空题：

(1) 设函数 $f(x)$ 在点 x_0 处可导，则 $\lim\limits_{h\to 0}\dfrac{f(x_0+2h)-f(x_0)}{h}=$ ________.

(2) 若函数 $f(x)=x^2$，则 $f'(1)=$ ________ $[f(1)]'=$ ________.

(3) 若 $f(x)=x^2+1$，则 $\lim\limits_{x\to 0}\dfrac{f(x)-1}{x}=$ ________.

2. 单项选择题：

(1) 函数在点 x_0 处连续是在该点可导的(　　).

A. 充分条件　　B. 必要条件　　C. 充要条件　　D. 无关条件

(2) 函数 $f(x)=|x-1|$ 在点 $x=1$ 处的导数是(　　).

A. 1　　B. 0　　C. -1　　D. 不存在

(3) 某质点的运动函数为 $y=2t^2+1$，则该质点在 $t=1$ 时的瞬时速度为(　　).

A. 4　　B. -8　　C. 6　　D. -6

(4) $f(x)$ 在 $x=x_0$ 处存在导数，则 $\lim\limits_{h\to 0}\dfrac{f(x_0+h)-f(x_0)}{h}$(　　).

A. 与 x_0 和 h 都有关　　B. 仅与 x_0 有关，而与 h 无关

C. 仅与 h 有关，而与 x_0 无关　　D. 与 x_0 和 h 都无关

(5) 曲线 $y=3x^2$ 在点(1,3)处的切线斜率为(　　).

A. 4　　B. 6　　C. 8　　D. 2

3. 用定义求下列函数的导数：

(1) $y=x^3$；　　(2) $y=2^x$；

(3) $y=\ln x$；　　(4) $y=\dfrac{1}{x}$.

4. 讨论函数 $f(x)=\begin{cases}2x+1, & 0\leqslant x<1\\ 3x^2, & x\geqslant 1\end{cases}$ 在 $x=1$ 处的连续性与可导性.

5. 应用题:

(1) 已知质点的位置函数 $s=t^3+1$,求该质点在 $t=2$ 时刻的瞬时速度.

(2) 求曲线 $y=\sin x$ 上点 $\left(\dfrac{\pi}{6},\dfrac{1}{2}\right)$ 处的切线方程和法线方程.

(3) 设物体绕定轴旋转,在时间 t 内转过角度 α. 如果旋转是匀速的,那么 $\omega=\dfrac{\alpha}{t}$ 称为该物体旋转的角速度. 如果旋转是非匀速的,怎样确定该物体在某一瞬时的角速度?

§2.2 导数的运算

由上一节的学习我们知道,利用导数的定义虽然可以计算简单函数的导数,但过程是比较烦琐的. 而当函数形式变得复杂时,我们需要寻找求导数的更一般方法,以简化计算过程,方便快速地求出函数的导数. 本节介绍的导数运算公式和法则就是解决这一问题的.

2.2.1 和、差、积、商的求导法则

定理 2.3 如果函数 $u=u(x)$ 和 $v=v(x)$ 在 x 处具有导数,那么它们的和、差、积、商(除分母为零的点外)都在点 x 处具有导数,并且

(1) $(u(x)\pm v(x))'=u'(x)\pm v'(x)$;

(2) $(u(x)v(x))'=u'(x)v(x)+v'(x)u(x)$,特别地 $(cu(x))'=cu'(x)$(c 为常数);

(3) $\left(\dfrac{u(x)}{v(x)}\right)'=\dfrac{u'(x)v(x)-v'(x)u(x)}{v^2(x)}\quad(v(x)\neq 0)$.

证明 下面只证(1)、(2).

(1)
$$\begin{aligned}(u(x)\pm v(x))'&=\lim_{\Delta x\to 0}\frac{[u(x+\Delta x)\pm v(x+\Delta x)]-[u(x)\pm v(x)]}{\Delta x}\\&=\lim_{\Delta x\to 0}\frac{u(x+\Delta x)-u(x)}{\Delta x}\pm\lim_{\Delta x\to 0}\frac{v(x+\Delta x)-v(x)}{\Delta x}\\&=u'(x)\pm v'(x).\end{aligned}$$

得证. 法则(1)可简写为 $(u\pm v)'=u'\pm v'$.

(2) 设 $y=u(x)v(x)$,则

$$\begin{aligned}\Delta y&=[u(x+\Delta x)v(x+\Delta x)]-[u(x)v(x)]=[u(x)+\Delta u][v(x)+\Delta v]-uv\\&=v\Delta u+u\Delta v+\Delta u\Delta v,\end{aligned}$$

$$\therefore (u(x)v(x))' = \lim_{\Delta x \to 0} \frac{\Delta y}{\Delta x} = \lim_{\Delta x \to 0} \left(\frac{\Delta u}{\Delta x} v + u \frac{\Delta v}{\Delta x} + \Delta u \frac{\Delta v}{\Delta x} \right)$$

$$= \left(\lim_{\Delta x \to 0} \frac{\Delta u}{\Delta x} \right) v + u \lim_{\Delta x \to 0} \frac{\Delta v}{\Delta x} + \lim_{\Delta x \to 0} \Delta u \lim_{\Delta x \to 0} \frac{\Delta v}{\Delta x}$$

$$= u'(x)v(x) + v'(x)u(x).$$

即　$(u(x)v(x))' = u'(x)v(x) + v'(x)u(x).$

得证. 法则(2) 可写为$(uv)' = u'v + v'u$.

【说明】　和、差、积的求导法则可以推广到任意有限个可导函数的情形，例如

$$(uvw)' = u'vw + v'uw + w'uv.$$

法则(3) 证明略.

【例 1】　已知 $y = \sqrt{x} + \ln x$，求y'.

解　$y' = (\sqrt{x} + \ln x)' = (\sqrt{x})' + (\ln x)' = \dfrac{1}{2\sqrt{x}} + \dfrac{1}{x}.$

【例 2】　已知 $y = x^3 + 2\cos x - \sin 1$，求 $f'(x)$，$f'(1)$.

解　$f'(x) = (x^3 + 2\cos x - \sin 1)' = (x^3)' + 2(\cos x)' - (\sin 1)' = 3x^2 - 2\sin x$，

$\therefore f'(1) = 3 - 2\sin 1.$

【例 3】　设 $y = 2x^2 \sin x$，求y'.

解　$y' = (2x^2 \sin x)' = 2(x^2)' \sin x + 2x^2 (\sin x)' = 4x\sin x + 2x^2 \cos x.$

【例 4】　$f(x) = x(x+1)(x+2)(x+3)\cdots(x+99)$，求 $f'(0)$.

解　$f'(x) = [x(x+1)(x+2)(x+3)\cdots(x+99)]'$

$$= (x+1)(x+2)(x+3)\cdots(x+99) + x(x+2)(x+3)\cdots(x+99)$$
$$+ x(x+1)(x+3)\cdots(x+99) + \cdots,$$

注意到等式的右边从第二项开始，每一项都含有因子 x，所以

$$f'(0) = (0+1)(0+2)(0+3)\cdots(0+99) = 99!$$

【例 5】　求下列函数的导数(所得结论需熟记)：

(1) $y = \tan x$，　$y = \cot x$；

(2) $y = \sec x$，　$y = \csc x$.

解　(1) $y' = \left(\dfrac{\sin x}{\cos x} \right)' = \dfrac{(\sin x)' \cos x - \sin x (\cos x)'}{\cos^2 x}$

$$= \frac{\cos^2 x + \sin^2 x}{\cos^2 x} = \frac{1}{\cos^2 x} = \sec^2 x.$$

即　$(\tan x)' = \sec^2 x$. 类似可得　$(\cot x)' = -\csc^2 x$.

(2) $y' = (\sec x)' = \left(\dfrac{1}{\cos x} \right)' = \dfrac{(1)' \cdot \cos x - 1 \cdot (\cos x)'}{\cos^2 x} = \dfrac{\sin x}{\cos^2 x} = \sec x \cdot \tan x.$

即　$(\sec x)' = \sec x \cdot \tan x$. 类似可得　$(\csc x)' = -\csc x \cdot \cot x$.

2.2.2 反函数的求导法则

定理 2.4 如果函数 $x=f(y)$ 在区间 I_y 内单调、可导，且 $f'(y)\neq 0$，则它的反函数 $y=f^{-1}(x)$ 在区间 $I_x=\{x\mid x=f(y),y\in I_y\}$ 内也可导，且反函数的导数与原函数的导数互为倒数关系，即 $[f^{-1}(x)]'_x=\dfrac{1}{[f(y)]'_y}$，即

$$\frac{\mathrm{d}y}{\mathrm{d}x}=\frac{1}{\dfrac{\mathrm{d}x}{\mathrm{d}y}} \quad 或 \quad y'_x=\frac{1}{x'_y}.$$

【例 6】 证明下列基本导数公式，并熟记公式.

(1) $(\arcsin x)'=\dfrac{1}{\sqrt{1-x^2}}$； (2) $(\arctan x)'=\dfrac{1}{1+x^2}$； (3) $(a^x)'=a^x\ln a$.

证明 (1) $y=\arcsin x(-1<x<1)$ 是 $x=\sin y\left(-\dfrac{\pi}{2}<y<\dfrac{\pi}{2}\right)$ 的反函数，而 $x=\sin y$ 在 $I_y=\left(-\dfrac{\pi}{2},\dfrac{\pi}{2}\right)$ 内单调增加、可导，且 $(\sin y)'_y=\cos y>0$.

因此，在 $I_x=(-1,1)$ 上，有 $y'=(\arcsin x)'_x=\dfrac{1}{(\sin y)'_y}=\dfrac{1}{\cos y}$. 注意到，当 $y\in\left(-\dfrac{\pi}{2},\dfrac{\pi}{2}\right)$ 时，$\cos y>0$，$\cos y=\sqrt{1-\sin^2 y}=\sqrt{1-x^2}$.

因此，$(\arcsin x)'=\dfrac{1}{\sqrt{1-x^2}}$.

(2) 设 $x=\tan y$，$I_y=\left(-\dfrac{\pi}{2},\dfrac{\pi}{2}\right)$，则 $y=\arctan x$，$I_x=(-\infty,+\infty)$，$x=\tan y$ 在 I_y 上单调、可导，且 $x'=\dfrac{1}{\cos^2 y}>0$，故 $(\arctan x)'=\dfrac{1}{(\tan y)'}=\cos^2 y=\dfrac{1}{1+\tan^2 y}=\dfrac{1}{1+x^2}$.

(3) $(a^x)'=\dfrac{1}{(\log_a y)'}=\dfrac{1}{\dfrac{1}{y\ln a}}=y\ln a=a^x\ln a$.

类似地，我们可以证明下列导数公式：

$(\arccos x)'=-\dfrac{1}{\sqrt{1-x^2}}$； $(\operatorname{arccot} x)'=-\dfrac{1}{1+x^2}$.

2.2.3 基本初等函数的导数公式

下面我们给出全部基本初等函数的导数公式，请读者熟记以下导数公式.

常数：　(1) $(C)' = 0$ （常数 $C \in \mathbf{R}$）；

幂函数：　(2) $(x^{\mu})' = \mu x^{\mu-1}$ （$\mu \in \mathbf{R}$ 且 $x \neq 0$）；

指数函数：　(3) $(a^x)' = a^x \ln a$ （$a > 0$ 且 $a \neq 1$）；

(4) 特别地，$(e^x)' = e^x$；

对数函数：　(5) $(\log_a x)' = \dfrac{1}{x\ln a}$ （$a > 0$ 且 $a \neq 1, x > 0$）；

(6) 特别地，$(\ln x)' = \dfrac{1}{x}$；

三角函数：　(7) $(\sin x)' = \cos x$；　(8) $(\cos x)' = -\sin x$；

(9) $(\tan x)' = \sec^2 x$；　(10) $(\cot x)' = -\csc^2 x$；

(11) $(\sec x)' = \sec x \cdot \tan x$；　(12) $(\csc x)' = -\csc x \cdot \cot x$；

反三角函数：(13) $(\arcsin x)' = \dfrac{1}{\sqrt{1-x^2}}$；　(14) $(\arccos x)' = -\dfrac{1}{\sqrt{1-x^2}}$；

(15) $(\arctan x)' = \dfrac{1}{1+x^2}$；　(16) $(\text{arccot}\, x)' = -\dfrac{1}{1+x^2}$.

2.2.4　复合函数的求导法则

【引例】　如何求复合函数 $y = \sin 2x$ 的导数？

问题提出　已知基本导数公式 $(\sin x)' = \cos x$，是否也有 $(\sin 2x)' = \cos 2x$ 呢？

分析解决　事实上，$y'_x = (\sin 2x)' = (2\sin x\cos x)' = 2(\sin x\cos x)'$

$$= 2(\cos x\cos x - \sin x\sin x) = 2\cos 2x.$$

由此说明　$(\sin 2x)' \neq \cos 2x$.

另一方面，$y = \sin 2x$ 也可以看成由 $y = \sin u, u = 2x$ 复合而成，其中 u 是中间变量，而 $y'_u = \cos u, u'_x = 2$，可得

$$y'_u \cdot u'_x = 2\cos u = 2\cos 2x = y'_x.$$

即

$$y'_x = y'_u \cdot u'_x.$$

此结论对一般复合函数也成立.

定理 2.5　设 $u = \varphi(x)$ 在点 x 处可导，而 $y = f(u)$ 在点 $u = \varphi(x)$ 处可导，则复合函数 $y = f[\varphi(x)]$ 在点 x 处也可导，且 $y' = f'(u)\varphi'(x) = f'[\varphi(x)]\varphi'(x)$，也可以表示为：

$$y'_x = y'_u \cdot u'_x \quad 或 \quad \frac{dy}{dx} = \frac{dy}{du} \cdot \frac{du}{dx}.$$

【说明】

(1) 复合函数的求导法则可以推广到多个中间变量的情形. 例如，$y = f(u), u = \varphi(v), v = \psi(x)$ 均可导，则复合函数 $y = f\{\varphi[\psi(x)]\}$ 的导数为

$$y'_x = y'_u \cdot u'_v \cdot v'_x \quad \text{或} \quad \frac{\mathrm{d}y}{\mathrm{d}x} = \frac{\mathrm{d}y}{\mathrm{d}u} \cdot \frac{\mathrm{d}u}{\mathrm{d}v} \cdot \frac{\mathrm{d}v}{\mathrm{d}x}.$$

(2) 复合函数的求导法则常被称为**链式法则**.

(3) y'_x 可省略右下标简写成 y'.

【例 7】 设 $y = \sin^3 x$,求 y'.

解 函数 $y = \sin^3 x$ 可以分解为 $y = u^3, u = \sin x$.

因此 $\frac{\mathrm{d}y}{\mathrm{d}x} = \frac{\mathrm{d}y}{\mathrm{d}u} \cdot \frac{\mathrm{d}u}{\mathrm{d}x} = 3u^2 \cos x = 3\sin^2 x \cos x$.

【例 8】 设 $y = (1-2x)^5$,求 y'.

解 函数 $y = (1-2x)^5$ 可以分解为 $y = u^5, u = 1-2x$,因此

$y'_x = y'_u \cdot u'_x = (u^5)' \cdot (1-2x)' = 5u^4 \cdot (-2) = -10(1-2x)^4$.

注意:复合函数求导后,需要把引进的中间变量进行回代.对复合函数求导法则熟练后,可不必写出中间变量,直接按复合函数的复合结构,由外向内逐层求导.

【例 9】 设 $y = \sqrt[3]{1-2x^2}$,求 y'.

解 $y' = [(1-2x^2)^{\frac{1}{3}}]' = \frac{1}{3}(1-2x^2)^{-\frac{2}{3}} \cdot (1-2x^2)' = -\frac{4x}{3}(1-2x^2)^{-\frac{2}{3}}$.

【例 10】 设 $y = \ln\sin 5x$,求 y'.

解 $y' = (\ln\sin 5x)' = \frac{1}{\sin 5x}(\sin 5x)' = \frac{\cos 5x}{\sin 5x}(5x)' = 5\cot 5x$.

【例 11】 设 $y = \ln(x+\sqrt{x^2+2})$,求 y'.

解
$$\begin{aligned} y' &= \frac{1}{x+\sqrt{x^2+2}} \cdot (x+\sqrt{x^2+2})' \\ &= \frac{1}{x+\sqrt{x^2+2}} \cdot \left[1+\frac{1}{2\sqrt{x^2+2}} \cdot (x^2+2)'\right] \\ &= \frac{1}{x+\sqrt{x^2+2}} \cdot \left(1+\frac{1}{2\sqrt{x^2+2}} \cdot 2x\right) = \frac{1}{\sqrt{x^2+2}}. \end{aligned}$$

【例 12】 设 $y = \ln|x| \ (x \neq 0)$,求 y'.

解 (1) 当 $x > 0$ 时,$y = \ln x, y' = (\ln x)' = \frac{1}{x}$;

(2) 当 $x < 0$ 时,$y = \ln(-x), y' = [\ln(-x)]' = \frac{1}{-x} \cdot (-x)' = \frac{1}{-x} \cdot (-1) = \frac{1}{x}$.

综合(1)、(2) 可得 $(\ln|x|)' = \frac{1}{x} (x \neq 0)$.

【例 13】 证明幂函数的导数公式 $(x^\alpha)' = \alpha x^{\alpha-1}$($\alpha$ 为实数).

证明 设 $y = x^\alpha = \mathrm{e}^{\alpha\ln x}$, $y' = \mathrm{e}^{\alpha\ln x}(\alpha\ln x)' = \mathrm{e}^{\alpha\ln x} \cdot \alpha \cdot \frac{1}{x} = \alpha x^{\alpha-1}$.

2.2.5　高阶导数

我们知道,当物体做变速直线运动时,路程 $s = s(t)$ 对时间 t 的导数就是物体的瞬时速度 $v(t)$,即 $v(t) = s'(t)$. 根据物理学知识,加速度是速度对时间的变化率,即加速度 a 是速度 $v(t)$ 对时间 t 的导数,因此,加速度是路程函数 $s(t)$ 对时间 t 的导数的导数,即 $a = v'(t) = [s'(t)]'$.

定义 2.3　如果函数 $y = f(x)$ 的导数 $y' = f'(x)$ 仍然是关于 x 的可导函数,则称 $[f'(x)]'$ 为函数 $y = f(x)$ 的**二阶导数**,记为

$$f''(x),\ y'',\ \frac{\mathrm{d}^2 y}{\mathrm{d}x^2}\quad 或\quad \frac{\mathrm{d}^2 f(x)}{\mathrm{d}x^2}.$$

类似地,$f(x)$ 的二阶导数的导数称为 $f(x)$ 的**三阶导数**,记为

$$f'''(x),\ y''',\ \frac{\mathrm{d}^3 y}{\mathrm{d}x^3}\quad 或\quad \frac{\mathrm{d}^3 f(x)}{\mathrm{d}x^3}.$$

一般地,$f(x)$ 的 $n-1$ 阶导数的导数称为 $f(x)$ 的 **n 阶导数**,记为

$$f^{(n)}(x),\ y^{(n)},\ \frac{\mathrm{d}^n y}{\mathrm{d}x^n}\quad 或\quad \frac{\mathrm{d}^n f(x)}{\mathrm{d}x^n}.$$

二阶和二阶以上的导数统称为**高阶导数**.

显然,求函数的 n 阶导数就是在 $n-1$ 阶导数的基础上再求一次导数. 因此,利用前面所学的导数公式和求导法则,我们能很方便地计算出函数的高阶导数.

【例 1】　求幂函数 $y = x^n$ 的各阶导数.

解　因为 $y' = nx^{n-1}$, $y'' = n(n-1)x^{n-2}$, $y''' = n(n-1)(n-2)x^{n-3}$,

归纳得到:当 $k \leqslant n$ 时,$y^{(k)} = (x^n)^{(k)} = \dfrac{n!}{(n-k)!}x^{n-k}$, $k > n$ 时,$y^{(k)} = 0$.

【例 2】　求函数 $y = \sin x$ 的 n 阶导数.

解　运用三角函数的诱导公式 $\sin\left(\dfrac{\pi}{2}+x\right) = \cos x$ 得 $\cos x = \sin\left(\dfrac{\pi}{2}+x\right)$,故

$$y' = \cos x = \sin\left(\frac{\pi}{2}+x\right),$$

$$y'' = \cos\left(\frac{\pi}{2}+x\right) = \sin\left(2\cdot\frac{\pi}{2}+x\right),$$

$$y''' = \cos\left(2\cdot\frac{\pi}{2}+x\right) = \sin\left(3\cdot\frac{\pi}{2}+x\right),$$

$$\cdots\cdots$$

一般地,$(\sin x)^{(n)} = \sin\left(\dfrac{n\pi}{2}+x\right)$.

▶▶▶▶ 习题 2.2 ◀◀◀◀

1.单项选择题:

(1) 设 $y=f(-x)$,则 $y'=$ ( ).

A. $f'(x)$ B. $-f'(x)$ C. $f'(-x)$ D. $-f'(-x)$

(2) 设 $y=2^{\sin x}$,则 $y'=$ ( ).

A. $2^{\sin x}\ln 2$ B. $2^{\sin x}\cdot\ln 2\cdot\cos x$ C. $2^{\sin x}\cos x$ D. $2^{\sin x-1}\sin x$

(3) 设 $f(x)=\ln\sin x$,则 $f'(x)=$ ( ).

A. $\dfrac{1}{\sin x}$ B. $-\cot x$ C. $\cot x$ D. $\tan x$

(4) 设 $f(x)=\operatorname{arccot} e^{x}$,则 $f'(x)=$ ( ).

A. $\dfrac{e^{x}}{1+e^{2x}}$ B. $\dfrac{1}{1+e^{2x}}$ C. $-\dfrac{e^{x}}{1+e^{2x}}$ D. $\dfrac{e^{x}}{\sqrt{1-e^{2x}}}$

(5) 设 $f(x)=\tan\dfrac{x}{2}-\cot\dfrac{x}{2}$,则 $f'(x)=$ ( ).

A. $\dfrac{1}{2}\sin^{2}x$ B. $2\csc^{2}x$ C. $2\sec^{2}x$ D. $2\cos^{2}x$

2.求下列函数的导函数:

(1) $y=x^{3}(x^{2}-4)$;

(2) $y=\dfrac{\sin x}{x}$;

(3) $y=3\cos x-4\sin x$;

(4) $y=3^{x}+\dfrac{1}{x}+x-\cos\sqrt{2}$;

(5) $y=\sqrt{x}-\dfrac{1}{\sqrt{x}}$;

(6) $y=x^{2}\log_{2}x$;

(7) $y=\dfrac{1-x^{2}}{1+x^{2}}$;

(8) $y=\dfrac{x}{1-\cos x}$.

3.求下列函数的导函数:

(1) $y=(1+2x)^{5}$;

(2) $y=\sin(5x+\dfrac{\pi}{3})$;

(3) $y=\cos\dfrac{x}{3}$;

(4) $y=\sqrt{2x-1}$;

(5) $y=\sin\sqrt{x}$;

(6) $y=\cos x^{2}$;

(7) $y=\sqrt{1-x^{3}}$;

(8) $y=\sqrt{1+2\sin x}$;

(9) $y=\ln\sin(2+x)$;

(10) $y=\cos\sqrt{3+x^{2}}$;

(11) $y=\sqrt{\dfrac{1+x}{1-x}}$;

(12) $y=\tan\dfrac{1}{x}$;

(13) $y=\ln(x+\sqrt{x^2+a^2})$ (a 为常数)；　　(14) $y=\dfrac{1-\ln x}{1+\ln x}$.

4. 设 $f(x)$ 可导，求函数 $y=f(\sin^2 x)+f(\cos^2 x)$ 的导数.

5. 已知 $y=\cos x$，求 $y^{(n)}$.

6. $y=x^2\ln x$，则 $y^{(10)}$.

§2.3　隐函数和参数方程所确定的函数的导数

前面我们解决了初等函数的求导问题，但还有两类问题没有解决. 一类是我们前面涉及的、都可用 x 的一个解析式表示的函数；但有的函数我们无法用 x 的一个解析式表示 y，而只能通过一个方程确定两个变量 x、y 之间的函数关系，如 $2x+xy-\sin(x+e^y)=0$. 这类函数我们称之为隐函数. 这类函数将如何求导呢？另外，还有一类是由参数方程所确定的函数的导数. 本节我们介绍这两类问题的求解.

2.3.1　隐函数的导数

在本节之前，我们所遇到的函数绝大多数都具有以下形式，如：$y=x^3+x+1$，$y=\ln(\sin 2x)$，$y=\dfrac{\arctan x}{\sqrt{x}+1}$ 等. 这种函数表达式的特点是：等号左端是因变量 y，而右端是含有自变量 x 的解析式，用这种方式表达的函数叫作**显函数**. 而有些函数的表达方式却不是这样，例如方程 $2x+y=1$，当 x 在 $(-\infty,+\infty)$ 内取定一个值时，方程 $2x+y=1$ 可确定 y 的一个值与之对应，因而方程 $2x+y=1$ 确定了 y 是关于 x 的函数，这样用方程表示的函数称为**隐函数**.

所谓隐函数就是对应法则 f 没有显示表达式，而是隐含在二元方程 $F(x,y)=0$ 之中. 把一个隐函数化成显函数，叫做**隐函数的显化**. 例如从方程 $2x+y=1$ 中解出 $y=1-2x$，就是把隐函数化成显函数. 但是，隐函数的显化有时是困难的，甚至是不可能的. 例如方程 $x-\dfrac{1}{2}\sin y+y=0$ 确定的隐函数就不能化成显函数.

在实际问题中，经常需要计算隐函数的导数. 因此，我们希望有一种方法，无论隐函数能否显化，都能直接由方程求出它所确定的隐函数的导数.

由于二元方程 $F(x,y)=0$ 确定的隐函数 $y=f(x)$，有

$$F[x,f(x)]\equiv 0.$$

应用复合函数求导法则对恒等式两端对 x 求导数，即可求得隐函数的导数. 下面举例说明隐函数的求导法则.

【例 1】 求方程 $xy+3x^2-5y-1=0$ 确定的隐函数 $y=f(x)$ 的导数.

解 方程两端对 x 求导数,由复合函数的求导法则(注意,y 是 x 的函数),有

$$(xy+3x^2-5y-1)'=0,$$
$$(xy)'+3(x^2)'-5(y)'-(1)'=0,$$
$$xy'+y+6x-5y'=0,$$

解得隐函数的导数 $\quad y'=\dfrac{6x+y}{5-x}.$

【例 2】 求方程 $e^y=xy^2$ 确定的隐函数 $y=f(x)$ 的导数.

解 方程两端对 x 求导数,由复合函数的求导法则(注意,y 是 x 的函数),有

$$e^y y'=y^2+2xyy',$$

解得隐函数的导数 $\quad y'=\dfrac{y^2}{e^y-2xy}.$

【例 3】 求 $x^3-y^3-\sin y=0$ 所确定的隐函数 $y=f(x)$ 的导数.

解 在等式的两边同时对 x 求导.注意现在方程中的 y 是 x 的函数,所以 y^3 和 $\sin y$ 都是 x 的复合函数,于是得 $\quad 3x^2-3y^2y'-\cos y\cdot y'=0,$

$$y'=\frac{3x^2}{3y^2+\cos y}.$$

【例 4】 求由方程 $xe^y-y+e=0$ 所确定的隐函数 $y=y(x)$ 的二阶导数 y''.

解 对方程两边关于 x 求导,得 $\quad e^y+xe^y y'-y'=0,$

$$y'=\frac{e^y}{1-xe^y},$$

对 y' 两边继续关于 x 求导,得 $\quad y''=\dfrac{e^y(y'+e^y)}{(1-xe^y)^2},$

再把 y' 代入 y'' 的式子,得 $\quad y''=\dfrac{e^{2y}(2-xe^y)}{(1-xe^y)^3}.$

2.3.2 对数求导法

某些显函数的导数,直接求比较烦琐,这时可将它化为隐函数,用隐函数的求导法则求其导数,就比较简单些.将显函数化为隐函数常用的方法是在等号两端取绝对值再取对数,这就是**对数求导法**.这种方法适用于幂指函数($y=u(x)^{v(x)}$,其中 $u(x)>0$)以及其他一些函数,现举例如下.

【例 5】 求函数 $y=\sqrt[3]{\dfrac{x^2}{x+1}}$ 的导数.

解 等号两端取绝对值的对数,有

$$\ln|y|=\ln\left|\sqrt[3]{\frac{x^2}{x+1}}\right|=\frac{2}{3}\ln|x|-\frac{1}{3}\ln|x+1|,$$

由隐函数的求导法则,有

$$\frac{y'}{y}=\frac{2}{3}\cdot\frac{1}{x}-\frac{1}{3}\cdot\frac{1}{x+1}=\frac{x+2}{3x(x+1)},$$

即

$$y'=\frac{x+2}{3x(x+1)}\sqrt[3]{\frac{x^2}{x+1}}.$$

【例 6】　设 $y=(3x+1)^{\frac{5}{3}}\sqrt{\frac{x-1}{x-2}}$，求$y'$.

解　两边取对数，得 $\ln y=\frac{5}{3}\ln(3x+1)+\frac{1}{2}[\ln(x-1)-\ln(x-2)]$.

两边对 x 求导，得$\frac{1}{y}y'=\frac{5}{3x+1}-\frac{1}{2(x-1)(x-2)}$，

$y'=(3x+1)^{\frac{5}{3}}\cdot\sqrt{\frac{x-1}{x-2}}\cdot[\frac{5}{3x+1}-\frac{1}{2(x-1)(x-2)}]$.

【例 7】　求幂指函数 $y=u(x)^{v(x)}\ (u(x)>0)$ 的导数.

解　将幂指函数等号两端取对数，有

$$\ln y=v(x)\ln[u(x)],$$

按隐函数求导法，对上式等号两端求导，有

$$\frac{y'}{y}=v(x)'\ln[u(x)]+v(x)\frac{u'(x)}{u(x)},$$

由此得到

$$y'=y\left[v'(x)\ln u(x)+v(x)\frac{u'(x)}{u(x)}\right]$$

$$=u(x)^{v(x)}\left[v'(x)\ln u(x)+v(x)\frac{u'(x)}{u(x)}\right].$$

【例 8】　求 $y=x^x\ (x>0)$ 的导数.

解　两边取对数，得 $\ln y=x\ln x$.

方程两边同时对 x 求导，得$\frac{1}{y}y'=\ln x+1$，

即

$$y'=x^x(\ln x+1).$$

2.3.3　由参数方程确定的函数的求导法则

定理 2.6　参数方程的一般形式是$\begin{cases}x=\varphi(t)\\ y=\psi(t)\end{cases}(\alpha\leqslant t\leqslant\beta)$，若 $x=\varphi(t)$ 与 $y=\psi(t)$ 都可导，且 $\varphi'(t)\neq 0$，则由参数方程所确定的函数 $y=f(x)$ 的导数为

$$y'=\frac{\mathrm{d}y}{\mathrm{d}x}=\frac{\frac{\mathrm{d}y}{\mathrm{d}t}}{\frac{\mathrm{d}x}{\mathrm{d}t}}=\frac{y'_t}{x'_t}=\frac{\psi'(t)}{\varphi'(t)}.$$

【例 9】 求椭圆 $\begin{cases} x = a\cos t \\ y = b\sin t \end{cases}$ $(0 \leqslant t \leqslant 2\pi)$ 在点$\left(\frac{a}{\sqrt{2}},\frac{b}{\sqrt{2}}\right)$处的切线斜率 k.

解 点$\left(\frac{a}{\sqrt{2}},\frac{b}{\sqrt{2}}\right)$对应的参数 $t = \frac{\pi}{4}$. 由参数方程求导法，有

$$y' = \frac{(b\sin t)'}{(a\cos t)'} = \frac{b\cos t}{-a\sin t} = -\frac{b}{a}\cot t,$$

则

$$k = y'\Big|_{t=\frac{\pi}{4}} = -\frac{b}{a}.$$

【例 10】 设$\begin{cases} x = t - \cos t \\ y = \sin t \end{cases}$，求 $\frac{\mathrm{d}^2 y}{\mathrm{d}x^2}$.

解 $\frac{\mathrm{d}y}{\mathrm{d}x} = \frac{(\sin t)'}{(t - \cos t)'} = \frac{\cos t}{1 + \sin t}$，

$$\frac{\mathrm{d}^2 y}{\mathrm{d}x^2} = \frac{\mathrm{d}y'}{\mathrm{d}x} = \frac{\mathrm{d}}{\mathrm{d}x}\left(\frac{\cos t}{1+\sin t}\right) = \frac{\mathrm{d}}{\mathrm{d}t}\left(\frac{\cos t}{1+\sin t}\right)\cdot\frac{\mathrm{d}t}{\mathrm{d}x} = \left(\frac{\cos t}{1+\sin t}\right)'\frac{1}{\frac{\mathrm{d}x}{\mathrm{d}t}}$$

$$= \frac{-\sin t(1+\sin t) - \cos^2 t}{(1+\sin t)^2}\cdot\frac{1}{1+\sin t} = \frac{-1}{(1+\sin t)^2}.$$

求由参数方程所确定的函数的导数时，不必死记公式，可以先求出微分 $\mathrm{d}y$、$\mathrm{d}x$，然后作比值$\frac{\mathrm{d}y}{\mathrm{d}x}$，即作微商. 求二阶导数时，应按复合函数求导法则进行，必须分清是对哪个变量求导.

▶▶▶▶ 习题 2.3 ◀◀◀◀

1. 填空题：

(1) 设 $y = y(x)$ 是由方程 $y = \sin(x + 2y)$ 所确定的隐函数，则$y' =$ ________.

(2) 曲线方程为 $2y^2 = x^2(x+1)$，则在点$(1,1)$ 处的切线斜率 $k =$ ________.

2. 综合题：

(1) 设 $y = \sqrt[3]{\frac{x(x+1)}{(x^2+1)^2}}$，求$y'$；

(2) 设 $y = (\cos x)^{2\sin x}$，求y'；

(3) 设 $y = x^{3x} + (3x)^x$，求y'；

(4) 设 $xy = \mathrm{e}^{2x+y}$，求y'；

(5) 设 $y = y(x)$ 是由方程 $x^2 + 2xy - y^2 = 2x$ 所确定的函数，求$\frac{\mathrm{d}y}{\mathrm{d}x}\Big|_{x=2}$；

(6) 求星形线 $x^{\frac{2}{3}} + y^{\frac{2}{3}} = a^{\frac{2}{3}}(a > 0)$ 在点 $A\left(\frac{\sqrt{2}a}{4},\frac{\sqrt{2}a}{4}\right)$ 处的切线方程；

(7) 求参数方程所确定的函数$\begin{cases} x = 3t + 2 \\ y = \dfrac{1}{2}t^2 \end{cases}$的导数$\dfrac{\mathrm{d}y}{\mathrm{d}x}$；

(8) 求曲线$\begin{cases} x = \dfrac{3t}{1+t^2} \\ y = \dfrac{3t^2}{1+t^2} \end{cases}$上对应于 $t = 2$ 的点处的切线方程和法线方程；

(9) 求由参数方程$\begin{cases} x = \ln(1+t^2) \\ y = t - \arctan t \end{cases}$所确定的隐函数 $y = y(x)$ 的二阶导数y''；

(10) 求由参数方程$\begin{cases} x = 1 + t^2 \\ y = t + t^3 \end{cases}$所确定的隐函数 $y = y(x)$ 的二阶导数y''.

§2.4　函数的微分及其应用

前面，我们学习了导数的概念和运算法则. 当给自变量在 x_0 处以增量 Δx，相应地，函数有增量 $\Delta y = f(x_0 + \Delta x) - f(x_0)$，导数是函数增量与自变量增量的比值在自变量增量趋于零时的极限. 当我们进一步研究函数增量 Δy 时可以发现，在很多实际问题中，函数增量 Δy 可以被分解为 Δx 的线性函数 $A\Delta x$(其中 A 不依赖于 Δx) 与当 $\Delta x \to 0$ 时比 Δx 高阶的无穷小两部分之和，其中 $A\Delta x$ 是构成 Δy 的主要部分，而另一部分相对于 $A\Delta x$ 来说要小得多，几乎可以忽略. 为了抓住主要问题，需要重点研究 $A\Delta x$，从而产生了微分的概念. 微分是从研究函数近似计算出发而产生的数学分支.

2.4.1　微分的概念

【案例】　一块正方形金属薄片，当受温度变化影响时，其边长由 x_0 变到 $x_0 + \Delta x$(见图 2-4-1)，问：此薄片的面积改变了多少？

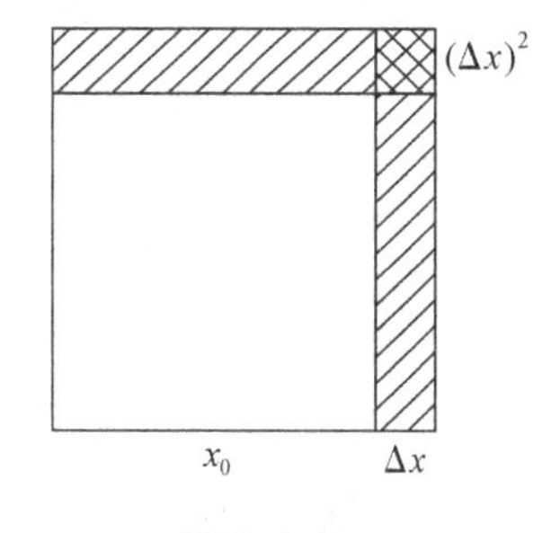

图 2-4-1

分析　设正方形薄片边长为 x，面积为 s，则 $s = x^2$. 正方形薄片的边长 x 从 x_0 变到 $x_0 + \Delta x$ 时，函数 $s = x^2$ 相应的改变量 $\Delta s = (x + x_0)^2 - x_0^2 = 2x_0\Delta x + (\Delta x)^2$.

可见，Δs 是由两部分组成的：一部分是 $2x_0\Delta x$，称为线性主部，在图 2-4-1 中，它表示画有斜线的两块长方形面积之和；另一部分是$(\Delta x)^2$，在图 2-4-1 中，它表示画有交叉线的一小块正方形的面积.

显然，当 $\Delta x \to 0$ 时，$(\Delta x)^2$ 趋向于零的速度比 Δx 趋向于零的速度要快得多，$(\Delta x)^2$ 是比 Δx 高阶的无穷小.

因此,当 $|\Delta x|$ 很小时,小块正方形的面积 $(\Delta x)^2$ 可以忽略不计. 即可以用两块窄矩形面积之和 $2x_0\Delta x$ 作 Δs 的近似值,即 $\Delta s \approx 2x_0\Delta x$,同时,我们发现

$$2x_0\Delta x = (x^2)'\big|_{x=x_0} \cdot \Delta x.$$

通过这个案例的分析,我们发现:函数 $y = f(x)$,当 $|\Delta x|$ 很小时,有近似表达式

$$\Delta y \approx f'(x)\Delta x,$$

并且 $|\Delta x|$ 越小,其近似程度越好.

那么对于一般的函数是否也有类似的结论呢?下面讨论这个问题.

设函数 $y = f(x)$ 在 x 可导,即

$$\lim_{\Delta x \to 0} \frac{\Delta y}{\Delta x} = f'(x),$$

$$\therefore \frac{\Delta y}{\Delta x} = f'(x) + \alpha,$$

其中 $\lim\limits_{\Delta x \to 0} \alpha = 0$,于是 $\Delta y = f'(x)\Delta x + \alpha\Delta x$. 显然,$\alpha\Delta x$ 是比 Δx 高阶的无穷小($\Delta x \to 0$).

因此,对于一般的函数 $y = f(x)$,只要它在 x 处可导,就有近似表达式

$$\Delta y \approx f'(x)\Delta x.$$

定义 2.4 如果函数 $y = f(x)$ 在点 x_0 处的改变量 Δy 可以表示为 Δx 的线性函数 $A \cdot \Delta x$(A 是与 Δx 无关、与 x_0 有关的常数)与一个比 Δx 更高阶的无穷小之和,即 $\Delta y = A \cdot \Delta x + o(\Delta x)$,则称函数 $f(x)$ 在 x_0 处**可微**,且称 $A \cdot \Delta x$ 为函数 $f(x)$ 在点 x_0 处的**微分**,记作 $\mathrm{d}y\Big|_{x=x_0}$,即

$$\mathrm{d}y\Big|_{x=x_0} = A \cdot \Delta x .$$

定理 2.7 函数 $y = f(x)$ 在点 x_0 处可微的充分必要条件是函数 $y = f(x)$ 在 x_0 处可导,且 $A = f'(x_0)$,即 $\mathrm{d}y\Big|_{x=x_0} = f'(x_0) \cdot \Delta x$.

证明 (先证必要性) 若函数 $y = f(x)$ 在点 x_0 处可微,按定义有 $\Delta y = A \cdot \Delta x + o(\Delta x)$,上式两端同除以 Δx,取 $\Delta x \to 0$ 的极限,得

$$\lim_{\Delta x \to 0} \frac{\Delta y}{\Delta x} = \lim_{\Delta x \to 0}\left[A + \frac{o(\Delta x)}{\Delta x}\right] = A.$$

这表明,若 $y = f(x)$ 在点 x_0 处可微,则在 x_0 处可导,且

$$A = f'(x_0).$$

(再证充分性) 若函数 $f(x)$ 在点 x_0 处可导,即 $\lim\limits_{\Delta x \to 0} \frac{\Delta y}{\Delta x} = f'(x_0)$ 存在,根据极限与无穷小的关系,上式可写成 $\frac{\Delta y}{\Delta x} = f'(x_0) + \alpha$,其中 α 为 $\Delta x \to 0$ 时的无穷小,从而

$$\Delta y = f'(x_0) \cdot \Delta x + \alpha \cdot \Delta x,$$

这里 $f'(x_0)$ 是不依赖于 Δx 的常数,$\alpha \cdot \Delta x$ 当 $\Delta x \to 0$ 时是比 Δx 更高阶的无穷小,按微分的

定义可得,如果函数 $f(x)$ 在点 x_0 处可导,则 $f(x)$ 在点 x_0 处可微,且微分为 $f'(x_0)\cdot\Delta x$.

综上,函数 $y=f(x)$ 在点 x_0 处可微的充分必要条件是在点 x_0 处可导,即:可导 $\Leftrightarrow$ 可微,且

$$\mathrm{d}y\Big|_{x=x_0}=f'(x_0)\cdot\Delta x.$$

【例 1】 求函数 $y=\ln 2x$ 当 $x=2,\Delta x=0.01$ 时的微分.

解 $\mathrm{d}y=(\ln 2x)'\Delta x=\dfrac{1}{x}\Delta x$,

当 $x=2,\Delta x=0.01$ 时,$\mathrm{d}y\Big|_{x=2,\Delta x=0.01}=\dfrac{1}{x}\Delta x\Big|_{x=2,\Delta x=0.01}=0.005$.

因为 $(x)'=1$,所以 $\mathrm{d}x=1\cdot\Delta x=\Delta x$. 即自变量的改变量 Δx 等于自变量的微分 $\mathrm{d}x$,因而函数的微分又可写成

$$\mathrm{d}y=f'(x)\mathrm{d}x.$$

从而有

$$\frac{\mathrm{d}y}{\mathrm{d}x}=f'(x).$$

导数与微分的关系如下:微分等于函数的导数与自变量的微分的乘积;而导数等于函数的微分与自变量微分之商. 因此,导数又叫**微商**.

由微分的定义看出,要计算函数的微分,只要计算函数的导数,再乘以自变量的微分.

【例 2】 求函数 $y=\sin x$ 在点 $x=0$ 与点 $x=1$ 处的微分.

解 $\mathrm{d}y=\cos x\mathrm{d}x$,所以

$$\mathrm{d}y\,|_{x=0}=\cos 0\mathrm{d}x=\mathrm{d}x,$$

$$\mathrm{d}y\,|_{x=1}=\cos 1\mathrm{d}x.$$

【例 3】 在下列括号内填上适当的函数,使得等式成立:

(1) $\mathrm{d}(\quad)=(x^2+1)\mathrm{d}x$;　(2) $\mathrm{d}(\quad)=\dfrac{1}{x}\mathrm{d}x$;　(3) $\mathrm{d}(\quad)=\dfrac{1}{x^2}\mathrm{d}x$.

解 (1) 因为 $\left(\dfrac{x^3}{3}\right)'=x^2,(x)'=1$,所以 $\mathrm{d}\left(\dfrac{1}{3}x^3+x+C\right)=(x^2+1)\mathrm{d}x$.

(2) 因为 $(\ln|x|)'=\dfrac{1}{x}$,所以 $\mathrm{d}(\ln|x|+C)=\dfrac{1}{x}\mathrm{d}x$.

(3) 因为 $\left(-\dfrac{1}{x}\right)'=\dfrac{1}{x^2}$,所以 $\mathrm{d}\left(-\dfrac{1}{x}+C\right)=\dfrac{1}{x^2}\mathrm{d}x$.

2.4.2　微分的几何意义

设 $M(x,y)$ 是曲线 $y=f(x)$ 上一个点,当自变量有微小增量 Δx 时,就得到曲线上另一个点 $N(x+\Delta x,y+\Delta y)$,如图 2-4-2 所示.

显然,$MQ=\Delta x$,$NQ=\Delta y$,过点 M 作曲线的切线,其倾角为 α,则 $PQ=MQ\tan\alpha=\Delta x\cdot y'=\mathrm{d}y$.所以,$\Delta y$ 是曲线 $y=f(x)$ 上点 M 的纵坐标的增量时,$\mathrm{d}y$ 就是曲线在该点处切线的纵坐标的增量.

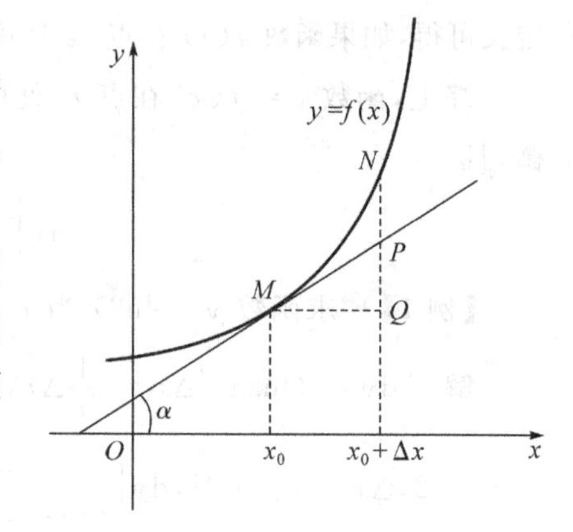

图 2-4-2

当 $|\Delta x|$ 很小时,$|\Delta y-\mathrm{d}y|$ 比 $|\Delta x|$ 小得多.因此在点 M 附近,可以用切线段来近似代替曲线段,用线性函数近似代替非线性函数,这是研究工程问题时经常采用的思想方法.

2.4.3 微分的运算

1. 微分基本公式

(1) $\mathrm{d}(C)=0$ (常数 $C\in\mathbf{R}$);

(2) $\mathrm{d}(x^{\mu})=\mu x^{\mu-1}\mathrm{d}x$ ($\mu\in\mathbf{R}$);

(3) $\mathrm{d}(a^{x})=a^{x}\ln a\mathrm{d}x$ ($a>0$ 且 $a\neq 1$);

(4) $\mathrm{d}(\mathrm{e}^{x})=\mathrm{e}^{x}\mathrm{d}x$;

(5) $\mathrm{d}(\log_a x)=\dfrac{1}{x\ln a}\mathrm{d}x$ ($a>0$ 且 $a\neq 1$);

(6) $\mathrm{d}(\ln x)=\dfrac{1}{x}\mathrm{d}x$;

(7) $\mathrm{d}(\sin x)=\cos x\mathrm{d}x$;

(8) $\mathrm{d}(\cos x)=-\sin x\mathrm{d}x$;

(9) $\mathrm{d}(\tan x)=\sec^2 x\mathrm{d}x$;

(10) $\mathrm{d}(\cot x)=-\csc^2 x\mathrm{d}x$;

(11) $\mathrm{d}(\sec x)=\sec x\cdot\tan x\mathrm{d}x$;

(12) $\mathrm{d}(\csc x)=-\csc x\cdot\cot x\mathrm{d}x$;

(13) $\mathrm{d}(\arcsin x)=\dfrac{1}{\sqrt{1-x^2}}\mathrm{d}x$;

(14) $\mathrm{d}(\arccos x)=-\dfrac{1}{\sqrt{1-x^2}}\mathrm{d}x$;

(15) $\mathrm{d}(\arctan x)=\dfrac{1}{1+x^2}\mathrm{d}x$;

(16) $\mathrm{d}(\mathrm{arccot}\, x)=-\dfrac{1}{1+x^2}\mathrm{d}x$.

以上 16 个公式,可以由导数的基本公式和微分定义推出.实际上,记住了导数的基本公式,也就记住了微分的基本公式.

2. 微分的四则运算法则

(1) $d(u \pm v) = du \pm dv$；

(2) $d(u \cdot v) = v \cdot du + u \cdot dv$；

特别地，$d(cu) = c du$　(c 为常数)；

(3) $d\left(\frac{u}{v}\right) = \frac{v du - u dv}{v^2}$　$(v \neq 0)$.

3. 复合函数的微分法则

设函数 $u = \varphi(x)$ 在点 x 处可微，$y = f(u)$ 在点 u 处可微，则复合函数 $y = f[\varphi(x)]$ 在点 x 处也可微，且微分为 $dy = y'_x dx = f'(u)\varphi'(x)dx$.

由于 $\varphi'(x)dx = du$，所以 $dy = f'(u)du$.

这个式子表明：无论 u 是自变量还是中间变量，函数 $y = f(u)$ 的微分总是保持同一形式 $dy = f'(u)du$. 这个性质叫作**一阶微分形式不变性**.

【例 4】　求 $d[\ln(\sin 3x)]$.

解　**方法一**　由微分形式不变性，得

$$d[\ln(\sin 3x)] = \frac{1}{\sin 3x}d(\sin 3x) = \frac{1}{\sin 3x}\cos 3x d(3x)$$

$$= \frac{1}{\sin 3x}\cos 3x \cdot 3dx = 3\cot 3x dx.$$

方法二　由微分与导数的关系，因为

$$[\ln(\sin 3x)]' = \frac{1}{\sin 3x}(\sin 3x)' = \frac{1}{\sin 3x}\cos 3x \cdot 3 = 3\cot 3x,$$

所以 $d[\ln(\sin 3x)] = 3\cot 3x dx$.

【例 5】　求下列函数的微分.

(1) $y = \cos(2 - 3x)$；　(2) $y = e^{-x}\sin 3x$.

解　(1) $dy = d\cos(2 - 3x) = -\sin(2 - 3x)d(2 - 3x)$

$= -\sin(2 - 3x)(-3dx)$

$= 3\sin(2 - 3x)dx$.

(2) $dy = de^{-x}\sin 3x = \sin 3x de^{-x} + e^{-x} d\sin 3x$

$= -e^{-x}\sin 3x dx + e^{-x} 3\cos 3x dx$

$= (-e^{-x}\sin 3x + 3e^{-x}\cos 3x)dx$.

【例 6】　求由方程 $3x^2 - 2xy - y^2 = 0$ 所确定的隐函数 $y = y(x)$ 的微分.

解　对已知方程两端分别求微分，有

$$6x dx - 2y dx - 2x dy - 2y dy = 0,$$

即

$$(2x + 2y)dy = (6x - 2y)dx,$$

所以

$$dy = \frac{3x - y}{x + y}dx.$$

2.4.4 微分在近似计算中的应用

由微分的定义可知，当$|\Delta x|$很小时，$\Delta y \approx \mathrm{d}y$，即$f(x_0+\Delta x)-f(x_0)\approx f'(x_0)\Delta x$，所以有

$$f(x_0+\Delta x)\approx f(x_0)+f'(x_0)\Delta x.$$

此式表明，在点x_0附近的函数值$f(x)$可用该点函数值$f(x_0)$及微分$f'(x_0)(x-x_0)$之和来近似代替.

特别地，令$x=x_0+\Delta x$，当$x_0=0$时，有

$$f(x)\approx f(0)+f'(0)x \quad (|x|\text{很小时}).$$

常用近似计算公式(当$|x|$很小时)：

(1) $\sqrt[n]{1+x}\approx 1+\frac{1}{n}x$；

(2) $\sin x\approx x$；

(3) $\tan x\approx x$；

(4) $\ln(1+x)\approx x$；

(5) $\mathrm{e}^x\approx 1+x$.

证明从略.以上常用近似公式，形式上类似于前面讲的无穷小量的等价关系.

【例 7】 有一批半径为10cm的金属球，为了提高球面的光洁度，要镀上一层铬，厚度定为0.001cm，估计一下每只球需用多少体积的铬？

解 球体体积为$V=\frac{4}{3}\pi r^3$，$r_0=10\text{cm}$，$\Delta r=0.001\text{cm}$，$V'=4\pi r^2$.

镀层的体积为$\Delta V=V(r_0+\Delta r)-V(r_0)\approx V'(r_0)\Delta r$

$$=4\pi r_0^2\Delta r=4\times 3.14\times 10^2\times 0.001=1.3(\text{cm}^3).$$

因此镀每只球需用的铬约为1.3cm^3.

【例 8】 计算$\arctan 1.01$的近似值.

解 设$f(x)=\arctan x$，则$f'(x)=\frac{1}{1+x^2}$.

取$x_0=1$，$\Delta x=0.01$，

$\arctan 1.01\approx f(1)+f'(1)\times 0.01$

$$=\arctan 1+\frac{1}{1+1^2}\times 0.01=\frac{\pi}{4}+0.005.$$

【例 9】 计算$\sin 29°$的近似值.

解 设$f(x)=\sin x$，$f'(x)=\cos x$，取$x_0=30°=\frac{\pi}{6}$，$\Delta x=-1°=-\frac{\pi}{180}$，

则　$f\left(\frac{\pi}{6}\right)=\sin\frac{\pi}{6}=\frac{1}{2}, f'\left(\frac{\pi}{6}\right)=\cos\frac{\pi}{6}=\frac{\sqrt{3}}{2}$,

所以 $\sin 29^\circ \approx f\left(\frac{\pi}{6}\right)+f'\left(\frac{\pi}{6}\right)\Delta x=\frac{1}{2}+\frac{\sqrt{3}}{2}\times\left(-\frac{\pi}{180}\right)\approx 0.4849$.

【结束语】　导数和微分是微分学中关系非常紧密的两个重要概念，导数描述的是函数的相对变化率，微分描述的是函数的绝对变化程度. 导数有两个等价定义：$f'(x_0)=\lim\limits_{x\to x_0}\frac{f(x)-f(x_0)}{x-x_0}$ 或 $f'(x_0)=\lim\limits_{\Delta x\to 0}\frac{f(x_0+\Delta x)-f(x_0)}{\Delta x}$，而微分 $\mathrm{d}y\,|_{x=x_0}=f'(x_0)\cdot\Delta x$，两者的存在是相辅相成的. 我们只需解决导数的计算问题，微分的计算就迎刃而解了. 导数的计算包括基本导数公式，四则运算法则，复合求导法则，隐函数和参数方程求导法则等，由导数和微分的关系，能快速得到微分相应的运算法则. 导数在物理和几何上都有实际的意义，能解决一些实际问题，另外我们还可以利用微分做一些近似计算工作.

▶▶▶▶ 习题 2.4 ◀◀◀◀

1. 选择题：

(1) 函数 $f(x)$ 在点 x_0 处可微，则当 $|\Delta x|$ 很小时，$f(x_0+\Delta x)\approx$（　　）.

A. $f(x_0)$　　B. $f'(x_0)\Delta x$

C. Δy　　D. $f(x_0)+f'(x_0)\Delta x$

(2) 设 x 为自变量，当 $x=1$ 且 $\Delta x=0.1$ 时，$\mathrm{d}(x^2)=$（　　）.

A. 0.2　　B. 0　　C. 0.01　　D. 0.02

(3) 若 $f(u)$ 可导，且 $y=f(\ln^2 x)$，则 $\mathrm{d}y=$（　　）.

A. $f'(\ln^2 x)\mathrm{d}x$　　B. $2\ln x f'(\ln^2 x)\mathrm{d}x$

C. $\frac{2\ln x}{x}[f(\ln^2 x)]'\mathrm{d}x$　　D. $\frac{2\ln x}{x}f'(\ln^2 x)\mathrm{d}x$

2. 求函数 $y=x+x^2$ 在 $x=1$，当 $\Delta x=0.01$ 时的 Δy 及 $\mathrm{d}y$.

3. 求下列函数的微分：

(1) $y=x^2+\frac{1}{x}-\sqrt{x}$；　　(2) $y=3^x+\ln 3$；

(3) $y=\frac{x}{1-x^2}$；　　(4) $y=3\sin\left(5x+\frac{\pi}{3}\right)$；

(5) $y=\arcsin\sqrt{2-x^2}$；　　(6) $y=\ln\sin(1+2x)$；

(7) $y=x^3\cos x$；　　(8) $y=\mathrm{e}^{3x^2}$；

(9) $y=\tan^2(3+x^2)$；　　(10) $y=\arctan\frac{2-x^2}{2+x^2}$.

4. 在下列等式的括号中填入适当的函数,使等式成立:

(1) $d(\quad) = 3dx$;　　(2) $d(\quad) = 3x^2dx$;

(3) $d(\quad) = \frac{1}{x}dx$;　　(4) $d(\quad) = \cos 3xdx$;

(5) $d(\quad) = e^{2x}dx$;　　(6) $d(\quad) = \frac{1}{1+x^2}dx$;

(7) $d(\quad) = \frac{1}{x^2}dx$;　　(8) $\frac{\ln x}{x}dx = \ln x d(\quad) = d(\quad)$;

(9) $d(\quad) = \frac{1}{\sin^2 x}dx$;　　(10) $d(\quad) = \frac{1}{\sqrt{1-x^2}}dx$.

5. 利用微分求近似值:

(1) $\sqrt[3]{996}$;　　(2) $\sin 31°$;

(3) $e^{1.001}$;　　(4) $\cos 151°$;

(5) $\sqrt[3]{1.003}$;　　(6) $\arctan 1.02$.

6. 半径为 20cm 的球,半径增大 1mm,那么球的体积约增大多少?

导数的起源与发展

(一) 早期导数概念——特殊的形式:大约在 1629 年,法国数学家费马研究了作曲线的切线和求函数极值的方法;1637 年左右,他写下书稿《求最大值与最小值的方法》. 在作切线时,他构造了差分 $f(A+E)-f(A)$,发现的因子 E 就是我们现在所说的导数 $f'(A)$.

(二) 17 世纪——广泛使用的“流数术”:17 世纪生产力的发展推动了自然科学和技术的发展,在前人创造性研究的基础上,大数学家牛顿、莱布尼茨等从不同的角度开始系统地研究微积分. 牛顿的微积分理论被称为“流数术”,他称变量为流量,称变量的变化率为流数,相当于我们所说的导数. 牛顿的有关“流数术”的主要著作是《求曲边形面积》、《运用无穷多项方程的计算法》和《流数术和无穷级数》。流数理论的实质概括为:重点在于一个变量的函数而不在于多变量的方程;在于自变量的变化与函数的变化的比的构成;最在于决定这个比当变化趋于零时的极限.

(三) 19 世纪导数——逐渐成熟的理论:1750 年达朗贝尔在为法国科学家院出版的《百科全书》第四版写的“微分”条目中提出了关于导数的一种观点,可以用现代符号简单表示:$\frac{dy}{dx} = \lim \frac{oy}{ox}$. 1823 年,柯西在他的《无穷小分析概论》中定义导数:如果函数 $f(x)$ 在变量 x 的两个给定的界限之间保持连续,并且我们为这样的变量指定一个包含在这两个不同界限之间的值,那么是使变量得到一个无穷小增量. 19 世纪 60 年代以后,魏尔斯特拉斯

创造了 ε-δ 语言，对微积分中出现的各种类型的极限重加表达，导数的定义也就获得了今天常见的形式.

皮埃尔·德·费马
(Pierre de Fermat，
1601 年 8 月—1665 年 1 月)

艾萨克·牛顿
(Isaac Newton，
1643 年 1 月—1727 年 3 月)

第3章　微分中值定理和导数的应用

前　言

在第2章中,我们介绍了微分学的两个基本概念——导数与微分及其计算方法.本章以微分学基本定理——微分中值定理为基础,进一步介绍利用导数研究函数的性态,例如判断函数的单调性和凹凸性,求函数的极限、极值、最大(小)值以及函数作图的方法,并应用这些知识解决一些常见的导数应用问题.

教学知识

1. 罗尔中值定理,拉格朗日中值定理,柯西中值定理;
2. 洛必达法则;
3. 函数的单调性与极值;
4. 曲线的凹凸性与拐点,曲线的渐近线,函数图形的描绘.

重点难点

重点:三个中值定理,洛必达法则,单调性与极值,曲线的渐近线.

难点:三个中值定理,洛必达法则的拓展应用,曲线的渐近线.

§3.1　微分中值定理

中值定理揭示了函数在某区间的整体性质与该区间内部某一点的导数之间的关系,因而称为中值定理.中值定理既是用微分学知识解决应用问题的理论基础,又是解决微分学自身发展的一种理论性模型,在微分学中占有很重要的地位.

定理3.1(罗尔(Rolle)中值定理)　若函数 $f(x)$ 满足:

(1) 在闭区间 $[a,b]$ 上连续;

(2) 在开区间 (a,b) 内可导;

(3) 在区间 $[a,b]$ 的端点处函数值相等,即 $f(a)=f(b)$,

则在(a,b)内至少存在一点$\xi(a<\xi<b)$，使得$f(x)$在该点的导数等于零，即$f'(\xi)=0$（图 3-1-1）.

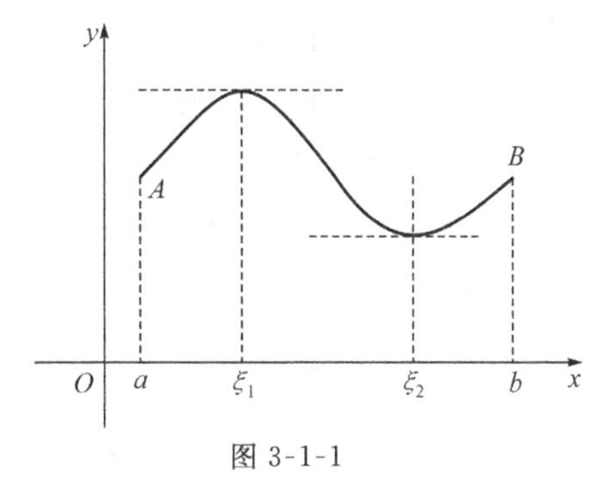

图 3-1-1

证明　由于$f(x)$在$[a,b]$上连续，故在$[a,b]$上$f(x)$有最大值M和最小值m.

(1) 当$M=m$时，对于$x\in[a,b]$，有$f(x)=m=M$，故$f'(x)=0, x\in(a,b)$，即(a,b)内任一点均可作为ξ，$f'(\xi)=0$.

(2) 当$M>m$时，因为$f(a)=f(b)$，故不妨设$f(a)=f(b)\neq M$（或设$f(a)=f(b)\neq m$），则至少存在一点ξ，使$f(\xi)=M$，因$f(x)$在(a,b)内可导，所以

$$f'_-(\xi)=\lim_{\Delta x\to 0^-}\frac{f(\xi+\Delta x)-f(\xi)}{\Delta x}=\lim_{\Delta x\to 0^+}\frac{f(\xi+\Delta x)-f(\xi)}{\Delta x}=f'_+(\xi),$$

因$f(\xi+\Delta x)\leqslant f(\xi)=M$，故$f'_-(\xi)\geqslant 0$，$f'_+(\xi)\leqslant 0$，所以$f'(\xi)=0$.

【说明】

(1) 证明一个数等于 0 往往证其$\geqslant 0$，又$\leqslant 0$，或证明其等于它的相反数.

(2) 称导数为 0 的点为函数的**驻点**（或**稳定点**、**临界点**）.

(3) 罗尔定理中$f(a)=f(b)$这个条件比较特殊，使得罗尔定理的应用受到限制. 拉格朗日在罗尔定理的基础上作了进一步的研究，取消了罗尔定理中这个条件的限制，但仍保留了其余两个条件，得到了在微分学中具有重要地位的拉格朗日中值定理（见后文）.

【例 1】　已知$f(x)=(x-1)(x-2)(x-3)$，不求$f'(x)$，判断$f'(x)$有几个零点及这些零点所在的范围.

解　因为$f(1)=f(2)=f(3)=0$，所以$f(x)$在$[1,2]$，$[2,3]$上满足罗尔定理的三个条件，所以在$(1,2)$内至少存在一点ξ_1，使$f'(\xi_1)=0$，即ξ_1是$f'(x)$的一个零点. 同理可得，在$(2,3)$内至少存在一点ξ_2，使$f'(\xi_2)=0$，即ξ_2是$f'(x)$的一个零点. 又因为$f'(x)$为二次多项式，最多只能有两个零点，故$f'(x)$恰好有两个零点分别在区间$(1,2)$，$(2,3)$内.

【例 2】　证明方程$x^5-5x+1=0$有且仅有一个小于 1 的正实根.

证明　① 存在性：

设$f(x)=x^5-5x+1$，则$f(x)$在$[0,1]$连续，$f(0)=1$，$f(1)=-3$，由介值定理知存在$x_0\in(0,1)$，使$f(x_0)=0$，即方程有小于 1 的正根.

② 唯一性：

假设另有$x_1\in(0,1)$，$x_1\neq x_0$，使$f(x_1)=0$，$\because$ $f(x)$在以x_0，x_1为端点的区间满足罗尔定理条件 $\therefore$ 在x_0，x_1之间至少存在一点ξ使$f'(\xi)=0$. 但$f'(x)=5(x^4-1)<0$，$x\in(0,1)$. 两者矛盾，故假设不成立.

定理 3.2（拉格朗日（Lagrange）中值定理）

若函数$f(x)$满足：

(1) 在闭区间$[a,b]$上连续；

(2) 在开区间(a,b)内可导，

则在(a,b)内至少存在一点$\xi(a<\xi<b)$，使得$f(b)-f(a)=f'(\xi)(b-a)$(见图 3-1-2).

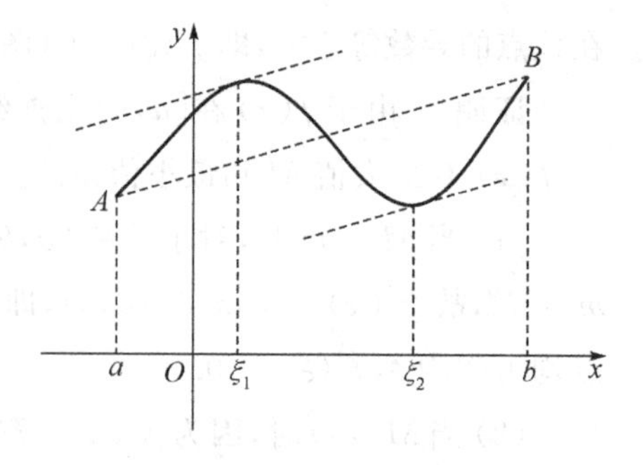

图 3-1-2

证明　构造辅助函数

$$\varphi(x)=f(x)-f(a)-\frac{f(b)-f(a)}{b-a}(x-a),$$

则$\varphi(x)$在$[a,b]$上连续，在(a,b)内可导，且$\varphi(a)=\varphi(b)=0$. 所以至少存在一点$\xi\in(a,b)$，使$\varphi'(\xi)=0$，即

$$\varphi'(\xi)=f'(\xi)-\frac{f(b)-f(a)}{b-a}=0,$$

所以

$$f(b)-f(a)=f'(\xi)(b-a).$$

显然$b<a$时，此公式也成立. 此公式称为 **Lagrange 公式**.

【说明】

(1) 当$f(a)=f(b)$时，此定理即为罗尔定理，故罗尔定理是拉格朗日中值定理的特殊情形.

(2) 几何意义：若连续曲线$y=f(x)$的弧$\overset{\frown}{AB}$上除端点外处处具有不垂直于x轴的切线，那么这弧上至少有一点C，使曲线在C点处切线平行于弦AB.

推论 1　如果函数$f(x)$在区间I上的导数恒为零，则$f(x)\equiv C(x\in I,C$为常数).

证明 对$\forall x_1,x_2\in I$ (设$x_1<x_2$)，则由 Lagrange 公式有

$f(x_2)-f(x_1)=f'(\xi)(x_2-x_1)\quad(x_1<\xi<x_2)$,

由$f'(\xi)=0$，有$f(x_2)\equiv f(x_1)$，所以$f(x)\equiv C,x\in I$.

推论 2　连续函数$f(x),g(x)$在区间I上有$f'(x)=g'(x)$，则$f(x)=g(x)+C$

证明　对$\forall x\in I$，设$F(x)=f(x)-g(x)$，则$F'(x)=f'(x)-g'(x)=0$，所以$F(x)=C$，即$f(x)=g(x)+C$.

【例 3】　证明$\arcsin x+\arccos x=\frac{\pi}{2}\ (-1\leqslant x\leqslant 1)$.

证明　设$f(x)=\arcsin x+\arccos x$，则在$(-1,1)$上，$f'(x)=0$，

由推论可知$f(x)=\arcsin x+\arccos x=C$.

令$x=0$，得$C=\frac{\pi}{2}$. 又$f(\pm 1)=\frac{\pi}{2}$，故所证等式在定义域$[-1,1]$上成立.

【例 4】　证明当$x>0$时，$\frac{x}{1+x}<\ln(1+x)<x$.

证明　设$f(x)=\ln(1+x)$，则$f(x)$在$[0,x]$上连续，在$(0,x)$内可导，所以至少有

一点 $\xi \in (0,x)$，使 $f(x)-f(0)=f'(\xi)(x-0)$，即 $\ln(1+x)=f'(\xi)\cdot x$.

因为 $f'(x)=\dfrac{1}{1+x}$，故 $f'(\xi)=\dfrac{1}{1+\xi}$. 当 $\xi\in(0,x)$ 时，$\dfrac{1}{1+x}<f'(\xi)<1$.

所以 $\dfrac{x}{1+x}<f'(\xi)x<x$，即

$$\frac{x}{1+x}<\ln(1+x)<x.$$

【例 5】　设 $f(x)$ 在 $[a,b]$ 上连续，在 (a,b) 内二阶可导，连接点 $(a,f(a))$，$(b,f(b))$ 的直线和曲线 $y=f(x)$ 交于点 $(c,f(c))$，$a<c<b$，证明在 (a,b) 内至少存在一点 ξ，使 $f''(\xi)=0$.

证明　因为 $f(x)$ 在 $[a,b]$ 上连续，在 (a,b) 内可导，又因为 $a<c<b$，所以至少存在一点 $\xi_1\in(a,c)$，使得 $f'(\xi_1)=\dfrac{f(c)-f(a)}{c-a}$，且至少存在一点 $\xi_2\in(c,b)$，使 $f'(\xi_2)=\dfrac{f(b)-f(c)}{b-c}$. 因为点 $(a,f(a))$，$(b,f(b))$，$(c,f(c))$ 在同一直线上，所以 $f'(\xi_1)=f'(\xi_2)$. 又因为 $y'=f'(x)$ 在 (a,b) 内可导，故在 (ξ_1,ξ_2) 内可导，且在 $[\xi_1,\xi_2]$ 上连续，由 Rolle 定理，至少有一点 $\xi\in(\xi_1,\xi_2)$，使 $[f'(x)]'\big|_{x=\xi}=f''(\xi)=0$，$\xi\in(\xi_1,\xi_2)\subset[a,b]$.

定理 3.3(柯西(Cauchy) 中值定理)

如果函数 $f(x)$ 及 $F(x)$ 在闭区间 $[a,b]$ 上连续，在开区间 (a,b) 内可导，且 $F'(x)$ 在 (a,b) 内的每一点处均不为零，那么在 (a,b) 内至少有一点 ξ，使 $\dfrac{f'(\xi)}{F'(\xi)}=\dfrac{f(b)-f(a)}{F(b)-F(a)}$ 成立.

证明　构造辅助函数

$$\varphi(x)=f(x)-f(a)-\frac{f(b)-f(a)}{F(b)-F(a)}[F(x)-F(a)],$$

则 $\varphi(x)$ 在 $[a,b]$ 上连续，在 (a,b) 内可导，且 $\varphi(a)=\varphi(b)=0$. 那么由罗尔定理，至少存在一点 $\xi\in(a,b)$，使 $\varphi'(\xi)=0$.

即 $f'(\xi)-\dfrac{f(b)-f(a)}{F(b)-F(a)}F'(\xi)=0$，　所以 $\dfrac{f'(\xi)}{F'(\xi)}=\dfrac{f(b)-f(a)}{F(b)-F(a)}$.

(设 $\overset{\frown}{AB}$ 为：$\begin{cases}X=F(x)\\Y=f(x)\end{cases}$，$a\leqslant x\leqslant b$，其他与 Lagrange 辅助函数设法相同.)

【说明】　Lagrange 中值定理是 Cauchy 中值定理 $F(x)=x$ 时的特殊情形.

【例 6】　设函数 $f(x)$ 在 $[0,1]$ 上连续，在 $(0,1)$ 内可导. 试证明至少存在一点 $\xi\in(0,1)$，使 $f'(\xi)=2\xi[f(1)-f(0)]$.

证明　问题转化为证 $\dfrac{f(1)-f(0)}{1-0}=\dfrac{f'(\xi)}{2\xi}=\dfrac{f'(x)}{(x^2)'}\Big|_{x=\xi}$.

设 $F(x)=x^2$，则 $f(x)$，$F(x)$ 在 $[0,1]$ 上满足柯西中值定理条件，

因此在(0,1)内至少存在一点 ξ,使$\dfrac{f(1)-f(0)}{1-0}=\dfrac{f'(\xi)}{2\xi}$,

即 $f'(\xi)=2\xi[f(1)-f(0)]$.

▶▶▶▶ 习题 3.1 ◀◀◀◀

1. 填空题:

(1) 函数 $f(x)=\arctan x$ 在$[0,1]$上使拉格朗日中值定理结论成立的 ξ 是________.

(2) 设 $f(x)=(x-1)(x-2)(x-3)(x-5)$,则 $f'(x)=0$ 有________个实根,分别位于区间________中.

2. 选择题:

(1) 罗尔定理中的三个条件:$f(x)$ 在$[a,b]$上连续,在(a,b)内可导,且 $f(a)=f(b)$,是 $f(x)$ 在(a,b)内至少存在一点 ξ,使 $f'(\xi)=0$ 成立的(　　).

A. 必要条件　　B. 充分条件

C. 充要条件　　D. 既非充分也非必要条件

(2) 下列函数在$[-1,1]$上满足罗尔定理条件的是(　　).

A. $f(x)=e^x$　　B. $f(x)=|x|$

C. $f(x)=1-x^2$　　D. $f(x)=\begin{cases} x\sin\dfrac{1}{x}, & x\neq 0 \\ 0, & x=0 \end{cases}$

(3) 若 $f(x)$ 在(a,b)内可导,且 x_1,x_2 是(a,b)内任意两点,则至少存在一点 ξ,使下式成立(　　).

A. $f(x_2)-f(x_1)=(x_1-x_2)f'(\xi)$, $\xi\in(a,b)$

B. $f(x_1)-f(x_2)=(x_1-x_2)f'(\xi)$, ξ 在 x_1,x_2 之间

C. $f(x_1)-f(x_2)=(x_2-x_1)f'(\xi)$, $x_1<\xi<x_2$

D. $f(x_2)-f(x_1)=(x_2-x_1)f'(\xi)$, $x_1<\xi<x_2$

3. 验证函数 $f(x)=\dfrac{1}{a^2+x^2}$ 在区间$[-a,a]$上满足罗尔定理的条件,并求出定理结论中的 ξ.

4. 验证函数 $f(x)=\sqrt{x}-1$ 在区间$[1,4]$上满足拉格朗日中值定理的条件,并求出定理结论中的 ξ.

5. 不求函数 $f(x)=(x-1)(x-2)(x-3)(x-4)$ 的导数,说明方程 $f'(x)=0$ 有几个根,并指出其所在的区间.

6. 证明恒等式:$\arctan x+\operatorname{arccot} x=\dfrac{\pi}{2}\quad(-\infty<x<\infty)$.

7. 设函数 $f(x)$ 的导函数 $f'(x)$ 在$[a,b]$上连续,且 $f(a)<0,f(c)>0,f(b)<0$,其

中 c 是介于 a,b 之间的一个实数. 证明：存在 $\xi \in (a,b)$，使 $f'(\xi)=0$ 成立.

8. 证明下列不等式：

(1) 当 $0<x<\pi$ 时，$\dfrac{\sin x}{x}>\cos x$；

(2) 当 $a>b>0$ 时，$\dfrac{a-b}{a}<\ln\dfrac{a}{b}<\dfrac{a-b}{b}$.

§ 3.2　洛必达法则

在第 1 章中，我们曾计算过两个无穷小之比以及两个无穷大之比的未定式的极限. 在那里，计算未定式的极限往往需要经过适当的变形，转化成可利用极限运算法则或重要极限的形式再进行计算. 这种变形没有一般方法，需视具体问题而定，属于特定的方法. 本节将介绍用导数作为工具，给出计算未定式极限的一般方法，即洛必达法则. 本节的几个定理所给出的求极限的方法统称为洛必达法则.

3.2.1　$\dfrac{0}{0}$ 型和 $\dfrac{\infty}{\infty}$ 型未定式的极限

定理 3.4(洛必达法则一)　如果函数 $f(x)$ 和 $g(x)$ 满足条件：

(1) $\lim\limits_{x\to x_0}f(x)=0, \lim\limits_{x\to x_0}g(x)=0$；

(2) 在 x_0 的某邻域内(点 x_0 本身可除外) 可导，且 $g'(x)\neq 0$；

(3) $\lim\limits_{x\to x_0}\dfrac{f'(x)}{g'(x)}=A(\text{或 }\infty)$，

则有

$$\lim_{x\to x_0}\frac{f(x)}{g(x)}=\lim_{x\to x_0}\frac{f'(x)}{g'(x)}=A(\text{或 }\infty).$$

【说明】

(1) 定理只对 $x\to x_0$ 时进行了描述，如果换成 $x\to x_0^+, x\to x_0^-, x\to+\infty, x\to-\infty, x\to\infty$，结论同样成立；

(2) $\dfrac{\infty}{\infty}$ 型未定式极限也有类似于 $\dfrac{0}{0}$ 型未定式极限的洛必达法则.

定理 3.5(洛必达法则二)　若函数 $f(x)$ 和 $g(x)$ 满足条件：

(1) $\lim\limits_{x\to x_0}f(x)=\infty, \lim\limits_{x\to x_0}g(x)=\infty$；

(2) 在 x_0 的某邻域内(点 x_0 本身可除外) 可导，且 $g'(x)\neq 0$；

(3) $\lim\limits_{x\to x_0}\dfrac{f'(x)}{g'(x)}=A(\text{或 }\infty)$，

则有

$$\lim_{x\to x_0}\frac{f(x)}{g(x)}=\lim_{x\to x_0}\frac{f'(x)}{g'(x)}=A(\text{或 }\infty).$$

在很多情形下,不容易求出 $\lim\limits_{x\to a(\infty)}\dfrac{f(x)}{g(x)}\left(\dfrac{0}{0}\text{或}\dfrac{\infty}{\infty}\right)$,而容易求出 $\lim\limits_{x\to a(\infty)}\dfrac{f'(x)}{g'(x)}$,所以洛必达法则是很有用的.

【例 1】 求 $\lim\limits_{x\to e}\dfrac{e-x}{1-\ln x}$.

解 $\lim\limits_{x\to e}\dfrac{e-x}{1-\ln x}=\lim\limits_{x\to e}\dfrac{(e-x)'}{(1-\ln x)'}=\lim\limits_{x\to e}\dfrac{-1}{-\dfrac{1}{x}}=\lim\limits_{x\to e}x=e.$

【例 2】 求 $\lim\limits_{x\to\frac{\pi}{2}}\dfrac{2x-\pi}{\cos x}$.

解 当 $x\to\dfrac{\pi}{2}$ 时,有 $\lim\limits_{x\to\frac{\pi}{2}}(2x-\pi)=0$ 和 $\lim\limits_{x\to\frac{\pi}{2}}\cos x=0$,这是 $\dfrac{0}{0}$ 型未定式.

$\lim\limits_{x\to\frac{\pi}{2}}\dfrac{2x-\pi}{\cos x}=\lim\limits_{x\to\frac{\pi}{2}}\dfrac{2}{-\sin x}=-2.$

【例 3】 求 $\lim\limits_{x\to 0}\dfrac{e^x-e^{-x}}{\sin x}$.

解 当 $x\to 0$ 时,有 $\lim\limits_{x\to 0}(e^x-e^{-x})=0$ 和 $\lim\limits_{x\to 0}\sin x=0$,这是 $\dfrac{0}{0}$ 型未定式.

$\lim\limits_{x\to 0}\dfrac{e^x-e^{-x}}{\sin x}=\lim\limits_{x\to 0}\dfrac{e^x+e^{-x}}{\cos x}=\dfrac{1+1}{1}=2.$

【例 4】 求 $\lim\limits_{x\to 0}\dfrac{x-\sin x}{x^3}$.

解 当 $x\to 0$ 时,$\lim\limits_{x\to 0}(x-\sin x)=0$ 和 $\lim\limits_{x\to 0}x^3=0$,这是 $\dfrac{0}{0}$ 型未定式.

由洛必达法则得

$$\lim_{x\to 0}\frac{x-\sin x}{x^3}=\lim_{x\to 0}\frac{1-\cos x}{3x^2}.$$

当 $x\to 0$ 时,$\lim\limits_{x\to 0}(1-\cos x)=0$ 和 $\lim\limits_{x\to 0}3x^2=0$,这仍是 $\dfrac{0}{0}$ 型未定式. 再用洛必达法则得

$$\lim_{x\to 0}\frac{x-\sin x}{x^3}=\lim_{x\to 0}\frac{1-\cos x}{3x^2}=\lim_{x\to 0}\frac{\sin x}{6x}=\frac{1}{6}.$$

【说明】 洛必达法则可重复使用,但每次使用前一定要验证是否符合洛必达法则条件. 否则,有可能造成错误!例如:

$$\lim_{x\to 0}\frac{\sin x}{\cos x}=\lim_{x\to 0}\frac{(\sin x)'}{(\cos x)'}=\lim_{x\to 0}\frac{\cos x}{-\sin x}=\infty\ (\text{错在何处?}).$$

而实际上,

$$\lim_{x\to 0}\frac{\sin x}{\cos x}=0.$$

再如:

$$\lim_{x\to\infty}\frac{x-\sin x}{x+\sin x}=\lim_{x\to\infty}\frac{(x-\sin x)'}{(x+\sin x)'}=\lim_{x\to\infty}\frac{1-\cos x}{1+\cos x}$$ 不存在（又错在何处?）.

而实际上，

$$\lim_{x\to\infty}\frac{x-\sin x}{x+\sin x}=\lim_{x\to\infty}\frac{1-\dfrac{\sin x}{x}}{1+\dfrac{\sin x}{x}}=\frac{1-0}{1+0}=1.$$

【例 5】　求 $\lim\limits_{x\to+\infty}\dfrac{\ln x}{x^{\alpha}}$ $(\alpha>0)$.

解　当 $x\to+\infty$ 时，$\lim\limits_{x\to+\infty}\ln x=+\infty$ 和 $\lim\limits_{x\to+\infty}x^{\alpha}=+\infty$，这是$\dfrac{\infty}{\infty}$ 型未定式.

所以 $\lim\limits_{x\to+\infty}\dfrac{\ln x}{x^{\alpha}}=\lim\limits_{x\to+\infty}\dfrac{(\ln x)'}{(x^{\alpha})'}=\lim\limits_{x\to+\infty}\dfrac{x^{-1}}{\alpha x^{\alpha-1}}=\lim\limits_{x\to+\infty}\dfrac{1}{\alpha x^{\alpha}}=0$ $(\alpha>0)$.

【例 6】　求 $\lim\limits_{x\to\infty}\dfrac{x+\sin x}{x-\sin x}$.

分析　虽然是$\dfrac{\infty}{\infty}$ 型未定式，但是 $\lim\limits_{x\to\infty}\dfrac{(x+\sin x)'}{(x-\sin x)'}=\lim\limits_{x\to\infty}\dfrac{1+\cos x}{1-\cos x}$ 不存在，说明洛必达法则失效，此时应当选择其他方法求极限.

解　$$\lim_{x\to\infty}\frac{x+\sin x}{x-\sin x}=\lim_{x\to\infty}\frac{1+\dfrac{1}{x}\sin x}{1-\dfrac{1}{x}\sin x}=1.$$

洛必达法则如果能与约分、化简、等价无穷小替代、重要极限等其他求极限方法综合使用，可以使有些极限的运算更加简便.

【例 7】　求 $\lim\limits_{x\to0}\dfrac{\tan x-x}{x^2\sin x}$.

解　因为 $x\to0$ 时，$\sin x\sim x$，所以

$$\lim_{x\to0}\frac{\tan x-x}{x^2\sin x}=\lim_{x\to0}\frac{\tan x-x}{x^2\cdot x}\left(\frac{0}{0}\right)=\lim_{x\to0}\frac{\sec^2x-1}{3x^2}\left(\frac{0}{0}\right)=\lim_{x\to0}\frac{2\sec^2x\tan x}{6x}$$
$$=\frac{1}{3}\lim_{x\to0}\frac{1}{\cos^2x}\cdot\frac{\tan x}{x}=\frac{1}{3}.$$

3.2.2　其他类型未定式的极限

洛必达法则可直接用来求**未定型** $\lim\limits_{x\to x_0(\infty)}\dfrac{f(x)}{g(x)}\left(\dfrac{0}{0}或\dfrac{\infty}{\infty}\right)$ 的极限，同时也可以用来求下面这些未定型的极限：

$(0\cdot\infty)$ 型：$\lim\limits_{x\to x_0(\infty)}[f(x)g(x)]$ （其中 $\lim\limits_{x\to x_0(\infty)}f(x)=0$，$\lim\limits_{x\to x_0(\infty)}g(x)=\infty$）；

$(\infty-\infty)$ 型：$\lim\limits_{x\to x_0(\infty)}[f(x)-g(x)]$（当 $x\to x_0(\infty)$ 时，$f(x)$ 和 $g(x)$ 是同号无

穷大量)；

(1^{∞}) 型：$\lim\limits_{x \to x_0(\infty)} [f(x)]^{g(x)}$ （其中 $\lim\limits_{x \to x_0(\infty)} f(x) = 1$，$\lim\limits_{x \to x_0(\infty)} g(x) = \infty$）；

(0^0) 型：$\lim\limits_{x \to x_0(\infty)} [f(x)]^{g(x)}$ （其中 $\lim\limits_{x \to x_0(\infty)} f(x) = 0$，$\lim\limits_{x \to x_0(\infty)} g(x) = 0$）；

(∞^0) 型：$\lim\limits_{x \to x_0(\infty)} [f(x)]^{g(x)}$ （其中 $\lim\limits_{x \to x_0(\infty)} f(x) = \infty$，$\lim\limits_{x \to x_0(\infty)} g(x) = 0$）.

求这些未定型的极限时，需要先对函数做恒等变形，可以通过倒置、通分、取对数恒等式等技巧，把函数化成能直接用洛必达法则的未定型 $\frac{0}{0}$ 或 $\frac{\infty}{\infty}$，再求极限.

【例 8】 求下列未定式的极限：

(1) $\lim\limits_{x \to +\infty} \left[\left(\frac{\pi}{2} - \arctan x \right) x \right]$ $(0 \cdot \infty)$；　　(2) $\lim\limits_{x \to 1^+} \left(\frac{1}{\ln x} - \frac{1}{x-1} \right)$ $(\infty - \infty)$；

(3) $\lim\limits_{x \to 0} \left(\frac{\sin x}{x} \right)^{\frac{1}{x^2}}$ (1^{∞})；　　(4) $\lim\limits_{x \to 0^+} x^{\sin x}$ (0^0)；

(5) $\lim\limits_{x \to 0^+} (\cot x)^{\frac{1}{\ln x}}$ (∞^0).

解 对于(1) 和(2)，考虑先把函数变成商的形式，再用洛必达法则.

$$(1)\ \lim_{x \to +\infty} \left[\left(\frac{\pi}{2} - \arctan x \right) x \right] (0 \cdot \infty) = \lim_{x \to +\infty} \frac{\frac{\pi}{2} - \arctan x}{x^{-1}} \left(\frac{0}{0} \right) = \lim_{x \to +\infty} \frac{-\frac{1}{1+x^2}}{-x^{-2}} (\text{化简})$$

$$= \lim_{x \to +\infty} \frac{x^2}{1+x^2} \left(\frac{\infty}{\infty} \right) = \lim_{x \to \infty} \frac{2x}{2x} = 1.$$

$$(2)\ \lim_{x \to 1^+} \left(\frac{1}{\ln x} - \frac{1}{x-1} \right) (\infty - \infty) = \lim_{x \to 1^+} \frac{(x-1) - \ln x}{(x-1)\ln x} \left(\frac{0}{0} \right)$$

$$= \lim_{x \to 1^+} \frac{1 - x^{-1}}{\ln x + 1 - x^{-1}} \left(\frac{0}{0} \right) = \lim_{x \to 1^+} \frac{x^{-2}}{x^{-1} + x^{-2}} = \frac{1}{2}.$$

注意(3)、(4)、(5) 中函数都是幂指函数 $y = [f(x)]^{g(x)}$，可取对数恒等式 $y = e^{\ln y}$，所以

$$\lim [f(x)]^{g(x)} = \lim e^{g(x)\ln f(x)} = e^{\lim [g(x) \cdot \ln f(x)]},$$

从而变成求右端指数部分的极限 $\lim [g(x) \cdot \ln f(x)]$ $(0 \cdot \infty$ 或 $\infty \cdot 0)$. 具体过程如下.

(3) 这是 1^{∞} 型未定式，通过取对数及运用对数运算法则可转化为 $\frac{0}{0}$ 或 $\frac{\infty}{\infty}$ 型未定式.

因为 $\lim\limits_{x \to 0} \left(\frac{\sin x}{x} \right)^{\frac{1}{x^2}} = e^{\lim\limits_{x \to 0} \left(\frac{1}{x^2} \ln \frac{\sin x}{x} \right)}$，

又因为 $\lim\limits_{x \to 0} \left(\frac{1}{x^2} \cdot \ln \frac{\sin x}{x} \right) (\infty \cdot 0) = \lim\limits_{x \to 0} \frac{\ln \frac{\sin x}{x}}{x^2} \left(\frac{0}{0} \right) = \lim\limits_{x \to 0} \frac{\frac{x}{\sin x} \cdot \frac{x\cos x - \sin x}{x^2}}{2x}$

$$= \frac{1}{2} \lim_{x \to 0} \frac{x}{\sin x} \cdot \lim_{x \to 0} \frac{x\cos x - \sin x}{x^3} \left(\frac{0}{0} \right)$$

$$= \frac{1}{2} \cdot 1 \cdot \lim_{x \to 0} \frac{\cos x - x\sin x - \cos x}{3x^2} = -\frac{1}{6} \lim_{x \to 0} \frac{\sin x}{x} = -\frac{1}{6} \cdot 1 = -\frac{1}{6},$$

因此，

$$\lim_{x\to 0}\left(\frac{\sin x}{x}\right)^{\frac{1}{x^2}} = e^{\lim\limits_{x\to 0}\left(\frac{1}{x^2}\ln\frac{\sin x}{x}\right)} = e^{-\frac{1}{6}} = \frac{1}{\sqrt[6]{e}}.$$

(4) 这是 0^0 型未定式，通过取对数及运用对数运算法则可转化为 $\frac{0}{0}$ 或 $\frac{\infty}{\infty}$ 型未定式.

因为 $\lim\limits_{x\to 0^+} x^{\sin x} = \lim\limits_{x\to 0^+} e^{\ln x^{\sin x}} = \lim\limits_{x\to 0^+} e^{\sin x\ln x} = e^{\lim\limits_{x\to 0^+}\sin x\ln x}$，

又因为 $\lim\limits_{x\to 0^+}\sin x\ln x = \lim\limits_{x\to 0^+}\dfrac{\ln x}{\dfrac{1}{\sin x}} \overset{\frac{\infty}{\infty}}{=} \lim\limits_{x\to 0^+}\dfrac{\dfrac{1}{x}}{\dfrac{-\cos x}{\sin^2 x}} = -\lim\limits_{x\to 0^+}\dfrac{\sin x}{x}\cdot\tan x = 0$，

因此

$$\lim_{x\to 0^+} x^{\sin x} = e^0 = 1.$$

类似可解(5)，请读者参考(3)、(4) 自行解答. [答案：(5) e^{-1}]

在做题(3) 的过程中，求极限

$$\lim_{x\to 0}\frac{\dfrac{x}{\sin x}\cdot\dfrac{x\cos x-\sin x}{x^2}}{2x}\left[=\lim_{x\to 0}\frac{x}{\sin x}\cdot\lim_{x\to 0}\frac{x\cos x-\sin x}{2x^3}\left(\frac{0}{0}\right)\right]$$

时，从函数中分离出一个有极限的因式 $\dfrac{x}{\sin x}(x\to 0)$，其目的是为了简化极限运算. 一般情形下，每用一次洛必达法则，都应当检查一下是否可从函数中分离出一个或几个有极限的因式. 不然的话，继续用洛必达法则，有时可能带来很大麻烦，甚至有可能求不出极限来.

【说明】 使用洛必达法则求极限时，应注意以下几点：

(1) 每次使用法则前，必须检验是否属于 $\frac{0}{0}$ 型或 $\frac{\infty}{\infty}$ 型未定式，若不是，就不能使用该法则，否则会导致错误结果. 并且在计算的过程中，注意不断化简其中间过程，以使计算顺利进行；

(2) 当 $\lim\limits_{\substack{x\to x_0\\(x\to\infty)}}\dfrac{f'(x)}{g'(x)}$ 不存在时，并不能判定所求极限 $\lim\limits_{\substack{x\to x_0\\(x\to\infty)}}\dfrac{f(x)}{g(x)}$ 不存在，此时应该寻求其他方法求极限.

▶▶▶▶ 习题 3.2 ◀◀◀◀

1. 求极限(根据提示做下去)：

(1) $\lim\limits_{x\to 0}\dfrac{x-\tan x}{x-\sin x}\left(\dfrac{0}{0}\right) = \lim\limits_{x\to 0}\dfrac{(x-\tan x)'}{(x-\sin x)'} =$ ________.

(2) $\lim\limits_{x\to 0}\left(\dfrac{1}{x}-\dfrac{1}{e^x-1}\right) = \lim\limits_{x\to 0}\dfrac{e^x-1-x}{x(e^x-1)}\left(\dfrac{0}{0}\right) =$ ________.

(3) $\lim\limits_{x\to 0^+} x^{\alpha}\ln x(\alpha > 0) = \lim\limits_{x\to 0^+}\dfrac{\ln x}{x^{-\alpha}}\left(\dfrac{\infty}{\infty}\right) = $ ________ .

(4) $\lim\limits_{x\to 0^+} x^{\ln(1+x)} = \lim\limits_{x\to 0^+} e^{\ln(1+x)\ln x} = e^{\lim\limits_{x\to 0^+}[\ln(1+x)\cdot\ln x]} = $ ________.

2. 用洛必达法则求下列极限：

(1) $\lim\limits_{x\to 0}\dfrac{e^{x^2}-1}{\cos x - 1}$；

(2) $\lim\limits_{x\to +\infty}\dfrac{x^2+\ln x}{x\ln x}$；

(3) $\lim\limits_{x\to 0}\dfrac{e^x - e^{-x} - 2x}{x - \sin x}$；

(4) $\lim\limits_{x\to 1}\left(\dfrac{2}{x^2-1} - \dfrac{1}{x-1}\right)$；

(5) $\lim\limits_{x\to \pi}(x-\pi)\tan\dfrac{x}{2}$；

(6) $\lim\limits_{x\to 0^+} x^x, x > 0$.

3. 求下列极限：

(1) $\lim\limits_{x\to \infty}\dfrac{x+\sin x}{\cos x - x}$；

(2) $\lim\limits_{x\to 0}\dfrac{x^2\sin\dfrac{1}{x}}{\sin x}$；

(3) $\lim\limits_{x\to 0^+}\left(\dfrac{\arcsin x}{x}\right)^{\frac{1}{x^2}}$；

(4) $\lim\limits_{x\to +\infty}\left(\dfrac{2}{\pi}\arctan x\right)^x$；

(5) $\lim\limits_{x\to 0}\left(\dfrac{2}{\pi}\arccos x\right)^{\frac{1}{x}}$；

(6) $\lim\limits_{x\to \infty} x(e^{\frac{1}{x}} - 1)$；

(7) $\lim\limits_{x\to 1}\left(\dfrac{3}{x^3-1} - \dfrac{1}{x-1}\right)$；

(8) $\lim\limits_{x\to 1^+}[\ln x\cdot\ln(x-1)]$；

(9) $\lim\limits_{x\to 1}(1-x)\tan\dfrac{\pi x}{2}$；

(10) $\lim\limits_{x\to 0^+} x^2\ln x$；

(11) $\lim\limits_{x\to \frac{\pi}{2}}(\sec x - \tan x)$；

(12) $\lim\limits_{x\to 0}(1-x)^{\frac{2}{x}}$；

(13) $\lim\limits_{x\to +\infty} x^{\frac{1}{x}}$；

(14) $\lim\limits_{x\to 0}\left[\dfrac{1}{x} - \dfrac{1}{\ln(1+x)}\right]$.

§3.3 函数的单调性和极值

第 1 章中我们已经介绍了函数的单调性，但直接用定义来判定函数的单调性是很不方便的，而根据导数符号确定函数单调性是一种行之有效的方法. 本节主要讨论导数符号与函数单调性之间的关系，并通过单调性求函数的极值和最值.

3.3.1 函数的单调性

从图 3-3-1 可直观看出，函数 $y = f(x)$ 在区间 (a,b) 内单调增加，其图像是一条随 x 的增大而逐渐上升的曲线，各点处的切线与 x 轴的正向夹角为锐角，所以 $f'(x) > 0$.

同样，从图 3-3-2 可看出，函数 $y=f(x)$ 在区间 (a,b) 内单调减少，其图像是一条随 x 的增大而逐渐下降的曲线，各点处的切线与 x 轴的正向夹角为钝角，所以 $f'(x)<0$.

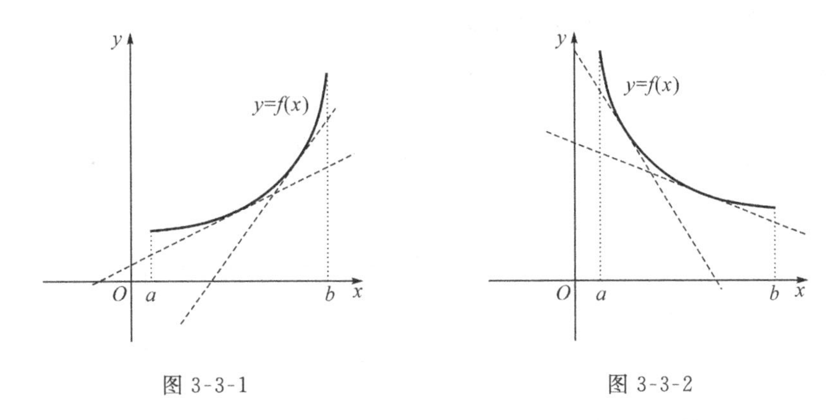

图 3-3-1　　　　图 3-3-2

反之，能否由导数符号判定函数的单调性呢？由拉格朗日中值定理我们可得出如下定理.

定理 3.6(函数单调性的判定定理)　设函数 $f(x)$ 在闭区间 $[a,b]$ 上连续，在开区间 (a,b) 内可导，那么

(1) 如果在区间 (a,b) 内**恒有** $f'(x)>0$，则函数 $f(x)$ 在区间 $[a,b]$ 上**单调递增**；

(2) 如果在区间 (a,b) 内**恒有** $f'(x)<0$，则函数 $f(x)$ 在区间 $[a,b]$ 上**单调递减**.

【说明】

(1) 定理中的闭区间换成开区间、半开半闭区间或无穷区间，结论也成立；

(2) 如果在 (a,b) 内 $f'(x)\geqslant 0$(或 $f'(x)\leqslant 0$)，但等号只在个别点处成立，那么定理的结论也成立.

【例 1】　讨论函数 $f(x)=x^3$ 的单调性.

解　因为 $f'(x)=3x^2\geqslant 0$，且只有当 $x=0$ 时，$f'(x)=0$，所以函数 $f(x)=x^3$ 在定义域 $(-\infty,+\infty)$ 内单调递增.

【例 2】　判定函数 $f(x)=\arctan x-x$ 的单调性.

解　$f(x)$ 的定义域为 $(-\infty,+\infty)$，

$$f'(x)=\frac{1}{1+x^2}-1=\frac{-x^2}{1+x^2}\leqslant 0,$$

且仅 $f'(0)=0$，所以 $f(x)$ 在 $(-\infty,+\infty)$ 内单调减少.

当 $f(x)$ 和 $f'(x)$ 比较复杂时，直接求不等式 $f'(x)>0$(或 $f'(x)<0$) 的解比较烦琐，但是如果我们能找出 $f'(x)>0$(或 $f'(x)<0$) 的分界点，问题就变得简单了. 一般情况下，使 $f'(x)=0$ 或 $f'(x)$ 不存在的点 x 常常可能成为函数单调区间的分界点.

因此，求函数 $y=f(x)$ 的单调区间的一般步骤如下：

(1) 确定函数 $f(x)$ 的定义域；

(2) 求 $f'(x)$,并求出定义域内使 $f'(x)=0$ 的**驻点**和 $f'(x)$ **不存在**的点;

(3) 将上述各点按从小到大的顺序划分定义域为若干区间;

(4) 列表讨论各区间上 $f'(x)$ 的符号,确定单调区间.

【例 3】 讨论函数 $f(x)=\dfrac{\ln x}{x}$ 的单调性.

解 函数的定义域为$(0,+\infty)$,又 $f'(x)=\dfrac{1-\ln x}{x^2}$,令 $f'(x)=0$,求出 $x=\mathrm{e}$.

列表讨论如下:

x	$(0,\mathrm{e})$	e	$(\mathrm{e},+\infty)$
$f'(x)$	$+$	0	$-$
$f(x)$	↗	$\dfrac{1}{\mathrm{e}}$	↘

由表可知,$f(x)$ 在区间$(0,\mathrm{e}]$上单调递增,在区间$[\mathrm{e},+\infty)$上单调递减.

【例 3】 求函数 $f(x)=2x^3-9x^2+12x-5$ 的单调区间.

解 函数的定义域为$(-\infty,+\infty)$,

$$f'(x)=6x^2-18x+12=6(x-1)(x-2),$$

令 $f'(x)=0$,得出 $x=1$ 和 $x=2$,这两个点把定义域分成三个子区间,列表讨论如下:

x	$(-\infty,1)$	1	$(1,2)$	2	$(2,+\infty)$
$f'(x)$	$+$	0	$-$	0	$+$
$f(x)$	↗		↘		↗

由表可知,函数 $f(x)$ 在区间$(-\infty,1]$与$[2,+\infty)$上单调递增,在区间$(1,2)$单调递减.

利用导数符号与单调性的关系,还可以证明一些不等式.

【例 4】 证明:当 $x>1$ 时,$\mathrm{e}^x>\mathrm{e}x$.

证明 令 $f(x)=\mathrm{e}^x-\mathrm{e}x$,则 $f'(x)=\mathrm{e}^x-\mathrm{e}$.

当 $x>1$ 时 $f'(x)>0$,$f(x)$ 单调递增,即

当 $x>1$ 时 $f(x)>f(1)$,从而

$$\mathrm{e}^x-\mathrm{e}x>\mathrm{e}-\mathrm{e}\cdot 1=0\Rightarrow \mathrm{e}^x>\mathrm{e}x\,(x>1).$$

【例 5】 证明:$x>\dfrac{1}{2}$ 时,$\ln(1+x^2)>\arctan x-1$.

证明 作辅助函数 $f(x)=\ln(1+x^2)-\arctan x+1$,$f(x)$ 在$\left[\dfrac{1}{2},+\infty\right)$连续,在$\left(\dfrac{1}{2},+\infty\right)$内可导,$f'(x)=\dfrac{2x-1}{1+x^2}>0\left(x>\dfrac{1}{2}\right)$,所以 $f(x)$ 在$\left[\dfrac{1}{2},+\infty\right)$单调递增.

又因为 $f\left(\dfrac{1}{2}\right)=\ln\left[1+\left(\dfrac{1}{2}\right)^2\right]-\arctan\dfrac{1}{2}+1>0$,从而当 $x>\dfrac{1}{2}$ 时 $f(x)>0$,

即　$\ln(1+x^2)>\arctan x-1$.

利用单调性证明不等式时，一般根据题目给出的不等式和条件，对不等式做某些必要的变形，通常是把不等式两边移至一边，选取适当的函数 $f(x)$ 及区间 $[a,b]$，再利用导数来确定函数 $f(x)$ 在区间 (a,b) 内的单调性. 之后取函数在区间端点处的值，则得到不等式：

(1) 当 $f(x)$ 单调增加时，有 $f(a)<f(x)<f(b)$，其中，$x\in(a,b)$；

(2) 当 $f(x)$ 单调减少时，有 $f(a)>f(x)>f(b)$，其中，$x\in(a,b)$.

3.3.2　函数的极值

定义 3.1　设函数 $f(x)$ 在 x_0 的某邻域内有定义，如果对于该邻域内任何异于 x_0 的 x 都有 $f(x)<f(x_0)$ 成立，则称 $f(x_0)$ 为 $f(x)$ 的**极大值**，称 x_0 为 $f(x)$ 的**极大值点**；如果对于该邻域内任何异于 x_0 的 x 都有 $f(x)>f(x_0)$ 成立，则称 $f(x_0)$ 为 $f(x)$ 的**极小值**，称 x_0 为 $f(x)$ 的**极小值点**.

极大值、极小值统称为**极值**，极大值点、极小值点统称为**极值点**.

【说明】

(1) 由极值的定义可知，函数的极值是一种局部性概念；

(2) 极值点存在于驻点、不可导点中(如图 3-3-3)；

(3) 区间端点不是函数的极值点，单调函数没有极值.

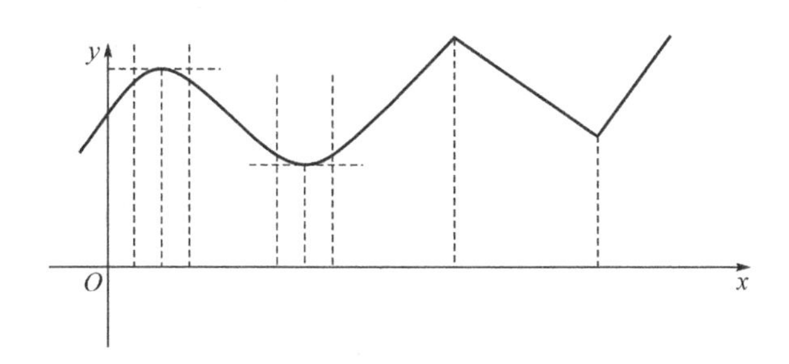

图 3-3-3

定理 3.7(极值存在的必要条件)　设 $f(x)$ 在点 x_0 处具有导数，且在 x_0 处取得极值，则 $f'(x_0)=0$，即点 x_0 是函数 $f(x)$ 的驻点.

【说明】

(1) 定理 3.7 表明，可导函数的极值点必定是它的驻点；但反之，函数的驻点却不一定是其极值点. 例如 $x=0$ 是 $y=x^3$ 的驻点，但不是极值点.

(2) 定理 3.7 的条件是 $f(x)$ 在 x_0 处可导，但是，在导数不存在的点，函数也可能取得极值. 例如函数 $f(x)=|x|$ 在点 $x=0$ 处不可导，而函数在该点取得极小值.

那么，哪些驻点或不可导点是函数的极值点呢？

定理 3.8(极值存在的第一充分条件) 设函数 $f(x)$ 在 x_0 处连续,且在 x_0 的某邻域内可导(x_0 可除外),$f'(x_0)=0$(或 $f'(x_0)$ 不存在),如果

(1) 当 $x<x_0$ 时 $f'(x)>0$,当 $x>x_0$ 时 $f'(x)<0$,则 $f(x)$ 在 x_0 处取得极大值;

(2) 当 $x<x_0$ 时 $f'(x)<0$,当 $x>x_0$ 时 $f'(x)>0$,则 $f(x)$ 在 x_0 处取得极小值;

(3) 当 $x<x_0$ 时和当 $x>x_0$ 时,$f'(x)$ 的符号相同,则 $f(x)$ 在 x_0 处不取得极值.

【例 6】 求函数 $f(x)=x^3-3x^2-9x+2$ 的极值.

解 函数 $f(x)$ 的定义域为 $(-\infty,+\infty)$,又

$$f'(x)=3x^2-6x-9=3(x-3)(x+1),$$

令 $f'(x)=0$,即 $3(x-3)(x+1)=0$,解得驻点 $x_1=-1,x_2=3$.

用 $x_1=-1,x_2=3$ 把定义域分成三个小区间 $(-\infty,-1)$、$(-1,3)$ 和 $(3,+\infty)$,列表讨论如下:

x	$(-\infty,-1)$	-1	$(-1,3)$	3	$(3,+\infty)$
$f'(x)$	+	0	−	0	+
$f(x)$	↗	极大值 7	↘	极小值 −25	↗

所以,函数的极大值为 $f(-1)=(-1)^3-3\times(-1)^2-9\times(-1)+2=7$,极小值为 $f(3)=3^3-3\times3^2-9\times3+2=-25$.

【例 7】 求 $f(x)=(x-1)x^{\frac{2}{3}}$ 的极值.

解 函数 $f(x)$ 的定义域为 $(-\infty,+\infty)$,又 $f'(x)=\dfrac{5x-2}{3\cdot\sqrt[3]{x}}$,不可导点 $x=0$,

令 $f'(x)=0$,得驻点 $x=\dfrac{2}{5}$.

这两个点把定义域 $(-\infty,+\infty)$ 分解成三个小区间 $(-\infty,0)$、$\left(0,\dfrac{2}{5}\right)$ 和 $\left(\dfrac{2}{5},+\infty\right)$.

列表讨论如下:

x	$(-\infty,0)$	0	$\left(0,\frac{2}{5}\right)$	$\frac{2}{5}$	$\left(\frac{2}{5},+\infty\right)$
$f'(x)$	+	不存在	−	0	+
$f(x)$	↗	极大值 0	↘	极小值 $-\frac{3}{25}\sqrt[3]{20}$	↗

所以,函数的极大值为 $f(0)=0$,函数的极小值为 $f\left(\dfrac{2}{5}\right)=-\dfrac{3}{25}\sqrt[3]{20}$.

定理 3.9(极值存在的第二充分条件) 设函数 $f(x)$ 在 x_0 处具有二阶导数,且 $f'(x_0)=0,f''(x_0)\neq0$,那么

(1) 当 $f''(x_0)<0$ 时,函数 $f(x)$ 在 x_0 处取得极大值;

(2) 当 $f''(x_0) > 0$ 时,函数 $f(x)$ 在 x_0 处取得极小值.

【例 8】 求函数 $f(x) = x^3 - 4x^2 - 3x$ 的极值.

解 (1) 函数的定义域为 $(-\infty, +\infty)$.

(2) $f'(x) = 3x^2 - 8x - 3 = (3x+1)(x-3)$,令 $f'(x) = 0$ 得驻点 $x_1 = -\frac{1}{3}, x_2 = 3$.

(3) $f''(x) = 6x - 8$.

(4) 因为 $f''\left(-\frac{1}{3}\right) = -10 < 0$,得函数的极大值为 $f\left(-\frac{1}{3}\right) = \frac{14}{27}$.

因为 $f''(3) = 10 > 0$,得函数的极小值为 $f(3) = -18$.

【说明】 求函数极值时,在 $f'(x_0) = 0$,且 $f''(x_0) \neq 0$ 的情况下用第二充分条件求极值比较方便,但在 $f''(x_0) = 0$ 或 $f''(x_0)$ 不存在的情况下,该定理不能用,此时仍需用极值的第一充分条件讨论.

3.3.3　函数的最值

在工农业生产、工程技术及科学实验中,常常会遇到这样一类问题:在一定条件下,怎样使"产品最多"、"用料最省"、"成本最低"、"效率最高"等问题,这类问题在数学上一般可归结为求某一函数(通常称为目标函数)的最大值或最小值问题.

第一章时我们介绍过最值定理,如果 $f(x)$ 在 $[a,b]$ 上连续,则 $f(x)$ 在 $[a,b]$ 上存在最大值与最小值.那么,一个连续函数可以在哪些点处取得最大值或最小值呢?

观察图 3-3-4 可知,函数的最值可能在极值点处取到,也可在区间的端点上取到,如果是在区间内部取到,那么这个最值一定是函数的极值.因此求 $f(x)$ 在区间 $[a,b]$ 上的最值,可求出一切可能的**极值点(驻点及不可导点)**和端点处的函数值,进行比较,其中最大的就是函数的最大值,最小的就是函数的最小值.

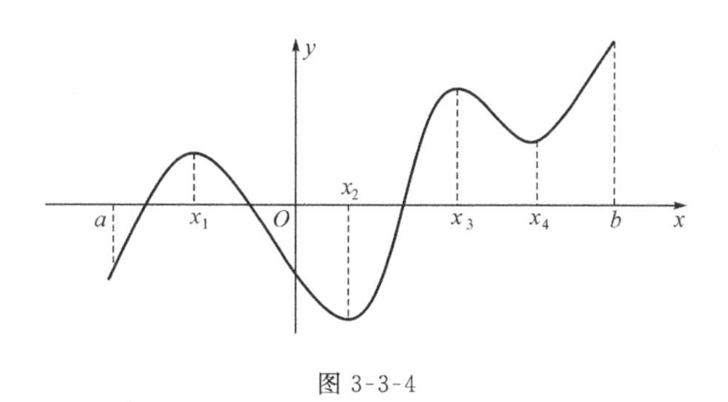

图 3-3-4

【例 9】 求函数 $f(x) = x^4 - 4x^3 + 4x^2$ 在区间 $\left[-1, \frac{3}{2}\right]$ 上的最大值和最小值.

解 $f'(x) = 4x^3 - 12x^2 + 8x = 4x(x-1)(x-2)$,

令 $f'(x)=0$,得驻点为 $x_1=0,x_2=1,x_3=2$(舍去),

$$f(-1)=9,\ f(0)=0,\ f(1)=1,\ f\left(\frac{3}{2}\right)=\frac{9}{16}.$$

所以函数 $f(x)$ 的最大值是 $f(-1)=9$,最小值是 $f(0)=0$.

【说明】 下列情况下,可以简化求最大(小)值的方法:

(1) 如果函数 $f(x)$ 在 $[a,b]$ 上单调递增(递减),则 $f(a)$ 是最小(大)值,$f(b)$ 是最大(小)值;

(2) 如果函数 $f(x)$ 在 (a,b) 内可导,且在 (a,b) 内只有一个驻点,则当函数在该点处取得极大(小)值时,该极大(小)值就是函数的最大(小)值. 这个结果对于无穷区间也适用.

【例 10】 工厂铁路线上 AB 段的距离为 100 km,工厂 C 距 A 处为 20 km,AC 垂直于 AB,为了运输需要,要在 AB 线上选定一点 D 向工厂修筑一条公路(见图 3-3-5). 已知铁路每公里货运的运费与公路上每公里货运的运费之比为 3∶5,为了使货物从供应站 B 运到工厂 C 的运费最省,问 D 点应选在何处?

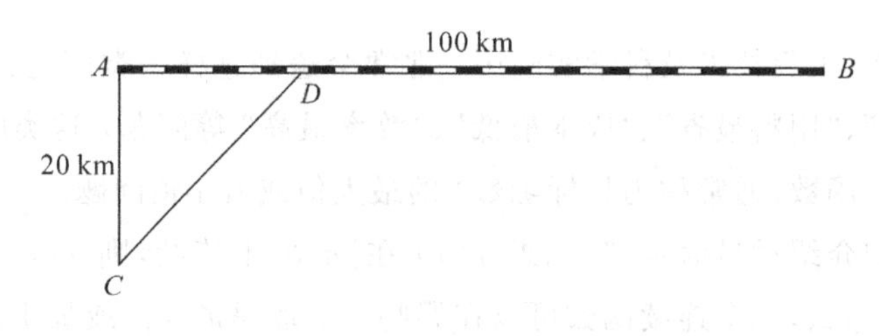

图 3-3-5

解 设 $AD=x(\mathrm{km})$,则 $DB=100-x(\mathrm{km})$,$CD=\sqrt{20^2+x^2}=\sqrt{400+x^2}$.

设从 B 点到 C 点需要的总运费为 y,那么

$$y=5kCD+3kDB\ (k\text{ 是某个正数}),$$

即 $$y=5k\sqrt{400+x^2}+3k(100-x)\ (0\leqslant x\leqslant 100).$$

现在,问题就归结为:x 在 $[0,100]$ 内取何值时目标函数 y 的值最小.

先求 y 对 x 的导数:

$$y'=k\left(\frac{5x}{\sqrt{400+x^2}}-3\right),$$

令 $y'=0$,得 $x=15(\mathrm{km})$.

由于 $y|_{x=0}=500k$,$y|_{x=15}=380k$,$y|_{x=100}=500k\sqrt{1+\frac{1}{5^2}}$,其中以 $y|_{x=15}=380k$ 为最小,因此当 $AD=x=15$ km 时,总运费为最省.

▶▶▶▶ 习题 3.3 ◀◀◀◀

1. 单项选择题：

(1) 函数 $f(x)=x^2+4x+5$ 的单调递增区间是(　　).

A. $(-\infty,2)$　　B. $(-1,1)$　　C. $(2,+\infty)$　　D. $(-2,+\infty)$

(2) 下列函数中没有极值的是(　　).

A. $y=|x|$　　B. $y=x^2$　　C. $y=x^3$　　D. $y=x^{\frac{2}{3}}$

2. 填空题：

(1) 设 $f(x)$ 在 (a,b) 内可导，$x_0\in(a,b)$，且当 $x<x_0$ 时 $f'(x)<0$，当 $x>x_0$ 时 $f'(x)>0$，则 x_0 是 $f(x)$ 的________点.

(2) 若函数 $f(x)=x^3+ax^2+bx$ 在点 $x=1$ 处取得极大值 -12，则 $a=$________，$b=$________.

3. 求下列函数的单调区间：

(1) $f(x)=x^3-6x^2-15x+4$；　　(2) $f(x)=x-\ln(1+x)$；

(3) $f(x)=\sqrt[3]{(2x-1)^2(1-x)^2}$.

4. 求下列函数的极值：

(1) $f(x)=2x^3-6x^2-18x+2$；　　(2) $f(x)=\dfrac{1}{1+x^2}$.

5. 试证：当 $x>0$ 时，$e^x>x+1$.

6. 求下列函数在给定区间上的最值：

(1) $f(x)=x^4-2x^2+6$，$[-2,3]$；

(2) $f(x)=x+\sqrt{1-x}$，$[-5,1]$.

7. 设有一块边长为 a 的正方形铁皮，从四个角截去同样大小的正方形小方块，做成一个无盖的方盒子，小方块的边长为多少才能使盒子容积最大？

8. 在半径为 R 的半球内作一内接圆柱体，求其体积最大时的底面半径和高.

§3.4　曲线的凹凸性与拐点、函数图形的描绘

为了进一步研究函数的特性并正确地作出函数的图形，需要研究曲线的弯曲方向. 在几何上，曲线的弯曲方向是用曲线的“凹凸性”来描述的. 曲线的凹凸性是函数图形的一个重要性态，本节将运用二阶导数来研究曲线的凹凸性，并综合函数的奇偶性、单调性与极值、曲线的凹凸性与拐点、曲线的渐近线等特性描绘简单函数的图形.

3.4.1 曲线的凹凸性与拐点

定义 3.2 设曲线 $y = f(x)$ 在区间 (a,b) 内各点都有切线，如果曲线上每一点处的切线都在它的下方，则称曲线 $y = f(x)$ 在 (a,b) 内是**凹的**，也称区间 (a,b) 为曲线 $y = f(x)$ 的**凹区间**（见图 3-4-1(a)）；如果曲线上每一点处的切线都在它的上方，则称曲线 $y = f(x)$ 在 (a,b) 内是**凸的**，也称区间 (a,b) 为曲线 $y = f(x)$ 的**凸区间**（见图 3-4-1(b)）.

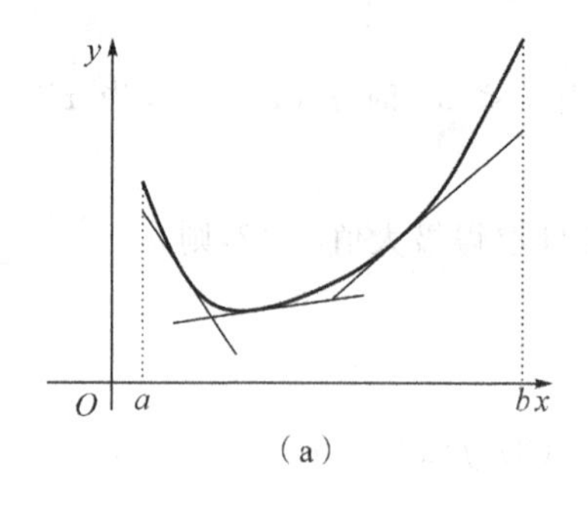

(a)

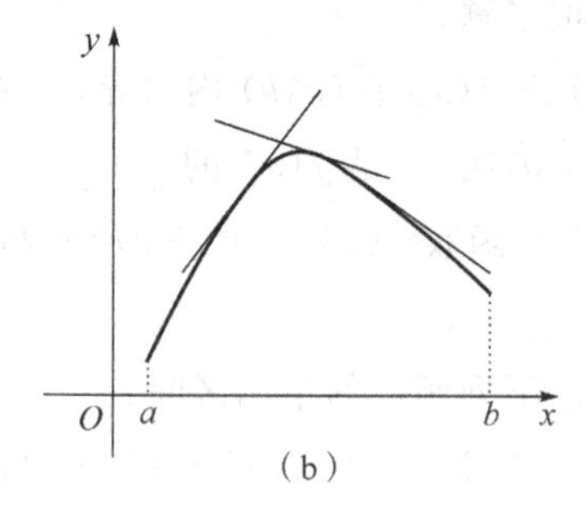

(b)

图 3-4-1

【说明】 从图 3-4-1 还可以看到如下事实：对于凹的曲线弧，其切线的斜率 $f'(x)$ 随着 x 的增大而增大，即 $f'(x)$ 单调增加；对于凸的曲线弧，其切线的斜率 $f'(x)$ 随着 x 的增大而减少，即 $f'(x)$ 单调减少. 而函数 $f'(x)$ 的单调性又可用它的导数，即 $f(x)$ 的二阶导数 $f''(x)$ 的符号来判定，故曲线 $y = f(x)$ 的凹凸性与 $f''(x)$ 的符号有关.

定理 3.9(曲线凹凸性的判别法则) 设函数 $y = f(x)$ 在 (a,b) 内具有二阶导数，则：

(1) 如果在 (a,b) 内 $f''(x) > 0$，则曲线 $y = f(x)$ 在区间 (a,b) 内是凹的；

(2) 如果在 (a,b) 内 $f''(x) < 0$，则曲线 $y = f(x)$ 在区间 (a,b) 内是凸的.

定义 3.4 若曲线 $y = f(x)$ 上的点 P 是凹的曲线弧与凸的曲线弧的分界点，则称点 P 是曲线 $y = f(x)$ 的**拐点**.

【说明】

(1) 拐点是曲线上的点，表示形式为 (x_0, y_0)，它与极值点不同，极值点在 x 轴上，而拐点在曲线上.

(2) 可能取得拐点的的地方：$f''(x) = 0$ 和 $f''(x)$ 不存在的点.

(3) 使 $f''(x_0) = 0$ 的点 $(x_0, f(x_0))$ 不一定是曲线 $y = f(x)$ 的拐点. 例如，曲线 $y = x^4$ 在原点 $(0,0)$ 处虽然有 $f''(0) = 0$，但是点 $(0,0)$ 不是该曲线的拐点. 因为，当 $x \in \mathbf{R}$ 时，恒有，$f''(x) = 12x^2 \geqslant 0$.

【例 1】 判定曲线 $y = \ln x$ 的凹凸性.

解 函数的定义域为 $(0, +\infty)$，而 $y' = \dfrac{1}{x}$，$y'' = -\dfrac{1}{x^2} < 0$，因此曲线 $y = \ln x$ 在 $(0, +\infty)$ 内是凸的.

【例 2】 讨论曲线 $y = x^3$ 的凹凸区间.

解 函数的定义域为$(-\infty, +\infty)$，$y' = 3x^2$，$y'' = 6x$，显然，当 $x > 0$ 时，$y'' > 0$；当 $x < 0$ 时，$y'' < 0$. 因此$(-\infty, 0)$ 为曲线的凸区间，$(0, +\infty)$ 为曲线的凹区间. 当 $x = 0$ 时，$f''(x) = 0$，点$(0,0)$ 是曲线 $y = x^3$ 的拐点.

综上，**求曲线的凹凸区间和拐点的一般步骤为：**

(1) 确定函数的定义域；

(2) 求 $f'(x)$，$f''(x)$，并求出定义区间内使 $f''(x) = 0$ 的 x_i 和 $f''(x)$ 不存在的 x_j；

(3) 将 x_i 和 x_j 按从小到大的顺序划分定义域为若干区间，并列表判定 $f''(x)$ 在各区间内的符号，确定曲线的凹凸区间和拐点.

【例 3】 求曲线 $y = 1 + (x-4)^{\frac{1}{3}}$ 的凹凸性与拐点.

解 (1) 函数的定义域为$(-\infty, +\infty)$.

(2) $y' = \dfrac{1}{3}(x-4)^{-\frac{2}{3}}$，$y'' = -\dfrac{2}{9}(x-4)^{-\frac{5}{3}}$，在$(-\infty, +\infty)$ 无y'' 的零点，y'' 不存在的点为 $x = 4$.

(3) 列表考察 y'' 的符号：

x	$(-\infty,4)$	4	$(4,+\infty)$
y''	+	不存在	−
y	凹	拐点(4,1)	凸

由表可知，函数 $f(x)$ 在区间$(-\infty,4)$ 内是凹的，在区间$(4,+\infty)$ 内是凸的，曲线 $f(x)$ 的拐点为$(4,1)$.

【例 4】 求函数 $f(x) = x^4 - 4x^3 + 2x + 1$ 的凹凸区间及拐点.

解 (1) 函数的定义域为$(-\infty, +\infty)$.

(2) $f'(x) = 4x^3 - 12x^2 + 2$，$f''(x) = 12x^2 - 24x = 12x(x-2)$，令 $f''(x) = 0$，得 $x_1 = 0$，$x_2 = 2$.

(3) 列表考察 $f''(x)$ 的符号：

x	$(-\infty,0)$	0	$(0,2)$	2	$(2,+\infty)$
$f''(x)$	+	0	−	0	+
$f(x)$	凹	拐点(0,1)	凸	拐点(2,−11)	凹

由表可知，函数 $f(x)$ 在区间$(-\infty,0)$ 与$(2,+\infty)$ 内是凹的，在区间$(0,2)$ 内是凸的，曲线 $f(x)$ 的拐点为$(0,1)$，$(2,-11)$.

3.4.2　函数图形的描绘

定义 3.3 如果一动点沿某曲线变动，其横坐标或纵坐标趋于无穷大时，该动点与某一固定直线的距离趋向于零,则称此直线为曲线的**渐近线**.

例如直线 $y=\pm\dfrac{b}{a}x$ 为双曲线$\dfrac{x^2}{a^2}-\dfrac{y^2}{b^2}=1$ 的渐近线.但并不是所有的曲线都有渐近线,下面只对两种情况的渐近线予以讨论.

1. 水平渐近线

定义 3.4 如果当自变量 $x\to\infty$ 时,函数 $f(x)$ 以常量 C 为极限,即 $\lim\limits_{x\to\infty}f(x)=C$,则称直线 $y=C$ 为曲线 $y=f(x)$ 的**水平渐近线**.

2. 铅直渐近线(或垂直渐近线)

定义 3.5 如果当自变量 $x\to x_0$ 时,函数 $f(x)$ 为无穷大量,即 $\lim\limits_{x\to x_0}f(x)=\infty$,则称直线 $x=x_0$ 为曲线 $y=f(x)$ 的**铅直渐近线**.

【说明】 对 $x\to\infty$ 时,有时也可能仅当 $x\to+\infty$ 或 $x\to-\infty$;对 $x\to x_0$,有时也可能仅当 $x\to x_0^+$ 或 $x\to x_0^-$.

【例 5】 求下列曲线的水平或垂直渐近线.

(1) $y=\dfrac{x^3}{x^2+2x-3}$; (2) $y=\dfrac{1}{\sqrt{2\pi}}\mathrm{e}^{-\frac{x^2}{2}}$.

解 (1) 因为 $\lim\limits_{x\to-3}\dfrac{x^3}{x^2+2x-3}=\infty$, $\lim\limits_{x\to1}\dfrac{x^3}{x^2+2x-3}=\infty$,

所以直线 $x=-3$,$x=1$ 是两条铅直渐近线.

(2) 因为 $\lim\limits_{x\to\infty}\dfrac{1}{\sqrt{2\pi}}\mathrm{e}^{-\frac{x^2}{2}}=0$,所以直线 $y=0$ 为其水平渐近线.

描绘函数图形的一般步骤:

(1) 确定函数的定义域,考察函数的奇偶性、周期性;

(2) 确定函数的单调区间、极值,曲线的凹凸区间以及拐点;

(3) 考察曲线的渐近线;

(4) 作一些辅助点,如曲线与坐标轴的交点;

(5) 根据上面讨论的曲线性质绘制曲线图形.

【例 6】 作函数 $f(x)=x^3-3x^2+1$ 的图形.

解 (1) 函数的定义域为$(-\infty,+\infty)$.

(2) $f'(x)=3x^2-6x$,令 $f'(x)=0$,得 $x_1=0$,$x_2=2$;

$f''(x)=6x-6$,令 $f''(x)=0$,得 $x_3=1$.

列表如下:

x	$(-\infty,0)$	0	$(0,1)$	1	$(1,2)$	2	$(2,+\infty)$
$f'(x)$	$+$	0	$-$		$-$	0	$+$
$f''(x)$	$-$	-6	$-$	0	$+$	6	$+$
$f(x)$	增,凸	极大值 1	减,凸	拐点$(1,-1)$	减,凹	极小值 -3	增,凹

(3) 无渐近线.

(4) 取辅助点$(-1,-3)$,$(3,1)$.

综合上述讨论的结果画出函数的图形(如图 3-4-2).

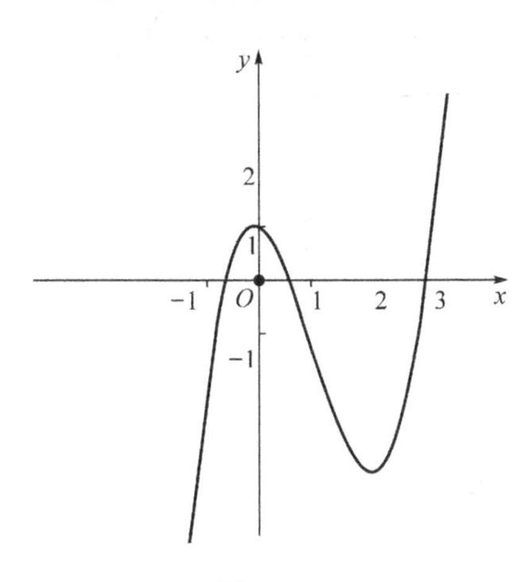

图 3-4-2

【例 7】 作函数 $y=\dfrac{x-1}{(x-2)^2}-1$ 的图形.

解 (1) 函数的定义域为$(-\infty,2)\cup(2,+\infty)$.

(2) $y'=\dfrac{(x-2)^2-2(x-1)(x-2)}{(x-2)^4}=-\dfrac{x}{(x-2)^3}$,令 $y'=0$,得 $x=0$;

$$y''=-\frac{(x-2)^3-3x(x-2)^2}{(x-2)^6}=\frac{2(x+1)}{(x-2)^4},\text{令 } y''=0,\text{得 } x=-1.$$

列表如下:

x	$(-\infty,-1)$	-1	$(-1,0)$	0	$(0,2)$	$(2,+\infty)$
$f'(x)$	$-$	$-$	$-$	0	$+$	$-$
$f''(x)$	$-$	0	$+$	$+$	$+$	$+$
$f(x)$	减,凸	拐点$\left(-1,-\dfrac{11}{9}\right)$	减,凹	极小值$-\dfrac{5}{4}$	增,凹	减,凹

(3) 渐近线:因为$\lim\limits_{x\to2^+}\left[\dfrac{x-1}{(x-2)^2}-1\right]=\infty$,所以 $x=2$ 是铅直渐近线;

又因为$\lim\limits_{x\to\infty}\left[\dfrac{x-1}{(x-2)^2}-1\right]=-1$,所以 $y=-1$ 是水平渐近线.

(4) 作辅助点:$(1,-1)$,$\left(\dfrac{5-\sqrt{5}}{2},0\right)$,$\left(0,-\dfrac{5}{4}\right)$.

综合上面的讨论,画图(如图 3-4-3).

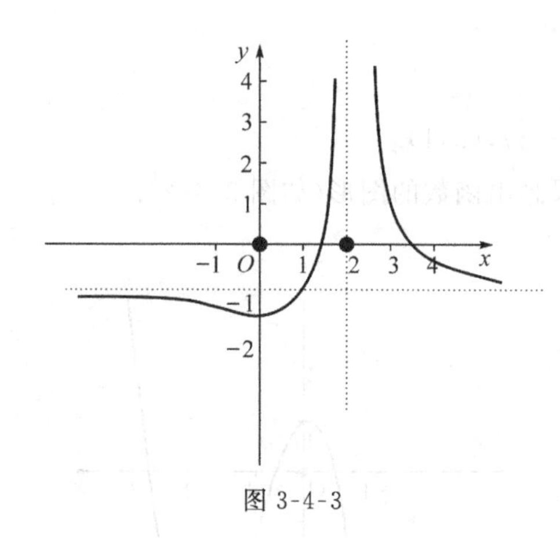

图 3-4-3

【结束语】 导数的应用以三个微分中值定理为理论基础,推导出了函数单调性定理和洛必达法则.洛必达法则为$\frac{0}{0}$型和$\frac{\infty}{\infty}$型未定式问题的求解做出了重要贡献,在满足定理的条件下始终有结论$\lim\limits_{x\to x_0}\frac{f(x)}{g(x)}=\lim\limits_{x\to x_0}\frac{f'(x)}{g'(x)}=A$(或$\infty$).单调性定理给出了导数符号与函数单调性的关系:$f'(x)>0$,$f(x)$单调递增;$f'(x)<0$,$f(x)$单调递减,函数在单调区间分界点处取得极值.曲线的凹凸性与拐点由函数的二阶导数符号决定:如果在(a,b)内$f''(x)>0$,则曲线$y=f(x)$在区间(a,b)内是凹的;如果在(a,b)内$f''(x)<0$,则曲线$y=f(x)$在区间(a,b)内是凸的,曲线凹凸区间的连接点称为拐点.

▶▶▶▶ 习题 3.4 ◀◀◀◀

1. 设$f(x)$在区间(a,b)内有连续的二阶导数,且$f'(x)<0$,$f''(x)<0$,则$f(x)$在区间(a,b)内是(　　).

A. 单调减少且是凸的　　　　B. 单调减少且是凹的

C. 单调增加且是凸的　　　　D. 单调增加且是凹的

2. 求下列曲线的拐点及凹凸区间:

(1) $y=x^3-5x^2+3x-5$;　　　　(2) $y=1-\sqrt[3]{x-2}$.

3. 求下列曲线的水平或垂直渐近线:

(1) $y=\frac{x-3}{x^2+x-12}$;　　　　(2) $y=\mathrm{e}^{\frac{1}{x}}$;

(2) $y=\ln\left(1+\frac{\mathrm{e}}{x}\right)$;　　　　(4) $y=\frac{\mathrm{e}^x}{x-1}+1$.

4. 作下列函数的图形:

(1) $y=8x^3-12x^2+6x+1$;　　　　(2) $y=\mathrm{e}^{-x^2}$;

(3) $y=3x^4-4x^3$;　　　　(4) $y=x\mathrm{e}^{-x}$.

一座高耸的金字塔——拉格朗日

约瑟夫·拉格朗日(Joseph-Louis Lagrange,1736—1813)全名为约瑟夫-路易斯·拉格朗日,法国著名数学家、物理学家.1736年1月25日生于意大利都灵,1813年4月10日卒于巴黎.他在数学、力学和天文学三个学科领域中都有历史性的贡献,其中尤以数学方面的成就最为突出.拿破仑曾说“拉格朗日是数学科学高耸的金字塔”.

拉格朗日科学研究所涉及的领域极其广泛.他在数学上最突出的贡献是使数学分析与几何、力学脱离开来,使数学的独立性更为明显,从此数学不再仅仅是其他学科的工具.

拉格朗日总结了18世纪的数学成果,同时又为19世纪的数学研究开辟了道路,堪称法国最杰出的数学大师.同时,他的关于月球运动(三体问题)、行星运动、轨道计算、两个不动中心问题、流体力学等方面的成果,在使天文学力学化、力学分析化上,也起到了历史性的作用,促进了力学和天体力学的进一步发展.

在柏林工作的前十年,拉格朗日把大量时间花在代数方程和超越方程的解法上,做出了有价值的贡献,推动了数学的巨大发展.他提交给柏林科学院的两篇著名论文——《关于解数值方程》和《关于方程的代数解法的研究》,把前人解三、四次代数方程的各种解法,总结为一套标准方法,即把方程化为低一次的方程(称辅助方程或预解式)来求解.

拉格朗日也是分析力学的创立者.拉格朗日在其名著《分析力学》中,在总结历史上各种力学基本原理的基础上,发展了达朗贝尔、欧拉等人的研究成果,引入了势和等势面的概念,进一步把数学分析应用于质点和刚体力学,提出了运用于静力学和动力学的普遍方程,引进了广义坐标的概念,建立了拉格朗日方程,把力学体系的运动方程从以力为基本概念的牛顿形式改变为以能量为基本概念的分析力学形式,奠定了分析力学的基础,为把力学理论推广应用到物理学的其他领域开辟了道路.

他还给出了刚体在重力作用下,绕旋转对称轴上的定点转动(拉格朗日陀螺)的欧拉动力学方程的解,对三体问题的求解方法有重要贡献,解决了限制性三体运动的定型问题.拉格朗日对流体运动的理论也有重要贡献,提出了描述流体运动的拉格朗日方法.

拉格朗日的研究工作中,约有一半同天体力学有关.他用自己在分析力学中的原理和公式,建立起各类天体的运动方程.在天体运动方程的解法中,拉格朗日发现了三体问题运动方程的五个特解,即拉格朗日平动解.此外,他还研究了彗星和小行星的摄动问题,提出了彗星起源假说等.

近百余年来,数学领域的许多新成就都可以直接或间接地溯源于拉格朗日的工作,所以他在数学史上被认为是对分析数学的发展产生全面影响的数学家之一.

第4章　不定积分

前　言

微积分包括微分学和积分学. 在微分学中，存在两个基本概念:导数和微分. 在积分学中，也存在两个基本概念:不定积分和定积分. 在微分学中，我们讨论了求已知函数的导数(或微分)的问题. 一个自然的问题是"已知某个函数 $f(x)$，是否存在一个可导函数 $F(x)$ 满足其导函数恰好等于 $f(x)$? 如果存在，它会是什么?". 这问题与求已知函数的导数问题正好相反，它属于不定积分的问题. 这一章，我们将讨论这种求导运算的逆运算——不定积分，它是积分学的基础. 具体地，我们先介绍不定积分的概念和基本性质，再重点说明求不定积分的几种基本方法.

教学知识

1. 原函数的概念;
2. 不定积分的概念、基本性质和几何意义;
3. 不定积分的换元积分法和分部积分法;
4. 有理函数的不定积分.

重点难点

重点:不定积分的概念和计算.

难点:换元积分法和分部积分法.

§4.1　不定积分的概念与性质

4.1.1　什么是原函数

在导数和微分的学习中，我们知道求导是一种运算，它的运算对象是函数. 在数学运算中,一些运算是互逆的,如加法与减法、乘法与除法、平方与开方等. 自然地,我们会问:求导运算是否有逆运算,它的逆运算是什么?

在微分学中,导数是一个非常重要的概念. 它不仅仅是一种形式运算,在实际应用中也是很有用的. 例如(1) 已知物体的运动规律 $s = s(t)$,即路程函数,求物体的瞬时速度 $v(t)$;(2) 已知曲线 $y = y(t)$,求它的切线的斜率. 如果我们讨论的是反问题,例如:

(1) 已知物体在时刻 t 的运动速度是 $v(t) = s'(t)$,求物体的运动方程 $s = s(t)$;

(2) 已知曲线上任意一点处的切线的斜率为 $k = F'(x)$,求曲线的方程 $y = F(x)$.

这两个问题,如果抽掉其几何意义和物理意义,都可归结为已知某函数的导数(或微分),求该函数,即 $F'(x) = f(x)$ 已知,求 $F(x)$. 为此我们引进原函数的概念,我们把求导的逆运算(求原函数) 称为不定积分.

定义 4.1　设 $f(x)$ 是定义在区间 I 上的函数,如果存在一个函数 $F(x)$,使得区间 I 上的任一点 x 都有 $F'(x) = f(x)$,或 $\mathrm{d}F(x) = f(x)\mathrm{d}x$,那么函数 $F(x)$ 就称为函数 $f(x)$ 在区间 I 上的一个**原函数**,也称**反导数**.

例如:$\left(\frac{1}{6}x^6\right)' = x^5$, 所以 $\frac{1}{6}x^6$ 是 x^5 的一个原函数;

$(\sin x)' = \cos x$, 所以 $\sin x$ 是 $\cos x$ 的一个原函数;

$\left(\frac{1}{3}x^3 + 2\right)' = x^2$, 所以 $\frac{1}{3}x^3 + 2$ 是 x^2 的一个原函数.

【注意】　函数 $f(x)$ 的原函数不一定存在,什么样的函数存在原函数?这个问题后面章节将予以回答. 然而,我们有下面的定理.

定理 4.1(原函数存在定理)　如果函数 $f(x)$ 在区间 I 上连续, 那么在区间 I 上存在可导函数 $F(x)$, 使对任一 $x \in I$ 都有 $F'(x) = f(x)$.

简单地说就是: **连续函数一定有原函数.**

另外, 需要说明: 若函数 $f(x)$ 的原函数存在,其原函数是不唯一的,不同的原函数之间相差一个常量. 显然, 由 $F(x)$ 是 $f(x)$ 的一个原函数,即 $F'(x) = f(x)$,则$(F(x)+C)' = f(x)$(C 是常数),即 $F(x) + C$ 也是 $f(x)$ 的原函数. 也就是说,如果一个函数存在原函数,那么这个函数就有无限多个原函数. 事实上,存在如下定理.

定理 4.2　如果 $F(x)$ 是函数 $f(x)$ 的一个原函数,则函数 $f(x)$ 的无限多个原函数仅限于 $F(x) + C$(C 是常数) 的形式.

证明　已知 $F(x)$ 是 $f(x)$ 的一个原函数,即

$$F'(x) = f(x), \tag{1}$$

设 $Q(x)$ 是函数 $f(x)$ 的另一个原函数,即

$$Q'(x) = f(x), \tag{2}$$

(1) 与(2) 相减,有

$$Q'(x) - F'(x) = [Q(x) - F(x)]' = f(x) - f(x) = 0.$$

由 § 3.1 节知，$Q(x) - F(x) = C$（C 是某常数），亦即 $Q(x) = F(x) + C$.

【说明】 如果知道了函数 $f(x)$ 的一个原函数，那么其他原函数也就确定了. 从几何上看，已知函数 $f(x)$ 的一条原函数曲线，其他的原函数曲线可以用平移的方法得到.

4.1.2 不定积分的概念

简单来说，求导的逆运算称为不定积分. 不定积分的具体定义如下：

定义 4.2 在区间 I 上函数 $f(x)$ 的带有任意常数项的原函数称为 $f(x)$（或 $f(x)\mathrm{d}x$）在区间 I 上的**不定积分**，记作

$$\int f(x)\mathrm{d}x,$$

其中记号 $\int$ 称为**积分号**，$f(x)$ 称为**被积函数**，$f(x)\mathrm{d}x$ 称为**被积表达式**，x 称为**积分变量**.

【例 1】 $\int \cos x\mathrm{d}x = \sin x + C.$

【例 2】 $\int \frac{1}{x^3}\mathrm{d}x = \int x^{-3}\mathrm{d}x = \frac{1}{-3+1}x^{-3+1} + C = -\frac{1}{2x^2} + C.$

【例 3】 $\int \mathrm{e}^x\mathrm{d}x = \mathrm{e}^x + C.$

【例 4】 $\int 2\mathrm{e}^{2x}\mathrm{d}x = \mathrm{e}^{2x} + C.$

【例 5】 设曲线在任意一点处的切线斜率为 $2x$，且曲线过点 $(2,5)$，求该曲线的方程.

解 由题意得 $\int 2x\mathrm{d}x = x^2 + C$，即曲线方程为 $y = x^2 + C$. 将点 $(2,5)$ 代入得 $C = 1$，所求曲线方程为 $y = x^2 + 1$.

【例 6】 一电路中电流关于时间的变化率为 $\frac{\mathrm{d}i}{\mathrm{d}t} = 0.9t^2 - 2t$，若 $t = 0$ 时，$i = 2(\mathrm{A})$，试求电流关于时间的函数.

解 由 $\frac{\mathrm{d}i}{\mathrm{d}t} = 0.9t^2 - 2t$ 得

$$i = \int (0.9t^2 - 2t)\mathrm{d}t = 0.3t^3 - t^2 + C,$$

又 $i\big|_{t=0} = 2$，则 $C = 2$，所以，电流关于时间的函数为

$$i = 0.3t^3 - t^2 + 2.$$

【注意】 若 $[F(x)]' = f(x)$，则 $\int f(x)\mathrm{d}x = F(x) + C$（$C$ 为常数）. 不难理解：

$\frac{\mathrm{d}}{\mathrm{d}x}\left[\int f(x)\mathrm{d}x\right] = f(x)$，$\mathrm{d}\left[\int f(x)\mathrm{d}x\right] = f(x)\mathrm{d}x$，

$\int [F(x)]'\mathrm{d}x = F(x) + C$ 或 $\int \mathrm{d}F(x) = F(x) + C$.

例如：

$(\int \sin x \mathrm{d}x)' = \sin x$；　　$(\int (3x^2 + x)\mathrm{d}x)' = 3x^2 + x$；

$\int \mathrm{d}\sin x = \sin x + C$；　　$\int \mathrm{d}(3x^2 + x) = 3x^2 + x + C.$

【几何意义】　不定积分$\int f(x)\mathrm{d}x = F(x) + C$（$C$为常数）是一些平行的曲线，这些曲线在某固定点上的斜率相同(见图 4-1-1).

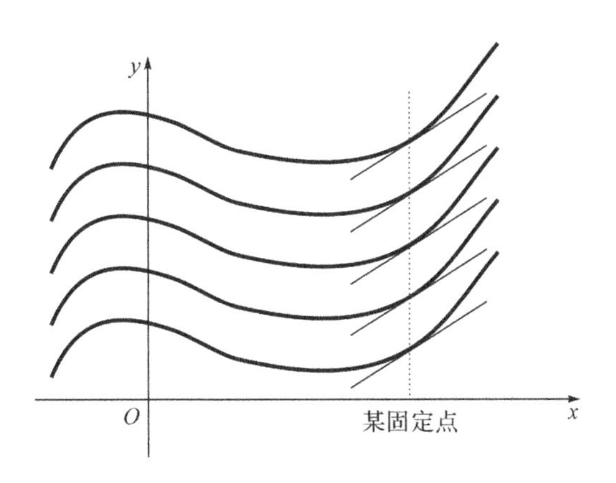

图 4-1-1

【注意】　不定积分表达式可以有不同形式，下面两个表达式均正确.

$\int \sin x\cos x\mathrm{d}x = \frac{1}{2}\sin^2 x + C$，$\int \sin x\cos x\mathrm{d}x = -\frac{1}{2}\cos^2 x + C$.(请思考为什么?)

4.1.3　基本积分公式

(1) $\int a\mathrm{d}x = ax + C$　(a 是常数).

(2) $\int x^a\mathrm{d}x = \frac{1}{a+1}x^{a+1} + C.$

(3) $\int \frac{1}{x}\mathrm{d}x = \ln|x| + C$，补充说明：当 $x > 0$ 时，$(\ln x)' = \frac{1}{x}$，所以$\int \frac{\mathrm{d}x}{x} = \ln x + C$；

当 $x < 0$ 时，$(\ln(-x))' = \frac{1}{x}$，所以$\int \frac{\mathrm{d}x}{x} = \ln(-x) + C.$

(4) $\int \mathrm{e}^x\mathrm{d}x = \mathrm{e}^x + C.$

(5) $\int a^x\mathrm{d}x = \frac{a^x}{\ln a} + C.$

(6) $\int \cos x\mathrm{d}x = \sin x + C.$

(7) $\int \sin x\mathrm{d}x = -\cos x + C$.

(8) $\int \frac{1}{\cos^2 x}\mathrm{d}x = \int \sec^2 x\mathrm{d}x = \tan x + C$.

(9) $\int \frac{1}{\sin^2 x}\mathrm{d}x = \int \csc^2 x\mathrm{d}x = -\cot x + C$.

(10) $\int \frac{1}{1+x^2}\mathrm{d}x = \arctan x + C$.

(11) $\int \frac{1}{\sqrt{1-x^2}}\mathrm{d}x = \arcsin x + C$.

(12) $\int \sec x\tan x\mathrm{d}x = \sec x + C$.

(13) $\int \csc x\cot x\mathrm{d}x = -\csc x + C$.

4.1.4 基本性质

1.(**齐次性**) $\int af(x)\mathrm{d}x = a\int f(x)\mathrm{d}x$,$a$ 是常数,且 $a \neq 0$.

即被积函数的常数因子可以移到积分号的外边.

证明:$(a\int f(x)\mathrm{d}x)' = (\int af(x)\mathrm{d}x)' = af(x)$,即$\int af(x)\mathrm{d}x = a\int f(x)\mathrm{d}x$.

2.(**可加性**) $\int [f(x) \pm g(x)]\mathrm{d}x = \int f(x)\mathrm{d}x \pm \int g(x)\mathrm{d}x$.

即两个函数代数和的不定积分等于两个函数不定积分的代数和.

证明:$(\int f(x)\mathrm{d}x \pm \int g(x)\mathrm{d}x)' = (\int f(x)\mathrm{d}x)' \pm (\int g(x)\mathrm{d}x)'$

$$= f(x) \pm g(x),$$

即
$$\int [f(x) \pm g(x)]\mathrm{d}x = \int f(x)\mathrm{d}x \pm \int g(x)\mathrm{d}x.$$

此法则可推广到n个(有限)函数,即n个函数的代数和的不定积分等于n个函数不定积分的代数和.

【例 7】 $\int (x^3 + x + 4)\mathrm{d}x = \frac{1}{4}x^4 + \frac{1}{2}x^2 + 4x + C$.

【例 8】 $\int \frac{\mathrm{d}x}{\sin^2 x\cos^2 x} = \int \frac{\sin^2 x + \cos^2 x}{\sin^2 x\cos^2 x}\mathrm{d}x = \int \frac{\mathrm{d}x}{\cos^2 x} + \int \frac{\mathrm{d}x}{\sin^2 x} = \tan x - \cot x + C$.

【例 9】 $\int (\mathrm{e}^x - 5\cos x)\mathrm{d}x = \int \mathrm{e}^x\mathrm{d}x - 5\int \cos x\mathrm{d}x = \mathrm{e}^x - 5\sin x + C$.

【例 10】 $\int 2^x\mathrm{e}^x\mathrm{d}x = \int (2\mathrm{e})^x\mathrm{d}x = \frac{(2\mathrm{e})^x}{\ln(2\mathrm{e})} + C = \frac{2^x\mathrm{e}^x}{1+\ln 2} + C$.

【例 11】 $\int \frac{1}{x^2(1+x^2)}\mathrm{d}x = \int \frac{(1+x^2)-x^2}{x^2(1+x^2)}\mathrm{d}x = \int \frac{1}{x^2}\mathrm{d}x - \int \frac{1}{1+x^2}\mathrm{d}x$

$= -\frac{1}{x} - \arctan x + C.$

【例 12】 $\int \frac{x^2}{1+x^2}\mathrm{d}x = \int \frac{1+x^2-1}{1+x^2}\mathrm{d}x = \int (1-\frac{1}{1+x^2})\mathrm{d}x = \int \mathrm{d}x - \int \frac{1}{1+x^2}\mathrm{d}x$

$= x - \operatorname{arccot} x + C.$

【例 13】 $\int \tan^2 x\mathrm{d}x = \int (\sec^2 x - 1)\mathrm{d}x = \int \sec^2 x\mathrm{d}x - \int \mathrm{d}x = \tan x - x + C.$

【例 14】 $\int \frac{1}{\sin^2\frac{x}{2}\cos^2\frac{x}{2}}\mathrm{d}x = 4\int \frac{1}{\sin^2 x}\mathrm{d}x = -4\cot x + C.$

【例 15】 $\int \cos^2\frac{x}{2}\mathrm{d}x = \int \frac{\cos x + 1}{2}\mathrm{d}x = \frac{1}{2}\sin x + \frac{1}{2}x + C.$

▶▶▶▶ 习题 4.1 ◀◀◀◀

1. 填空题：

(1) 已知函数 $f(x)$ 的一个原函数是 $\cos 2x$，则 $f'(x) =$ ________.

(2) 已知 $\int f(x)\mathrm{e}^{\frac{1}{x}}\mathrm{d}x = \mathrm{e}^{\frac{1}{x}} + C$，则 $f(x) =$ ________.

(3) $(\int \mathrm{e}^{2x}\mathrm{d}x)' =$ ________.

(4) $\int \mathrm{d}(\arcsin x) =$ ________.

(5) 若 $f(x)$ 在某闭区间上________，则在该区间上 $f(x)$ 的原函数一定存在.

2. 计算不定积分：

(1) $\int \frac{1}{x^2+x+2}\mathrm{d}x$；

(2) $\int (4x^3 - 2x^2 + 5x + 3)\mathrm{d}x$；

(3) $\int \frac{1}{x(1+3\ln x)}\mathrm{d}x$；

(4) $\int (x-1)\mathrm{e}^{x^2-2x}\mathrm{d}x$；

(5) $\int \frac{1}{1+x^2}\mathrm{e}^{\arctan x}\mathrm{d}x$；

(6) $\int \frac{1}{\sqrt{1-x^2}\arcsin x}\mathrm{d}x$；

(7) $\int \frac{1}{4-x^2}\mathrm{d}x$；

(8) $\int \cot(5x+1)\mathrm{d}x$；

(9) $\int \frac{1}{x^2+3x+4}\mathrm{d}x$；

(10) $\int \frac{x+2}{x^2+3x+4}\mathrm{d}x$；

(11) $\int \frac{\sin x}{3\sin x + 4\cos x}\mathrm{d}x$.

3. 综合应用题:

(1) 一曲线经过点$(e^2,3)$,且在任一点处的切线斜率等于该点横坐标的倒数,求该曲线方程.

(2) 一质点做变速直线运动,速度$v(t)=3\cos t$,当$t=0$时,质点与原点的距离为$s_0=4$,求质点离原点的距离s和时间t的函数关系.

§4.2 换元积分法

在上一节中,我们直接利用基本积分表中的公式和不定积分的运算性质,计算了一些简单的不定积分. 但一些不定积分,如$\int\frac{\cos x}{\sqrt{\sin x}}\mathrm{d}x$,$\int\sqrt{a^2-x^2}\,\mathrm{d}x$,$\int\frac{1}{\sqrt{a^2-x^2}}\mathrm{d}x$等,按照上节中的方法就不能计算. 因此,我们必须进一步研究不定积分的计算方法. 这一节,我们介绍不定积分的**换元积分法**,包括**第一类换元积分法**和**第二类换元积分法**. 粗略地说,换元积分法实际上是将不定积分的被积表达式通过替换变量进行变形,使所求不定积分方便用基本积分公式进行计算.

$$\int f(\varphi(x))\varphi'(x)\mathrm{d}x \xrightleftharpoons[\text{第二换元积分法}]{\text{第一换元积分法}} \int f(u)\mathrm{d}u$$

4.2.1 第一类换元积分法

先说明一个事实,在基本积分公式中,当自变量x换成任一可微函数$u=\varphi(x)$后,公式仍然成立. 换言之,若$\int f(x)\mathrm{d}x=F(x)+C$,则$\int f(u)\mathrm{d}u=F(u)+C$,其中$u=\varphi(x)$是$x$的任一可微函数. 这样,若$F'(u)=f(u)$,$u=\varphi(x)$可导,则

$$\mathrm{d}F(\varphi(x))=\mathrm{d}F(u)=F'(u)\mathrm{d}u=F'(\varphi(x))\mathrm{d}\varphi(x)=f(\varphi(x))\varphi'(x)\mathrm{d}x.$$

在求不定积分$\int g(x)\mathrm{d}x$时,如果函数$g(x)$可以化为$f[\varphi(x)]\varphi'(x)$的形式,那么

$$\begin{aligned}\int g(x)\mathrm{d}x &\xlongequal{\text{凑微分}} \int f[\varphi(x)]\varphi'(x)\mathrm{d}x\\ &\xlongequal{\text{容易求得}} \int f[\varphi(x)]\mathrm{d}\varphi(x)\\ &\xlongequal{\text{令 }\varphi(x)=u} \int f(u)\mathrm{d}u=F(u)+C\\ &\xlongequal{\text{变量回代 }u=\varphi(x)} F[\varphi(x)]+C.\end{aligned}$$

这种先凑微分,再作变量代换的方法,叫作**第一类换元积分法**,也称为**凑微分法**.

【例 1】 求不定积分$\int \frac{\cos x}{\sqrt{\sin x}}\mathrm{d}x$ 和$\int \frac{2x}{\sqrt{a+x^2}}\mathrm{d}x$.

解 因为$\int \frac{1}{\sqrt{x}}\mathrm{d}x = 2\sqrt{x}+C$,所以$\int \frac{1}{\sqrt{\varphi(x)}}\mathrm{d}\varphi(x) = 2\sqrt{\varphi(x)}+C$. 因此,

$$\int \frac{\cos x}{\sqrt{\sin x}}\mathrm{d}x = \int \frac{1}{\sqrt{\sin x}}\mathrm{d}\sin x = 2\sqrt{\sin x}+C;$$

$$\int \frac{2x}{\sqrt{a+x^2}}\mathrm{d}x = \int \frac{1}{\sqrt{a+x^2}}\mathrm{d}(a+x^2) = 2\sqrt{a+x^2}+C.$$

【例 2】 求不定积分$\int \mathrm{e}^{2x}\mathrm{d}x$.

解 因为 $\mathrm{d}u = \mathrm{d}(2x) = 2\mathrm{d}x$ 和$\int \mathrm{e}^u\mathrm{d}u = \mathrm{e}^u + C$,所以

$$\int \mathrm{e}^{2x}\mathrm{d}x = \frac{1}{2}\int \mathrm{e}^{2x}\mathrm{d}(2x) = \frac{1}{2}\mathrm{e}^{2x}+C.$$

【例 3】 求不定积分$\int \frac{1}{\sqrt{a^2-x^2}}\mathrm{d}x$.

解 因为$\frac{1}{a}\mathrm{d}x = \mathrm{d}(\frac{x}{a})$ 和$\int \frac{1}{\sqrt{1-u^2}}\mathrm{d}u = \arcsin u + C$,所以

$$\int \frac{1}{\sqrt{a^2-x^2}}\mathrm{d}x = \frac{1}{a}\int \frac{1}{\sqrt{1-(\frac{x}{a})^2}}\mathrm{d}x = \int \frac{1}{\sqrt{1-(\frac{x}{a})^2}}\mathrm{d}(\frac{x}{a}) = \arcsin\frac{x}{a}+C.$$

类似地,已知$\int f(u)\mathrm{d}u = F(u)+C$,则$\int f(ax+b)\mathrm{d}x = \frac{1}{a}\int f(ax+b)\mathrm{d}(ax+b) = \frac{1}{a}F(ax+b)+C$.

【例 4】 $\int (3x+4)^3\mathrm{d}x = \frac{1}{3}\int (2x+4)^3\mathrm{d}(3x+4) = \frac{1}{3}\cdot\frac{1}{4}(3x+4)^4+C.$

【说明】 一般地,当$\int f(\varphi(x))\varphi'(x)\mathrm{d}x$ 难求,但作 $u=\varphi(x)$ 换元变量代换后,$\int f(u)\mathrm{d}u$ 容易求解时,可考虑采用第一类换元积分法来求不定积分. 第一类换元积分法求不定积分的步骤是“凑、换元、积分、回代”四步,其难点在于凑微分这一步,在求解过程中,熟悉下列常用凑微分形式非常有帮助.

$a\mathrm{d}x = \mathrm{d}(ax+b)$ (a,b 为常数); $\mathrm{e}^x\mathrm{d}x = \mathrm{d}\mathrm{e}^x$;

$\cos x\mathrm{d}x = \mathrm{d}\sin x$; $\frac{1}{x}\mathrm{d}x = \mathrm{d}\ln x$;

$-\frac{1}{x^2}\mathrm{d}x = \mathrm{d}\frac{1}{x}$; $\frac{1}{2\sqrt{x}}\mathrm{d}x = \mathrm{d}\sqrt{x}$;

$\frac{1}{\sqrt{1-x^2}}\mathrm{d}x = \mathrm{d}\arcsin x$; $\frac{x}{\sqrt{1+x^2}}\mathrm{d}x = \mathrm{d}\sqrt{1+x^2}$;

$\frac{-x}{\sqrt{1-x^2}}\mathrm{d}x = \mathrm{d}\sqrt{1-x^2}$；　　　　$\sin 2x\mathrm{d}x = \mathrm{d}\sin^2 x$；

$-\sin 2x\mathrm{d}x = -\mathrm{d}\cos^2 x$；　　　　$\sec^2 x\mathrm{d}x = \mathrm{d}\tan x$.

【例 5】 求不定积分$\int \frac{\mathrm{d}x}{x^2-a^2}$.

解
$$\int \frac{\mathrm{d}x}{x^2-a^2} = \frac{1}{2a}\int\left(\frac{1}{x-a}-\frac{1}{x+a}\right)\mathrm{d}x = \frac{1}{2a}\left(\int\frac{1}{x-a}\mathrm{d}x - \int\frac{1}{x+a}\mathrm{d}x\right)$$
$$= \frac{1}{2a}(\ln|x-a| - \ln|x+a|)+C = \frac{1}{2a}\ln\left|\frac{x-a}{x+a}\right|+C.$$

【例 6】 求不定积分$\int \frac{1}{x^2+a^2}\mathrm{d}x\ (a>0)$.

解
$$\int \frac{1}{x^2+a^2}\mathrm{d}x = \frac{1}{a^2}\int\frac{1}{1+\left(\frac{x}{a}\right)^2}\mathrm{d}x = \frac{1}{a}\int\frac{1}{1+\left(\frac{x}{a}\right)^2}\mathrm{d}\left(\frac{x}{a}\right) = \frac{1}{a}\arctan\frac{x}{a}+C.$$

当被积函数含有三角函数时，往往要利用三角恒等式进行变换后，再利用凑微分法.

【例 7】 求不定积分$\int \tan x\mathrm{d}x$.

解
$$\int \tan x\mathrm{d}x = \int\frac{\sin x}{\cos x}\mathrm{d}x = -\int\frac{1}{\cos x}\mathrm{d}\cos x = -\ln|\cos x|+C.$$

类似地可得
$$\int \cot x\mathrm{d}x = \ln|\sin x|+C.$$

【例 8】 求不定积分$\int \sec x\mathrm{d}x$.

解
$$\int \sec x\mathrm{d}x = \int\frac{\sec x(\sec x+\tan x)}{\sec x+\tan x}\mathrm{d}x = \int\frac{\sec^2 x+\sec x\tan x}{\sec x+\tan x}\mathrm{d}x$$
$$= \int\frac{1}{\sec x+\tan x}\mathrm{d}(\sec x+\tan x) = \ln|\sec x+\tan x|+C.$$

类似地可得
$$\int \csc x\mathrm{d}x = \ln|\csc x-\cot x|+C.$$

【例 9】 求不定积分$\int \cos^2 x\mathrm{d}x$.

解
$$\int \cos^2 x\mathrm{d}x = \frac{1}{2}\int(1+\cos 2x)\mathrm{d}x = \frac{1}{2}x+\frac{1}{4}\sin 2x+C.$$

【例 10】 求不定积分$\int \sin^2 x\mathrm{d}x$.

解
$$\int \sin^2 x\mathrm{d}x = \int\frac{1-\cos 2x}{2}\mathrm{d}x = \frac{1}{2}\int\mathrm{d}x - \frac{1}{2}\int\cos 2x\mathrm{d}x$$
$$= \frac{x}{2}-\frac{1}{4}\int\cos 2x\mathrm{d}(2x) = \frac{x}{2}-\frac{1}{4}\sin 2x+C.$$

【例 11】 求不定积分$\int \sin ax\mathrm{d}x$（a 为常数）.

解 $\int \sin ax\mathrm{d}x = \frac{1}{a}\int \sin ax\mathrm{d}(ax) = -\frac{1}{a}\cos ax + C.$

【例 12】 求不定积分$\int \cos ax\mathrm{d}x$（a 为常数）.

解 $\int \cos ax\mathrm{d}x = \frac{1}{a}\int \cos ax\mathrm{d}(ax) = \frac{1}{a}\sin ax + C.$

【说明】 例 5 至例 12 的积分结果也可当作积分公式来应用.

【例 13】 求不定积分$\int \cos^4 x\mathrm{d}x$.

解

$$\begin{aligned}\int \cos^4 x\mathrm{d}x &= \int (\cos^2 x)^2\mathrm{d}x = \int \left[\frac{1}{2}(1+\cos 2x)\right]^2\mathrm{d}x \\ &= \frac{1}{4}\int (1+2\cos 2x+\cos^2 2x)\mathrm{d}x \\ &= \frac{1}{4}\int \left(\frac{3}{2}+2\cos 2x+\frac{1}{2}\cos 4x\right)\mathrm{d}x \\ &= \frac{1}{4}\left(\frac{3}{2}x+\sin 2x+\frac{1}{8}\sin 4x\right)+C \\ &= \frac{3}{8}x+\frac{1}{4}\sin 2x+\frac{1}{32}\sin 4x+C.\end{aligned}$$

【例 14】 求不定积分$\int \frac{1}{x^2+4x+5}\mathrm{d}x$.

解 $\int \frac{1}{x^2+4x+5}\mathrm{d}x = \int \frac{1}{1+(x+2)^2}\mathrm{d}(x+2) = \arctan(x+2)+C.$

【例 15】 求不定积分$\int \frac{1}{\sqrt{1-2x-x^2}}\mathrm{d}x$.

解

$$\begin{aligned}\int \frac{1}{\sqrt{1-2x-x^2}}\mathrm{d}x &= \int \frac{1}{\sqrt{2-(x+1)^2}}\mathrm{d}x = \frac{1}{\sqrt{2}}\int \frac{1}{\sqrt{1-\left(\frac{x+1}{\sqrt{2}}\right)^2}}\mathrm{d}x \\ &= \int \frac{1}{\sqrt{1-\left(\frac{x+1}{\sqrt{2}}\right)^2}}\mathrm{d}\left(\frac{x+1}{\sqrt{2}}\right) = \arcsin\frac{x+1}{\sqrt{2}}+C.\end{aligned}$$

【例 16】 求不定积分$\int \frac{3\sin x-4\cos x}{\sin x+2\cos x}\mathrm{d}x$.

解 令 $3\sin x-4\cos x = a(\sin x+2\cos x)+b(\sin x+2\cos x)'$，则

$$3\sin x-4\cos x = (a-2b)\sin x+(2a+b)\cos x,$$

要使对于有意义的 x，等式恒成立，则

$$\begin{cases}a-2b=3\\2a+b=-4\end{cases}，即 a=-1, b=-2,$$

所以

$$\int \frac{3\sin x - 4\cos x}{\sin x + 2\cos x}dx = -\int \frac{\sin x + 2\cos x}{\sin x + 2\cos x}dx - 2\int \frac{(\sin x + 2\cos x)'}{\sin x + 2\cos x}dx$$
$$= -x - 2\ln|\sin x + 2\cos x| + C.$$

【例 17】 不定积分 $I_n = \int \tan^n x\,dx$(其中 n 为正整数,$n>1$),证明 $I_n = \frac{\tan^{n-1}x}{n-1} - I_{n-2}$.

证明 $I_n = \int \tan^{n-2}x\tan^2 x\,dx = \int \tan^{n-2}x(\sec^2 x - 1)dx$

$$= \int \tan^{n-2}x\,d(\tan x) - I_{n-2} = \frac{\tan^{n-1}x}{n-1} - I_{n-2}.$$

【例 18】 求不定积分 $\int \frac{dx}{\sin x}$ 与 $\int \frac{dx}{\cos x}$.

解 $\int \frac{dx}{\sin x} = \int \frac{dx}{2\sin\frac{x}{2}\cos\frac{x}{2}} = \int \frac{d\left(\frac{x}{2}\right)}{\tan\frac{x}{2}\cos^2\frac{x}{2}} = \int \frac{d\left(\tan\frac{x}{2}\right)}{\tan\frac{x}{2}} = \ln\left|\tan\frac{x}{2}\right| + C,$

$$\tan\frac{x}{2} = \frac{\sin\frac{x}{2}}{\cos\frac{x}{2}} = \frac{2\sin^2\frac{x}{2}}{\sin x} = \frac{1-\cos x}{\sin x} = \csc x - \cot x,$$

所以

$$\int \frac{dx}{\sin x} = \ln|\csc x - \cot x| + C.$$

$$\int \frac{dx}{\cos x} = \int \frac{d\left(x+\frac{\pi}{2}\right)}{\sin\left(x+\frac{\pi}{2}\right)} = \ln\left|\csc\left(x+\frac{\pi}{2}\right) - \cot\left(x+\frac{\pi}{2}\right)\right| + C$$
$$= \ln|\sec x + \tan x| + C.$$

4.2.2 第二类换元积分法

一般地,当 $\int f(x)dx$ 难求,但作 $x = \varphi(t)$ 换元变量代换后,$\int f(\varphi(t))\varphi'(t)dt$ 容易求解时,可考虑采用如下方法来求不定积分:

要求 $x = \varphi(t)$ 是单调的、可导的函数,且 $\varphi^{-1}(t) \neq 0$,从而,

$$\int f(x)dx \xlongequal{\text{令 } x=\varphi(t)} \int f[\varphi(t)]\varphi'(t)dt \xlongequal{\text{容易求得}} F(t)+C \xlongequal{\text{变量回代 } t=\varphi^{-1}(x)} F[\varphi^{-1}(x)]+C,$$

这是因为

$$\{F[\varphi^{-1}(x)]\}' = F'(t)\frac{dt}{dx} = f[\varphi(t)]\varphi'(t)\frac{1}{\frac{dx}{dt}} = f[\varphi(t)] = f(x).$$

这种求不定积分的方法称为**第二类换元积分法**，也称**直接换元积分法**.

1. 根式代换

被积函数中含有 $\sqrt[n]{ax+b}$ 的不定积分，令 $\sqrt[n]{ax+b}=t$，即作变换 $x=\dfrac{1}{a}(t^n-b)$ $(a\neq 0)$，$\mathrm{d}x=\dfrac{n}{a}t^{n-1}\mathrm{d}t$.

【例 19】 求不定积分 $\displaystyle\int\frac{\mathrm{d}x}{\sqrt{x}+\sqrt[4]{x}}$.

解　令 $\sqrt[4]{x}=t\,(t>0)$，则 $x=t^4$，得 $\mathrm{d}x=4t^3\mathrm{d}t$，于是

$$\int\frac{\mathrm{d}x}{\sqrt{x}+\sqrt[4]{x}}=\int\frac{4t^3}{t^2+t}\mathrm{d}t=4\int\frac{t^2}{t+1}\mathrm{d}t=4\int\frac{(t^2-1)+1}{t+1}\mathrm{d}t=4\left[\int(t-1)\mathrm{d}t+\int\frac{\mathrm{d}t}{t+1}\right]$$

$$=2t^2-4t+4\ln|t+1|+C=2\sqrt{x}-4\sqrt[4]{x}+4\ln(1+\sqrt[4]{x})+C.$$

【例 20】 求不定积分 $\displaystyle\int\frac{1}{x}\sqrt{\frac{x+1}{x}}\mathrm{d}x$.

解　令 $\sqrt{\dfrac{x+1}{x}}=t\,(t>0)$，则 $x=\dfrac{1}{t^2-1}$，得 $\mathrm{d}x=\dfrac{-2t}{(t^2-1)^2}\mathrm{d}t$，于是

$$\int\frac{1}{x}\sqrt{\frac{x+1}{x}}\mathrm{d}x=\int(t^2-1)\frac{-2t}{(t^2-1)^2}\mathrm{d}t=-2\int\frac{t^2-1+1}{t^2-1}\mathrm{d}t$$

$$=-2\int\left(1+\frac{1}{t^2-1}\right)\mathrm{d}t=-2t+\ln\left|\frac{t+1}{t-1}\right|+C$$

$$=-2\sqrt{\frac{x+1}{x}}+2\ln(\sqrt{x+1}-\sqrt{x})+C.$$

2. 三角代换

被积函数中含有二次根式 $\sqrt{a^2-x^2}$，$\sqrt{a^2+x^2}$，$\sqrt{x^2-a^2}$ $(a>0)$ 的不定积分：

(1) 对于 $\sqrt{a^2-x^2}$，设 $x=a\sin t$，$t\in\left(-\dfrac{\pi}{2},\dfrac{\pi}{2}\right)$；

(2) 对于 $\sqrt{a^2+x^2}$，设 $x=a\tan t$，$t\in\left(-\dfrac{\pi}{2},\dfrac{\pi}{2}\right)$；

(3) 对于 $\sqrt{x^2-a^2}$，设 $x=a\sec t$，$t\in\left(0,\dfrac{\pi}{2}\right)$.

【例 21】 求不定积分 $\displaystyle\int\frac{\mathrm{d}x}{\sqrt{x^2-a^2}}$ $(a>0)$.

解　设 $x=a\sec t$，则 $\mathrm{d}x=a\sec t\tan t\mathrm{d}t$，

$$\int\frac{\mathrm{d}x}{\sqrt{x^2-a^2}}=\int\frac{a\sec t\tan t\mathrm{d}t}{a\tan t}=\int\sec t\mathrm{d}t$$

$$=\int\frac{\mathrm{d}t}{\cos t}=\ln|\sec t+\tan t|+C.$$

【例 22】 求不定积分$\int \sqrt{a^2-x^2}\,\mathrm{d}x \quad (a>0)$.

解 设 $x=a\sin t$，则 $\mathrm{d}x=a\cos t\mathrm{d}t$，

$t=\arcsin\frac{x}{a}$，$-a\leqslant x\leqslant a$，$-\frac{\pi}{2}\leqslant t\leqslant\frac{\pi}{2}$，

$$\begin{aligned}\int \sqrt{a^2-x^2}\,\mathrm{d}x &= \int \sqrt{a^2-a^2\sin^2 t}\,a\cos t\mathrm{d}t \\ &= a^2\int |\cos t|\cos t\mathrm{d}t = a^2\int\cos^2 t\mathrm{d}t \\ &= \frac{a^2}{2}\int(1+\cos 2t)\mathrm{d}t = \frac{a^2}{2}\left(\int\mathrm{d}t+\int\cos 2t\mathrm{d}t\right) \\ &= \frac{a^2}{2}\left(t+\frac{1}{2}\sin 2t\right)+C \\ &= \frac{a^2}{2}t+\frac{a^2}{4}\sin 2t+C \\ &= \frac{a^2}{2}\arcsin\frac{x}{a}+\frac{x}{2}\sqrt{a^2-x^2}+C.\end{aligned}$$

【例 23】 求不定积分$\int\frac{1}{x^2\sqrt{x^2+a^2}}\mathrm{d}x \quad (a>0)$.

解 令 $x=a\tan t\left(-\frac{\pi}{2}<t<\frac{\pi}{2}\right)$，则 $\sqrt{x^2+a^2}=\sqrt{a^2(\tan^2 t+1)}=a\sec t$，$\mathrm{d}x=a\sec^2 t\mathrm{d}t$，

于是 $$\int\frac{1}{x^2\sqrt{x^2+a^2}}\mathrm{d}x=\int\frac{a\sec^2 t}{a^2\tan^2 t\cdot a\sec t}\mathrm{d}t=\int\frac{\cos t}{a^2\sin^2 t}\mathrm{d}t=-\frac{1}{a^2\sin t}+C,$$

由 $\tan t=\frac{x}{a}$，作辅助三角形(见图 4-2-1) 知，

$$\sin t=\frac{x}{\sqrt{x^2+a^2}}.$$

于是$$\int\frac{1}{x^2\sqrt{x^2+a^2}}\mathrm{d}x=-\frac{\sqrt{x^2+a^2}}{a^2x}+C.$$

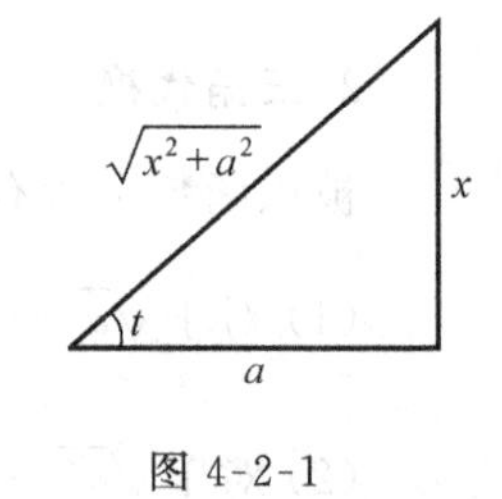

图 4-2-1

【例 24】 求不定积分$\int\frac{1}{\sqrt{x^2-a^2}}\mathrm{d}x \quad (a>0)$.

解 令 $x=a\sec t\left(0<t<\frac{\pi}{2}\right)$，则 $\mathrm{d}x=a\sec t\tan t\mathrm{d}t$，

于是 $\int\frac{1}{\sqrt{x^2-a^2}}\mathrm{d}x=\int\frac{a\sec t\tan t}{a\tan t}\mathrm{d}t=\int\sec t\mathrm{d}t$，由例 8 积分结果得

$$\int\frac{1}{\sqrt{x^2-a^2}}\mathrm{d}x=\ln|\sec t+\tan t|+C_1.$$

由 $\sec t=\frac{x}{a}$，作辅助三角形(见图 4-2-2) 知

$\tan t = \dfrac{\sqrt{x^2 - a^2}}{a}$.

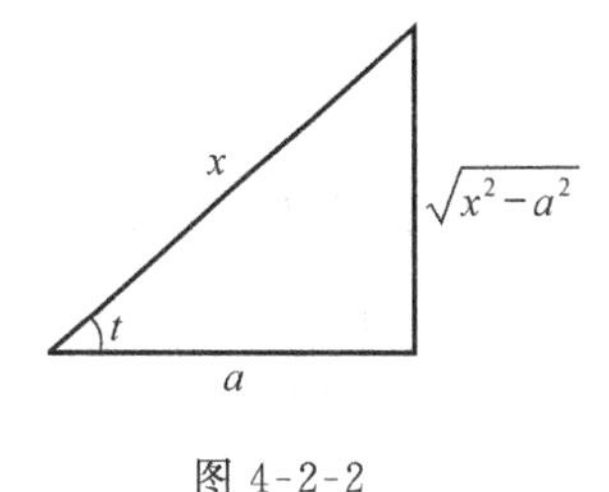

图 4-2-2

于是$\displaystyle\int \frac{1}{\sqrt{x^2 - a^2}}\mathrm{d}x = \ln\left|\frac{x}{a} + \frac{\sqrt{x^2 - a^2}}{a}\right| + C_1$

$$= \ln\left|x + \sqrt{x^2 - a^2}\right| + C$$

(其中 $C = C_1 - \ln a$).

3. 一些积分公式(接第 4.1 节积分公式)

(14) $\displaystyle\int \tan x\mathrm{d}x = -\ln|\cos x| + C.$

(15) $\displaystyle\int \cot x\mathrm{d}x = \ln|\sin x| + C.$

(16) $\displaystyle\int \sec x\mathrm{d}x = \ln|\sec x + \tan x| + C.$

(17) $\displaystyle\int \csc x\mathrm{d}x = \ln|\csc x - \cot x| + C.$

(18) $\displaystyle\int \frac{1}{a^2 + x^2}\mathrm{d}x = \frac{1}{a}\arctan\frac{x}{a} + C.$

(19) $\displaystyle\int \frac{1}{x^2 - a^2}\mathrm{d}x = \frac{1}{2a}\ln\left|\frac{x - a}{x + a}\right| + C.$

(20) $\displaystyle\int \frac{1}{\sqrt{a^2 - x^2}}\mathrm{d}x = \arcsin\frac{x}{a} + C.$

(21) $\displaystyle\int \frac{\mathrm{d}x}{\sqrt{x^2 + a^2}} = \ln(x + \sqrt{x^2 + a^2}) + C.$

(22) $\displaystyle\int \frac{\mathrm{d}x}{\sqrt{x^2 - a^2}} = \ln\left|x + \sqrt{x^2 - a^2}\right| + C.$

▶▶▶▶ 习题 4.2 ◀◀◀◀

1. 计算不定积分:

(1) $\displaystyle\int x\mathrm{e}^{x^2}\mathrm{d}x$;

(2) $\displaystyle\int \sin^3 x\cos x\mathrm{d}x$;

(3) $\displaystyle\int \frac{3x^2 + 2x}{\sqrt{x^3 + x^2 + 1}}\mathrm{d}x$;

(4) $\displaystyle\int x\sin(x^2)\mathrm{d}x$;

(5) $\displaystyle\int \frac{1}{\sqrt{x^2 - 1}}\mathrm{d}x$;

(6) $\displaystyle\int \frac{\sin^4 x}{\cos^6 x}\mathrm{d}x$;

(7) $\displaystyle\int \sin x\cos^4 x\mathrm{d}x$;

(8) $\displaystyle\int \frac{x^2}{(x^2 + 1)^{5/2}}\mathrm{d}x$;

(9) $\displaystyle\int \frac{1}{\sqrt{4x^2 + 9}}\mathrm{d}x$;

(10) $\displaystyle\int \frac{\sin x\cos x}{\sqrt{1 - \sin^4 x}}\mathrm{d}x$;

(11) $\int \frac{1}{x\sqrt{a^2-x^2}}\mathrm{d}x$; (12) $\int \sin^4 x\mathrm{d}x$.

2. 计算不定积分：

(1) $\int \frac{1}{(1+x^2)\sqrt{1-x^2}}\mathrm{d}x$; (2) $\int \frac{\mathrm{d}x}{1+\sqrt[3]{x+2}}$;

(3) $\int \sqrt{4-x^2}\,\mathrm{d}x$; (4) $x\int \frac{1}{\sqrt{x^2+a^2}}\mathrm{d}x$;

(5) $\int \frac{\sqrt{x^2-1}}{x}\mathrm{d}x$; (6) $\int \frac{1}{\sqrt{x}+\sqrt{x+1}}\mathrm{d}x$.

§4.3　分部积分法和有理函数的积分

在上一节中，我们将复合函数的微分法用于求不定积分，得到第一、第二类换元积分法. 这一节我们介绍不定积分的分部积分法，它可以处理一些形如(a,b 为常数且 $a\neq 0$)

$\int x^n e^{kx}\mathrm{d}x$, $\int x^n\sin(ax+b)\mathrm{d}x$, $\int x^n\cos(ax+b)\mathrm{d}x$, $\int x^n\ln x\mathrm{d}x$, $\int x^n\arcsin(ax+b)\mathrm{d}x$, $\int x^n\arctan(ax+b)\mathrm{d}x$, $\int e^{kx}\sin(ax+b)\mathrm{d}x$ 的不定积分的计算问题.

4.3.1　分部积分法

已知 u 和 v 都是 x 的可微函数，则由函数乘积的导数公式、不定积分定义及其运算法则，可得

$$(uv)'=u'v+uv',\quad\Rightarrow\quad \int(uv)'\mathrm{d}x=\int u'v\mathrm{d}x+\int uv'\mathrm{d}x,\quad\Rightarrow\quad uv=\int v\mathrm{d}u+\int u\mathrm{d}v,$$

$$\Rightarrow\quad \text{亦即}\int u\mathrm{d}v=uv-\int v\mathrm{d}u.$$

公式 $\int u\mathrm{d}v=uv-\int v\mathrm{d}u$ 称为**分部积分公式**. 分部积分法的核心是将不易求出的积分 $\int u\mathrm{d}v$ 转化为较易求出的积分 $\int v\mathrm{d}u$，关键是正确地选取 $u=u(x)$ 和 $v=v(x)$，把积分 $\int f(x)\mathrm{d}x$ 改写成 $\int u\mathrm{d}v$ 的形式，通过积分 $\int v\mathrm{d}u$ 的计算求出原来的积分.

【例 1】 求不定积分 $\int x\cos x\mathrm{d}x$.

解　取 $u=x$, $\mathrm{d}v=\cos x\mathrm{d}x=\mathrm{d}\sin x$，则

$$\int x\cos x\mathrm{d}x=\int x\mathrm{d}\sin x\xlongequal{\text{分部积分法}}x\sin x-\int\sin x\mathrm{d}x=x\sin x+\cos x+C.$$

在上述积分中，如果我们取 $u=\cos x, \mathrm{d}v=x\mathrm{d}x=\frac{1}{2}\mathrm{d}x^2$，则

$$\int x\cos x\mathrm{d}x=\frac{1}{2}\int\cos x\mathrm{d}(x^2)=\frac{1}{2}\left(x^2\cos x-\int x^2\mathrm{d}\cos x\right)$$

$$=\frac{1}{2}x^2\cos x+\frac{1}{2}\int x^2\sin x\mathrm{d}x,$$

显然右端的积分 $\int x^2\sin x\mathrm{d}x$ 比左端 $\int x\cos x\mathrm{d}x$ 更复杂些. 所以在分部积分法中，u 和 $\mathrm{d}v$ 的选择不是任意的，如果选取不当，就得不出结果下. 在通常情况下，选择 u 和 $\mathrm{d}v$ 遵循两条原则：(1) $\mathrm{d}v$ 要容易求，(2) $\int v\mathrm{d}u$ 要比 $\int u\mathrm{d}v$ 容易求出.

下面，我们具体给出几类常见的被积函数中 u 和 $\mathrm{d}v$ 的选择：

(1) $\int x^n\mathrm{e}^{kx}\mathrm{d}x$，设 $u=x^n, \mathrm{d}v=\mathrm{e}^{kx}\mathrm{d}x=\mathrm{d}\left(\frac{1}{k}\mathrm{e}^{kx}\right)\quad(k\neq 0)$.

(2) $\int x^n\sin(ax+b)\mathrm{d}x$，设 $u=x^n, \mathrm{d}v=\sin(ax+b)\mathrm{d}x=\mathrm{d}\left(\frac{-\cos(ax+b)}{a}\right)\quad(a\neq 0)$.

(3) $\int x^n\cos(ax+b)\mathrm{d}x$，设 $u=x^n, \mathrm{d}v=\cos(ax+b)\mathrm{d}x=\mathrm{d}\left(\frac{\sin(ax+b)}{a}\right)\quad(a\neq 0)$.

(4) $\int\mathrm{e}^{kx}\sin(ax+b)\mathrm{d}x$ 和 $\int\mathrm{e}^{kx}\cos(ax+b)\mathrm{d}x$， u 和 $\mathrm{d}v$ 随意选择 $(a\neq 0)$.

以下几个公式，当 $n=0$ 时，$x^0\mathrm{d}x=\mathrm{d}x$；当 $n=-1$ 时，$x^{-1}\mathrm{d}x=\mathrm{d}\ln x$；当 $n=-2$ 时，$x^{-2}\mathrm{d}x=\mathrm{d}\left(-\frac{1}{x}\right)$；当 $n\neq -1$ 时，$x^n\mathrm{d}x=\mathrm{d}\left(\frac{1}{n+1}x^{n+1}\right)$.

(5) $\int x^n\ln x\mathrm{d}x$，设 $u=\ln x, \mathrm{d}v=x^n\mathrm{d}x$.

(6) $\int x^n\arcsin(ax+b)\mathrm{d}x$，设 $u=\arcsin(ax+b), \mathrm{d}v=x^n\mathrm{d}x\quad(a\neq 0)$.

(7) $\int x^n\arctan(ax+b)\mathrm{d}x$，设 $u=\arctan(ax+b), \mathrm{d}v=x^n\mathrm{d}x\quad(a\neq 0)$.

【例 2】 求不定积分 $\int\ln x\mathrm{d}x$ 和 $\int\frac{\ln x}{x^2}\mathrm{d}x$.

解 对 $\int\ln x\mathrm{d}x$，取 $u=\ln x$，$\mathrm{d}v=\mathrm{d}x$，则 $\mathrm{d}u=\frac{1}{x}\mathrm{d}x, v=x$，有

$$\int\ln x\mathrm{d}x=x\ln x-\int x\frac{1}{x}\mathrm{d}x=x\ln x-x+C.$$

对 $\int\frac{\ln x}{x^2}\mathrm{d}x$，取 $u=\ln x, \mathrm{d}v=\frac{\mathrm{d}x}{x^2}$，则 $\mathrm{d}u=\frac{1}{x}\mathrm{d}x, v=-\frac{1}{x}$，有

$$\int\frac{\ln x}{x^2}\mathrm{d}x=-\frac{\ln x}{x}+\int\frac{\mathrm{d}x}{x^2}=-\frac{\ln x}{x}-\frac{1}{x}+C$$

$$=-\frac{1}{x}(\ln x+1)+C.$$

【例 3】 求不定积分$\int xe^x\mathrm{d}x$.

解 令 $\mathrm{d}v=\mathrm{e}^x\mathrm{d}x, u=x$,从而

$$\int x\mathrm{e}^x\mathrm{d}x=\int x\mathrm{d}\mathrm{e}^x=x\mathrm{e}^x-\int\mathrm{e}^x\mathrm{d}x=x\mathrm{e}^x-\mathrm{e}^x+C.$$

【例 4】 求不定积分$\int \mathrm{e}^x\sin x\mathrm{d}x$.

解 取 $u=\sin x$, $\mathrm{d}v=\mathrm{d}\mathrm{e}^x$,则 $\mathrm{d}u=\cos x\mathrm{d}x, v=\mathrm{e}^x$.

因为$\int\mathrm{e}^x\sin x\mathrm{d}x=\int\sin x\mathrm{d}\mathrm{e}^x=\mathrm{e}^x\sin x-\int\mathrm{e}^x\mathrm{d}\sin x$

$$=\mathrm{e}^x\sin x-\int\mathrm{e}^x\cos x\mathrm{d}x=\mathrm{e}^x\sin x-\int\cos x\mathrm{d}\mathrm{e}^x$$

$$=\mathrm{e}^x\sin x-\mathrm{e}^x\cos x+\int\mathrm{e}^x\mathrm{d}\cos x$$

$$=\mathrm{e}^x\sin x-\mathrm{e}^x\cos x-\int\mathrm{e}^x\sin x\mathrm{d}x,$$

所以 $$\int\mathrm{e}^x\sin x\mathrm{d}x=\frac{1}{2}\mathrm{e}^x(\sin x-\cos x)+C.$$

【问题】 请验证取 $u=\mathrm{e}^x$, $\mathrm{d}v=\sin x\mathrm{d}x$ 能否计算出$\int\mathrm{e}^x\sin x\mathrm{d}x$?

【说明】 在熟练分部积分公式后,为计算简洁化,u 和 $\mathrm{d}v$ 的选择也可以不必写出.

【例 5】 求不定积分$\int\arccos x\mathrm{d}x$.

解 $$\int\arccos x\mathrm{d}x=x\arccos x-\int x\mathrm{d}\arccos x=x\arccos x+\int x\frac{1}{\sqrt{1-x^2}}\mathrm{d}x$$

$$=x\arccos x-\frac{1}{2}\int(1-x^2)^{-\frac{1}{2}}\mathrm{d}(1-x^2)=x\arccos x-\sqrt{1-x^2}+C.$$

【例 6】 求不定积分$\int x\arctan x\mathrm{d}x$.

解 $$\int x\arctan x\mathrm{d}x=\frac{1}{2}\int\arctan x\mathrm{d}(x^2)=\frac{1}{2}x^2\arctan x-\frac{1}{2}\int x^2\mathrm{d}(\arctan x)$$

$$=\frac{1}{2}x^2\arctan x-\frac{1}{2}\int\frac{x^2}{1+x^2}\mathrm{d}x$$

$$=\frac{1}{2}x^2\arctan x-\frac{1}{2}\int\left(1-\frac{1}{1+x^2}\right)\mathrm{d}x$$

$$=\frac{1}{2}x^2\arctan x-\frac{1}{2}(x-\arctan x)+C$$

$$=\frac{1}{2}(x^2+1)\arctan x-\frac{1}{2}x+C.$$

【例 7】 求不定积分$\int\sec^3x\mathrm{d}x$.

解　因为$\int \sec^3 x\mathrm{d}x = \int \sec x \cdot \sec^2 x\mathrm{d}x = \int \sec x\mathrm{d}\tan x$

$$= \sec x\tan x - \int \sec x\tan^2 x\mathrm{d}x$$

$$= \sec x\tan x - \int \sec x(\sec^2 x - 1)\mathrm{d}x$$

$$= \sec x\tan x - \int \sec^3 x\mathrm{d}x + \int \sec x\mathrm{d}x$$

$$= \sec x\tan x + \ln|\sec x + \tan x| - \int \sec^3 x\mathrm{d}x,$$

所以　$\int \sec^3 x\mathrm{d}x = \frac{1}{2}(\sec x\tan x + \ln|\sec x + \tan x|) + C.$

有时,需要综合运用换元积分法和分部积分法求不定积分.

【例 8】　求不定积分$\int \mathrm{e}^{\sqrt{x}}\mathrm{d}x$.

解　令 $t = \sqrt{x}$,则 $x = t^2(t > 0)$,得 $\mathrm{d}x = 2t\mathrm{d}t$,则

$$\int \mathrm{e}^{\sqrt{x}}\mathrm{d}x = \int \mathrm{e}^t 2t\mathrm{d}t = 2\int t\mathrm{d}(\mathrm{e}^t) = 2(t\mathrm{e}^t - \int \mathrm{e}^t\mathrm{d}t) = 2t\mathrm{e}^t - 2\mathrm{e}^t + C$$

$$= 2\mathrm{e}^t(t-1) + C = 2\mathrm{e}^{\sqrt{x}}(\sqrt{x} - 1) + C.$$

【例 9】　求$\int \frac{x^2\arctan x}{1+x^2}\mathrm{d}x$.

解　$\int \frac{x^2\arctan x}{1+x^2}\mathrm{d}x = \int \frac{x^2+1-1}{1+x^2}\arctan x\mathrm{d}x = \int\left(\arctan x - \frac{\arctan x}{1+x^2}\right)\mathrm{d}x$

$$= \int \arctan x\mathrm{d}x - \int \arctan x\mathrm{d}\arctan x$$

$$= x\arctan x - \int \frac{x}{1+x^2}\mathrm{d}x - \frac{1}{2}(\arctan x)^2$$

$$= x\arctan x - \frac{1}{2}\ln(1+x^2) - \frac{1}{2}(\arctan x)^2 + C.$$

*4.3.2　有理函数的不定积分

形如 $a_n x^n + a_{n-1}x^{n-1} + \cdots + a_1 x + a_0$　$(a_n \neq 0)$ 的函数,叫作**多项式函数**,它是由常数与自变量 x 经过有限次乘法与加法运算得到的. **有理函数**就是通过多项式的加减乘除得到的函数. 一个有理函数 $H(x)$ 可以写成如下形式:

$$H(x) = \frac{P(x)}{Q(x)},$$

这里 $P(x) = a_n x^n + a_{n-1}x^{n-1} + \cdots + a_1 x + a_0\,(a_n \neq 0)$ 和 $Q(x) = b_m x^m + b_{m-1}x^{m-1} + \cdots + b_1 x + b_0\,(b_m \neq 0)$ 都是多项式函数. 当 $m \leqslant n$,$\frac{P(x)}{Q(x)}$ 称为有理假分式;若 $m > n$,$\frac{P(x)}{Q(x)}$

称为有理真分式. 有理假分式总可以化成一个多项式与一个真分式之和的形式. 例如：$\frac{x^3+x+1}{x^2+1}=\frac{x(x^2+1)+1}{x^2+1}=x+\frac{1}{x^2+1}$，也就是说，当$\frac{P(x)}{Q(x)}$是假分式时，一定有多项式$R(x)$、$F(x)$，使得$\frac{F(x)}{Q(x)}$是真分式且$\frac{P(x)}{Q(x)}=R(x)+\frac{F(x)}{Q(x)}$. 两端积分得$\int\frac{P(x)}{Q(x)}\mathrm{d}x=\int R(x)\mathrm{d}x+\int\frac{F(x)}{Q(x)}\mathrm{d}x$. 因为多项式积分$\int R(x)\mathrm{d}x$容易计算，所以讨论有理函数$\frac{P(x)}{Q(x)}$的不定积分，仅需讨论真分式$\frac{F(x)}{Q(x)}$的不定积分.

【注意】 有理多项式$Q(x)$总能分解为如下形式：

$$Q(x)=(x-a_1)^{r_1}\cdots(x-a_k)^{r_k}(x^2+p_1x+q_1)^{s_1}\cdots(x^2+p_tx+q_t)^{s_t},$$

其中，$r_1,\cdots,r_k,s_1,\cdots,s_t$是正整数，$a_i$是$Q(x)$的$r_i$重根，二次多项式$x^2+p_ix+q_i$没有实根，有共轭复根. 其次，有理分式$\frac{F(x)}{Q(x)}$总能分解为部分和的形式：

$$\begin{aligned}\frac{F(x)}{Q(x)}=&\frac{A_1}{x-a_1}+\frac{A_2}{(x-a_1)^2}+\cdots+\frac{A_{r_1}}{(x-a_1)^{r_1}}\\&+\cdots\cdots\\&+\frac{B_1}{x-a_k}+\frac{B_2}{(x-a_k)^2}+\cdots+\frac{B_{r_k}}{(x-a_k)^{r_k}}\\&+\frac{C_1x+D_1}{x^2+p_1x+q_1}+\frac{C_2x+D_2}{(x^2+p_1x+q_1)^2}+\cdots+\frac{C_{s_1}x+D_{s_1}}{(x^2+p_1x+q_1)^{S_1}}\\&+\cdots\cdots\\&+\frac{E_1x+F_1}{x^2+p_tx+q_t}+\frac{E_2x+F_2}{(x^2+p_tx+q_t)^2}+\cdots+\frac{E_{s_t}x+F_{s_t}}{(x^2+p_tx+q_t)^{S_t}},\end{aligned}$$

其中，A_i,B_i,C_i,D_i,E_i,F_i都是常数，将右端通分，可得：$\frac{F(x)}{Q(x)}=\frac{S(x)}{Q(x)}$. $F(x)$与$S(x)$的同次幂的系数相等，再通过解一个方程组，可求得常数A_i,B_i,C_i,D_i,E_i,F_i. 这种方法叫作**待定系数法**.

【例 10】 化有理函数$\frac{1}{x^2-a^2}$为部分分式之和.

解 设$\frac{1}{x^2-a^2}=\frac{1}{(x-a)(x+a)}=\frac{A}{x-a}+\frac{B}{x+a}$，即

$$\frac{1}{x^2-a^2}=\frac{A(x+a)+B(x-a)}{(x+a)(x-a)}.$$

则$\begin{cases}A+B=0\\A-B=\frac{1}{a}\end{cases}$，得$A=\frac{1}{2a}$，$B=-\frac{1}{2a}$，于是$\frac{1}{x^2-a^2}=\frac{1}{2a}\left(\frac{1}{x-a}-\frac{1}{x+a}\right)$.

【例 11】 化有理函数$\frac{1}{x(x-1)^2}$为部分分式之和.

解　设 $\frac{1}{x(x-1)^2}=\frac{A}{x}+\frac{B}{x-1}+\frac{C}{(x-1)^2}$，即

$$\frac{1}{x(x-1)^2}=\frac{A(x-1)^2}{x(x-1)^2}+\frac{Bx(x-1)}{x(x-1)^2}+\frac{Cx}{x(x-1)^2}.$$

则 $\begin{cases}A+B=0\\-2A-B+C=0\\A=1\end{cases}$，得 $A=1$，$B=-1$，$C=1$，

于是 $\frac{1}{x(x-1)^2}=\frac{1}{x}-\frac{1}{x-1}+\frac{1}{(x-1)^2}$.

【例 12】　化有理函数 $\frac{2x+2}{(x-1)(x^2+1)^2}$ 为部分分式之和.

解　设 $\frac{2x+2}{(x-1)(x^2+1)^2}=\frac{A}{x-1}+\frac{B_1x+C_1}{x^2+1}+\frac{B_2x+C_2}{(x^2+1)^2}$.

右边通分后，再比较两端分子的同次幂系数得一线性方程组：

$$\begin{cases}A+B_1=0\\C_1-B_1=0\\2A+B_2+B_1-C_1=0\\-B_2-B_1+C_1+C_2=2\\A-C_2-C_1=2\end{cases}.$$

解方程组，得　$A=1,B_1=-1,B_2=-2,C_1=-1,C_2=0$，

所以
$$\frac{2x+2}{(x-1)(x^2+1)^2}=\frac{1}{x-1}-\frac{x+1}{x^2+1}-\frac{2x}{(x^2+1)^2}.$$

【例 13】　求 $\int\frac{1}{x(x-1)^2}\mathrm{d}x$.

解
$$\begin{aligned}\int\frac{1}{x(x-1)^2}\mathrm{d}x&=\int\left[\frac{1}{x}-\frac{1}{x-1}+\frac{1}{(x-1)^2}\right]\mathrm{d}x\\&=\int\frac{1}{x}\mathrm{d}x-\int\frac{1}{x-1}\mathrm{d}x+\int\frac{1}{(x-1)^2}\mathrm{d}x\\&=\ln|x|-\ln|x-1|-\frac{1}{x-1}+C.\end{aligned}$$

【说明】　$\int\frac{A}{x-a}\mathrm{d}x=A\ln|x-a|+C$ 和 $\int\frac{B}{(x-a)^n}\mathrm{d}x=\frac{B}{(1-n)(x-a)^{n-1}}+C$.

【例 14】　求 $\int\frac{\mathrm{d}x}{x^3+1}$.

解　设 $\frac{1}{x^3+1}=\frac{1}{(x+1)(x^2-x+1)}=\frac{A}{x+1}+\frac{Bx+C}{x^2-x+1}$，

解得　$\frac{1}{x^3+1}=\frac{1}{3}\left(\frac{1}{x+1}-\frac{x-2}{x^2-x+1}\right)$. 于是

$$\int\frac{\mathrm{d}x}{x^3+1}=\frac{1}{3}\ln|x+1|-\frac{1}{3}\int\frac{x-2}{x^2-x+1}\mathrm{d}x$$

$$= \frac{1}{3}\ln|x+1| - \frac{1}{6}\ln(x^2-x+1) + \frac{1}{\sqrt{3}}\arctan\frac{x-\frac{1}{2}}{\frac{\sqrt{3}}{2}} + C$$

$$= \frac{1}{6}\ln\frac{(x+1)^2}{x^2-x+1} + \frac{1}{\sqrt{3}}\arctan\frac{2x-1}{\sqrt{3}} + C.$$

【结束语】 不定积分是高等数学后续概念定积分、反常积分、双重积分、曲线积分的基础.不定积分的计算不像微分运算有一定的法则，它具有很高的灵活性，往往需要观察被积函数的结构和特性,寻找在基本积分公式中最相近的形式,把所求的不定积分化成我们所需要的形式,最后套用积分的基本公式加以解决.换元积分法可分为第一类换元法与第二类换元法,第一类换元法的重点是一个"凑"字,选择适当的换元函数,进行凑微分,再依托于某个积分公式,进而求得原不定积分.第二类换元法是做适当的变量代换,将原不定积分化为一个易于求解的不定积分(关于新变量),它常用于消去被积函数的根式,常见的代换手段有根式代换和三角代换.分部积分法的实质是:将所求积分化为两个积分之差,积分容易者先积分. 需要说明的是:任何一种计算方法(积分公式法(直接法)、第一类换元积分法、第二类换元积分法、分部积分法等) 都不是万能的. 因此,掌握不定积分的解法比较困难,必须强化练习,并总结规律和积累经验,才能灵活运用.

▶▶▶▶ 习题 4.3 ◀◀◀◀

1.用分部积分法计算不定积分:

(1) $\int x\arcsin x\mathrm{d}x$;

(2) $\int x\sin x\mathrm{d}x$;

(3) $\int x^2 \mathrm{e}^x \mathrm{d}x$;

(4) $\int \sin(\ln x)\mathrm{d}x$;

(5) $\int \frac{x\cos x}{\sin^3 x}\mathrm{d}x$;

(6) $\int \sin\sqrt{x}\,\mathrm{d}x$.

(7) $\int x(\arctan x)^2\mathrm{d}x$;

(8) $\int \frac{\ln\cos x}{\cos^2 x}\mathrm{d}x$.

2.计算有理函数的不定积分:

(1) $\int \frac{3x+1}{x^2-3x+2}\mathrm{d}x$;

(2) $\int \frac{2x+2}{(x-1)(x^2+1)^2}\mathrm{d}x$;

(3) $\int \frac{1}{x^3+1}\mathrm{d}x$;

(4) $\int \frac{1}{(1+2x)(x^2+1)}\mathrm{d}x$;

(5) $\int \frac{x}{(x^2+1)(x^2+4)}\mathrm{d}x$;

(6) $\int \frac{1-x-x^2}{(x^2+1)^2}\mathrm{d}x$;

(7) $\int \frac{6x^2-11x+4}{x(x-1)^2}\mathrm{d}x$;

(8) $\int \frac{x^2}{(x^2+2x+2)^2}\mathrm{d}x$.

3. 设 $f(x)$ 的一个原函数为 $\frac{\tan x}{x}$，求 $\int xf'(x)\mathrm{d}x$.

4. 设 $f'(\mathrm{e}^x)=1+x$，求 $f(x)$.

求不定积分的列表法

在运用分部积分计算不定积分时，一些不定积分必须反复使用分部积分公式

$$\int u\mathrm{d}v = uv - \int v\mathrm{d}u$$

才能计算出结果. 但计算冗长繁杂，容易出错. 这时，若使用列表法来解，则不仅运算简捷，而且直观易懂. 列表法步骤：

(1) 适当选取 u 和 v'，由给定的被积函数确定；

(2) 列表：表中第一行是 u 及其各阶导数(当出现第一行某阶导数为零时，终止求导运算)，第二行是 v' 及连续对 v' 积分后的函数. 表格的列数由不定积分的积分类型和被积函数表达式来确定；

(3) 直接写出结果：积分结果可写为第一行 u 的第 n 列与第二行 v' 的第 $n+1$ 列积的代数和形式，奇数项取正，偶数项取负.

【例 1】 求 $\int (x^2-5x+3)\sin x\mathrm{d}x$.

解　令 $u=x^2-5x+3$，$v'=\sin x$.

列表如下：

u	$2x-5$	2	0
v'	$-\cos x$	$-\sin x$	$\cos x$

积分结果：$\int (x^2-5\mathrm{x}+3)\sin x\mathrm{d}x=-(x^2-5x+3)\cos x+(2x-5)\sin x+2\cos x+C$.

【例 2】 求 $\int x^2\mathrm{e}^x\mathrm{d}x$.

解　令 $u=x^2$，$v'=\mathrm{e}^x$.

列表如下：

u	$2x$	2	0
v'	e^x	e^x	e^x

积分结果：$\int x^2\mathrm{e}^x\mathrm{d}x = x^2\mathrm{e}^x-2x\mathrm{e}^x+2\mathrm{e}^x+C$.

第5章　定积分

前　言

不定积分和定积分统称为积分. 不定积分是求导的逆运算，也就是，不定积分是已知一个函数的导数，求原函数. 定积分也称“黎曼积分”，它最早由德国数学家黎曼严格表述. 粗略地说，定积分是函数 $f(x)$ 在区间 $[a,b]$ 上的积分和的极限，这个极限值为求函数 $f(x)$ 在区间 $[a,b]$ 中曲线下包围的面积，即由 $y=0, x=a, x=b, y=f(x)$ 所围成图形的面积. 定积分是微积分的重要概念，它在几何、物理及科学技术与工程问题中有着广泛的应用. 这一章，我们将讨论定积分的概念、基本性质及定积分的常用求解方法，并阐述积分中值定理和牛顿-莱布尼兹公式.

教学知识

1. 定积分的概念、基本性质、几何意义；
2. 定积分的换元积分法和分部积分法；
3. 牛顿-莱布尼兹公式，积分中值定理.

重点难点

重点：定积分的思想——分割、求近似、求和、取极限，定积分的性质；

定积分的换元积分法和分部积分法，牛顿-莱布尼兹公式，积分中值定理.

难点：换元积分法和分部积分法，积分中值定理.

§5.1　定积分的概念及性质

5.1.1　定积分的背景

【几何背景】　求由连续曲线 $y=f(x)$（不妨设 $f(x)\geqslant 0$）与直线 $x=a, x=b$ 及 x

轴所围成的平面图形(叫**曲边梯形**)的面积 A(阴影部分)(见图 5-1-1).

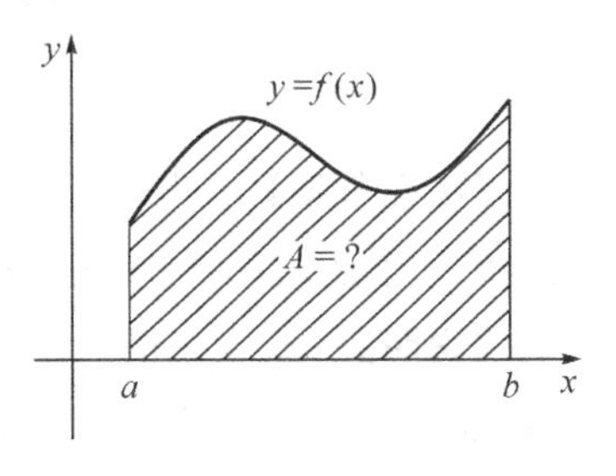

图 5-1-1

【说明】 曲边梯形不像正方形、矩形，它是不规则图形，为计算其面积，将区间细分，曲边梯形分割成一些小的曲边梯形，每个小曲边梯形的面积都可用一个等宽的小矩形面积近似代替，则小矩形的面积之和就是曲边梯形的面积的一个近似值. 为求曲边梯形面积的精确值，可采取无限逼近方法，即取将区间无限细分，再无限累加小矩形的面积去逼近曲边梯形面积. 归纳起来，求曲边梯形的面积可分为分割、取近似、求和、取极限四个步骤.

(1) **分割**——大化小的过程

在区间$[a,b]$内任意插入 $n-1$ 个分点：$a=x_0<x_1<x_2<\cdots<x_{i-1}<x_i<\cdots<x_{n-1}<x_n=b$，把区间$[a,b]$分成 n 个子区间：$[x_0,x_1]$，$[x_1,x_2]$，…，$[x_{i-1},x_i]$，…，$[x_{n-1},x_n]$，记 $\Delta x_i=x_i-x_{i-1}(i=1,2,\cdots,n)$，过每个分点作平行于 y 轴的直线，它们把原曲边梯形分成 n 个小曲边梯形 $\Delta A_1,\Delta A_2,\cdots,\Delta A_n$.

(2) **取近似**——以直代曲，常值代变值的过程

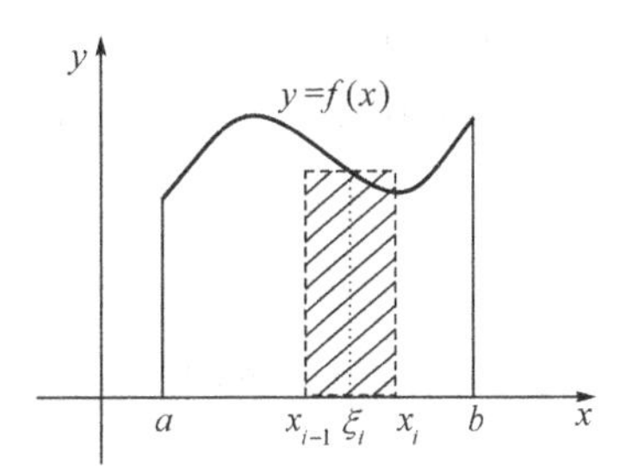

图 5-1-2　ΔA_i 的近似

由于 $y=f(x)$ 连续，当自变量的改变量 Δx 很小时，函数的改变量 Δy 也很小，所以当每个子区间长度 Δx_i 很小时，每个小曲边梯形的面积可近似地用矩形面积来代替. 故在每个子区间$[x_{i-1},x_i]$上取任一点 $\xi_i(x_{i-1}\leqslant\xi_i\leqslant x_i)$，以 $f(\xi_i)$ 为高，Δx_i 为底作小矩形，用小矩形的面积 $f(\xi_i)\Delta x_i$ 近似代替小曲边梯形的面积 ΔA_i，即 $\Delta A_i\approx f(\xi_i)\Delta x_i(i=1,2,\cdots,n)$(见图 5-1-2).

(3) **求和**——累加求近似值过程

把 n 个小矩形面积累加起来，得和式$\sum\limits_{i=1}^{n}f(\xi_i)\Delta x_i$，它是曲边梯形面积 A 的近似值，即

$$A=\sum_{i=1}^{n}\Delta A_i\approx\sum_{i=1}^{n}f(\xi_i)\Delta x_i.$$

(4) **取极限**——无限逼近的过程

注意到上述和式$\sum\limits_{i=1}^{n}f(\xi_i)\Delta x_i$ 是面积 A 的近似值. 当分割越细时(即分点个数 n 增加且每个子区间的长度变窄)，曲边梯形面积的近似值$\sum\limits_{i=1}^{n}f(\xi_i)\Delta x_i$ 与曲边梯形面积的精确值 A 越接近. 为求曲边梯形面积 A 的精确值，只需无限地增加分点(即 n 无限增大)，使每个小曲边梯形的宽度 Δx_i 趋于零，这等价于要求 $\lambda=\max\limits_{1\leqslant i\leqslant n}\{\Delta x_i\}$(即子区间长度的最大值)无限趋近于 0. 若极限$\lim\limits_{\lambda\to 0}\sum\limits_{i=1}^{n}f(\xi_i)\Delta x_i$ 存在，则此极限就是原曲边梯形面积的精确值，即曲

边梯形的面积

$$A=\lim_{\lambda\to 0}\sum_{i=1}^{n}f(\xi_i)\Delta x_i.$$

【物理背景】 设某质点做直线运动,其速度函数 $v=v(t)\geqslant 0$ 在时间区间 $[T_1,T_2]$ 上是 t 的一个连续函数,求质点在这段时间内所经过的路程 s.

【说明】 质点在整个时间段里做变速直线运动,为求质点运动的总路程,先分割整个时间段为若干小段,每小段上,尽管质点运动的速度是连续变化的,但当每小段时间的改变量很小时,质点在每小段的运动可近似地看作匀速直线运动,则各小段的路程和可作为路程的近似值,然后,通过对时间段无限细分的极限过程,即可求得路程的精确值.

(1) **分割**——大化小的过程

在时间区间 $[T_1,T_2]$ 内任意插入 $n-1$ 个分点:$T_1=t_0<t_1<t_2<\cdots<t_{i-1}<t_i<\cdots<t_{n-1}<t_n=T_2$,把 $[T_1,T_2]$ 分成 n 个子区间.记 $\Delta t=t_i-t_{i-1}(i=1,2,\cdots,n)$,相应的路程 s 被分为 n 段小路程:$\Delta s_1,\Delta s_2,\cdots,\Delta s_n(i=1,2,\cdots,n)$.

(2) **取近似**——以常值代变值的过程

先将质点运动在每个小区间 $[t_{i-1},t_i](i=1,2,\cdots,n)$ 看作匀速直线运动,再在每个子区间 $[t_{i-1},t_i](i=1,2,\cdots,n)$ 上取一点 $\xi_i(t_{i-1}\leqslant\xi_i\leqslant t_i)$,用 ξ_i 时刻的瞬时速度 $v(\xi_i)$ 近似代替质点在子区间 $[t_{i-1},t_i]$ 上的平均速度,用 $v(\xi_i)\Delta t_i$ 近似代替质点在子区间 $[t_{i-1},t_i]$ 上所经过的路程 Δs_i,即 $\Delta s_i\approx v(\xi_i)\Delta t_i(i=1,2,\cdots,n)$(见图5-1-3).

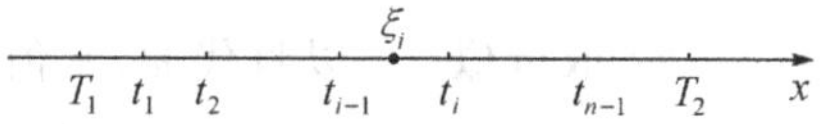

图 5-1-3

(3) **求和**——累加求近似值过程

$$s=\sum_{i=1}^{n}\Delta s_i\approx\sum_{i=1}^{n}v(\xi_i)\Delta t_i.$$

(4) **取极限**——无限逼近的过程

$$s=\lim_{\lambda\to 0}\sum_{i=1}^{n}v(\xi_i)\Delta t_i\quad(\text{其中},\lambda=\max_{1\leqslant i\leqslant n}\{\Delta t_i\}).$$

上述两个实际问题,虽然问题背景不同,但讨论方式相同,即先对所研究的量无限分割再无限求和,用无限逼近的思想,由有限过渡到无限,由近似过渡到精确.这种分割、取近似、求和、取极限的逼近过程正是定积分的定义的基本思想和求定积分所需的步骤.

5.1.2 定积分的定义

设函数 $f(x)$ 在 $[a,b]$ 上有定义,在区间 $[a,b]$ 中任意插入 $n-1$ 个分点,形成分割 Δ,即

$$\Delta:a=x_0<x_1<x_2<\cdots<x_{n-1}<x_n=b,$$

把区间$[a,b]$分成n个小区间：$[x_0,x_1]$，$[x_1,x_2]$，…，$[x_{n-1},x_n]$，各个小区间的长度依次为

$$\Delta x_1=x_1-x_0,\ \Delta x_2=x_2-x_1,\ \cdots,\ \Delta x_n=x_n-x_{n-1},$$

在每个小区间$[x_{i-1},x_i]$上任取一点$\xi_i(x_{i-1}\leqslant\xi_i\leqslant x_i)$，作函数值$f(\xi_i)$与小区间长度$\Delta x_i$的乘积$f(\xi_i)\Delta x_i(i=1,2,\cdots,n)$，并作出和$S=\sum\limits_{i=1}^{n}f(\xi_i)\Delta x_i$(称为**黎曼和**)．记$\lambda=\max\limits_{1\leqslant i\leqslant n}\{\Delta x_i\}$(称为分割$\Delta$的**细度**)，如果存在常数$I\in\mathbf{R}$，对任意的分割$\Delta$(不论对$[a,b]$怎样分法，也不论在小区间$[x_{i-1},x_i]$上点$\xi_i$怎样取法)，只要当$\lambda\to 0$时，黎曼和$S$总趋于确定的常数$I$，即$\sum\limits_{i=1}^{n}f(\xi_i)\Delta x_i\xrightarrow{\lambda\to 0}I$，则称函数$f(x)$在$[a,b]$上**可积**，且称这个极限$I$为函数$f(x)$在区间$[a,b]$上的**定积分**(简称积分)，记作$\int_a^b f(x)\mathrm{d}x$．即

$$\int_a^b f(x)\mathrm{d}x=I=\lim_{\lambda\to 0}\sum_{i=1}^{n}f(\xi_i)\Delta x_i,$$

其中，$f(x)$叫作**被积函数**，$f(x)\mathrm{d}x$叫作**被积表达式**，x叫作**积分变量**，a叫作**积分下限**，b叫作**积分上限**，$[a,b]$叫作**积分区间**.

【说明】

(1) 定积分的定义，包括分割、求近似、求和、取极限共四个步骤.

(2) 定积分是一个数，不是一个函数.

(3) 用极限语言表述$S=\sum\limits_{i=1}^{n}f(\xi_i)\Delta x_i\xrightarrow{\lambda\to 0}I$，也就是说，对任意$\varepsilon>0$，存在$\delta>0$，对任意的分割$\Delta$，任意$\xi_i\in[x_{i-1},x_i]$，只要$\lambda=\max\limits_{1\leqslant i\leqslant n}\Delta x_i<\delta$，总有

$$\left|\sum_{i=1}^{n}f(\xi_i)\Delta x_i-I\right|<\varepsilon.$$

(4) $\lim\limits_{\lambda\to 0}\sum\limits_{i=0}^{n}f(\xi_i)\Delta x_i$存在时，其极限与$[a,b]$的分法以及点$\xi_i$的取法都无关.

(5) 由定积分的定义，若$f(x)=k$，则$\int_a^b k\mathrm{d}x=k(b-a)$．特别地，当被积函数$k=1$时，定积分$\int_a^b 1\mathrm{d}x=\int_a^b\mathrm{d}x=b-a$；此外，$\int_a^a f(x)\mathrm{d}x=0$.

(6) $\int_a^b f(x)\mathrm{d}x=\int_a^b f(t)\mathrm{d}t=\int_a^b f(u)\mathrm{d}u$，即定积分只与积分区间$[a,b]$及被积函数有关，而与积分变量的符号无关.

(7) 函数$f(x)$在区间$[a,b]$上满足什么条件时，$f(x)$在区间$[a,b]$上可积呢？我们给出两个叙而不证的结果：

结论 1　若函数$f(x)$在区间$[a,b]$上连续，则函数$f(x)$在区间$[a,b]$上可积.

结论 2　若函数$f(x)$在区间$[a,b]$上有界，且只有有限个间断点，则$f(x)$在区间$[a,b]$上可积.

【例 1】 利用定义计算定积分$\int_0^1 x^2\mathrm{d}x$.

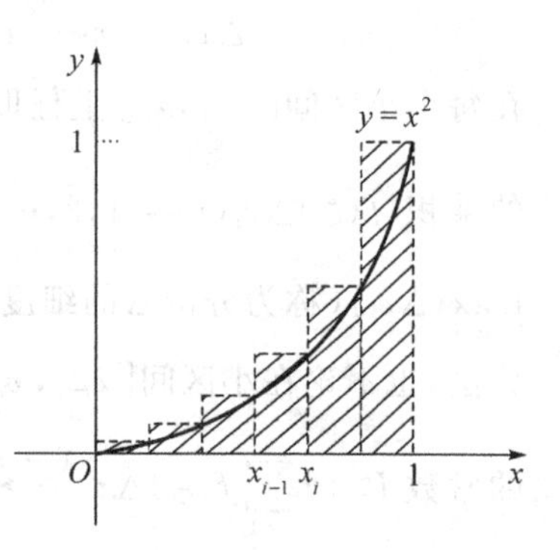

图 5-1-4

解 因为被积函数 $f(x)=x^2$ 在$[0,1]$上连续,所以 $f(x)=x^2$ 在$[0,1]$上可积的,故$\int_0^1 x^2dx$ 与区间$[0,1]$的分法及点 ξ_i 的取法无关.如图 5-1-4 所示,不妨在区间$[0,1]$插入 $n-1$ 个分点 $x_i=\frac{i}{n}(i=1,2,\cdots,n-1)$,每个小区间$[x_{i-1},x_i]$的长度 $\Delta x_i=\frac{1}{n}(i=1,2,\cdots,n)$.在$[x_{i-1},x_i]$上取右端点 $\xi_i=x_i=\frac{i}{n}(i=1,2,\cdots,n)$,则

$$\begin{aligned}\sum_{i=1}^{n}f(\xi_i)\Delta x_i&=\sum_{i=1}^{n}\xi_i^2\Delta x_i=\sum_{i=1}^{n}\left(\frac{i}{n}\right)^2\frac{1}{n}=\frac{1}{n^3}\sum_{i=1}^{n}i^2\\&=\frac{1}{n^3}(1^2+2^2+3^2+\cdots+n^2)\\&=\frac{1}{6}\left(1+\frac{1}{n}\right)\left(2+\frac{1}{n}\right).\end{aligned}$$

当 $\lambda=\max\limits_{1\leqslant i\leqslant n}\{\Delta x_i\}\to 0$,即 $n\to+\infty$ 时,由定积分的定义

$$\int_0^1 x^2\mathrm{d}x=\lim_{n\to+\infty}\sum_{i=1}^{n}f(\xi_i)\Delta x_i=\lim_{n\to+\infty}\frac{1}{6}\left(1+\frac{1}{n}\right)\left(2+\frac{1}{n}\right)=\frac{1}{3}.$$

【问题】 试利用定义计算定积分$\int_0^2 x^2\mathrm{d}x$ 和$\int_0^1 x^3\mathrm{d}x$.

【例 2】 将下列极限表示成积分

$$\lim_{n\to\infty}\frac{1}{n}\left[\sin\frac{\pi}{n}+\sin\frac{2\pi}{n}+\cdots+\sin\frac{(n-1)\pi}{n}\right].$$

解
$$\begin{aligned}&\lim_{n\to\infty}\frac{1}{n}\left[\sin\frac{\pi}{n}+\sin\frac{2\pi}{n}+\cdots+\sin\frac{(n-1)\pi}{n}\right]\\&=\lim_{n\to\infty}\sum_{i=1}^{n}\sin\frac{i\pi}{n}\cdot\frac{1}{n}=\int_0^1\sin\pi x\mathrm{d}x.\end{aligned}$$

5.1.3 定积分的基本性质

设 $f(x)$、$g(x)$ 在区间$[a,b]$上可积,则定积分具有下列性质:

(1) $\int_a^b[f(x)\pm g(x)]\mathrm{d}x=\int_a^b f(x)\mathrm{d}x\pm\int_a^b g(x)\mathrm{d}x$.

(2) 若 k 为常数,则$\int_a^b kf(x)\mathrm{d}x=k\int_a^b f(x)\mathrm{d}x$.

(3) 无论 c 为区间$[a,b]$内(外)的一点,都有 $\int_a^b f(x)\mathrm{d}x=\int_a^c f(x)\mathrm{d}x+\int_c^b f(x)\mathrm{d}x$.

(4) $\int_a^b f(x)\mathrm{d}x = -\int_b^a f(x)\mathrm{d}x$.

(5) 若 $f(x)$ 在区间 $[a,b]$ 上恒有 $f(x) \geqslant 0$，则 $\int_a^b f(x)\mathrm{d}x \geqslant 0$.

(6) 若当 $x \in [a,b]$ 时，总有 $f(x) \leqslant g(x)$，则 $\int_a^b f(x)\mathrm{d}x \leqslant \int_a^b g(x)\mathrm{d}x$，从而，

$$\left|\int_a^b f(x)\mathrm{d}x\right| \leqslant \int_a^b |f(x)|\mathrm{d}x.$$

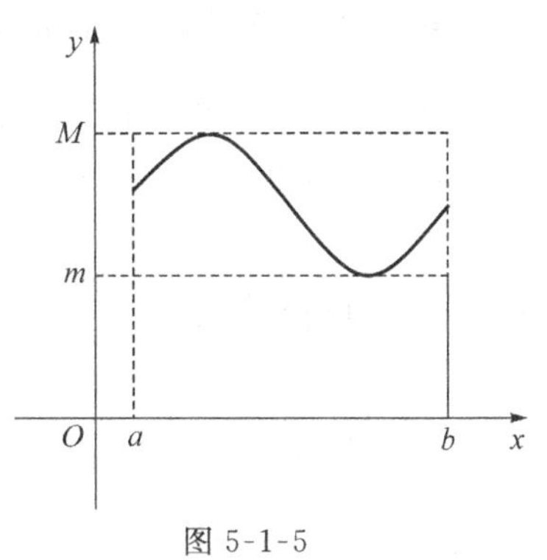

图 5-1-5

(7) **(估值定理)** 若 M 与 m 分别是连续函数 $f(x)$ 在区间 $[a,b]$ 上的最大值和最小值(见图 5-1-5)，则

$$m(b-a) \leqslant \int_a^b f(x)\mathrm{d}x \leqslant M(b-a).$$

(8) **(积分中值定理)** 若函数 $f(x)$ 在 $[a,b]$ 上连续，则在 $[a,b]$ 上至少存在一点 ξ，使得

$$\int_a^b f(x)\mathrm{d}x = f(\xi)(b-a).$$

【几何意义】 一条连续曲线 $y = f(x)(f(x) \geqslant 0)$ 在 $[a,b]$ 上的曲边梯形面积等于以区间 $[a,b]$ 长度为底，$[a,b]$ 中一点 ξ 的函数值为高的矩形面积(图 5-1-6 阴影部分).

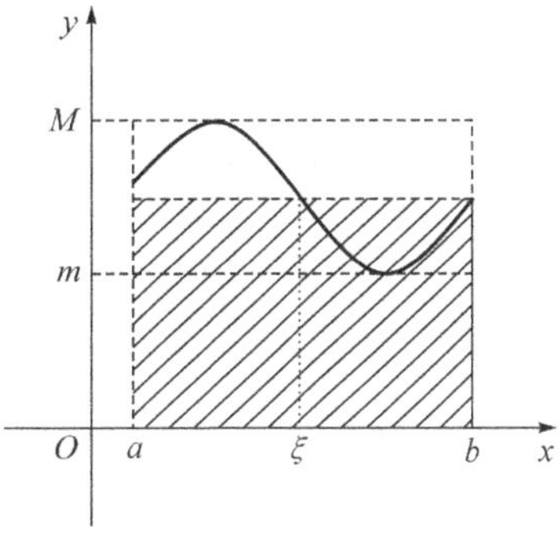

图 5-1-6

【例 3】 求 $\int_1^4 (x^2+1)\mathrm{d}x$.

解 由例 1 的结论及定积分的运算性质，得

$$\int_0^1 (x^2+1)\mathrm{d}x = \int_0^1 x^2\mathrm{d}x + \int_0^1 1\mathrm{d}x = \frac{1}{3} + 1 = \frac{4}{3}.$$

【例 4】 比较 $\int_3^4 \ln x\mathrm{d}x$ 与 $\int_3^4 \ln^2 x\mathrm{d}x$ 的大小.

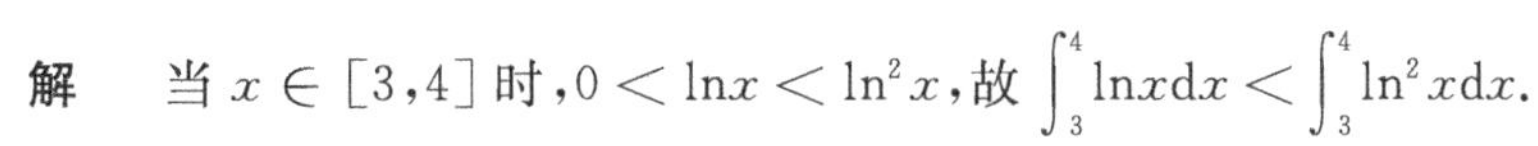

解 当 $x \in [3,4]$ 时，$0 < \ln x < \ln^2 x$，故 $\int_3^4 \ln x\mathrm{d}x < \int_3^4 \ln^2 x\mathrm{d}x$.

【例 5】 估值定积分 $\int_0^2 \mathrm{e}^{x^2-x}\mathrm{d}x$.

解 令 $f(x) = \mathrm{e}^{x^2-x}$，则 $f'(x) = (2x-1)\mathrm{e}^{x^2-x}$. 令 $f'(x) = 0$，得 $x = \frac{1}{2}$. 因为 $f(0) = 1$，$f(\frac{1}{2}) = \frac{1}{\sqrt[4]{\mathrm{e}}}$，$f(2) = \mathrm{e}^2$，所以在 $[0,2]$ 上，$\frac{1}{\sqrt[4]{\mathrm{e}}} \leqslant f(x) \leqslant \mathrm{e}^2$. 因此，

$$\frac{2}{\sqrt[4]{\mathrm{e}}} \leqslant \int_0^2 f(x)\mathrm{d}x \leqslant 2\mathrm{e}^2.$$

【例 6】 设 $f(x)$ 在区间 $[0,3]$ 上连续，在开区间 $(0,3)$ 内可导，且 $\int_2^3 f(x)\mathrm{d}x = f(0)$，

证明在开区间$(0,3)$内存在一点ξ，使得$f'(\xi)=0$.

解　由积分中值定理知,必存在$\xi_1\in[2,3]$,使得$\int_2^3 f(x)\mathrm{d}x=f(\xi_1)$. 又因为$f(x)$在区间$[0,\xi_1]$上连续,在开区间$(0,\xi_1)$内可导,且$f(0)=f(\xi_1)$，根据罗尔定理,必存在$\xi\in[0,\xi_1]$,使得$f'(\xi)=0$.

5.1.4　几何意义

(1) 当$f(x)\geqslant 0$时,由曲线$y=f(x)$,x轴及直线$x=a$和$x=b$所围成的曲边梯形的面积就是定积分$\int_a^b f(x)\mathrm{d}x$(见图5-1-7)；当$f(x)\leqslant 0$时，由对称性,由曲线$y=f(x)$，x轴及直线$x=a$和$x=b$所围成的曲边梯形的面积等于由曲线$y=-f(x)\geqslant 0$,x轴及直线$x=a$和$x=b$所围成的曲边梯形的面积，就是定积分$\int_a^b[-f(x)]\mathrm{d}x=-\int_a^b f(x)\mathrm{d}x$(见图5-1-8).

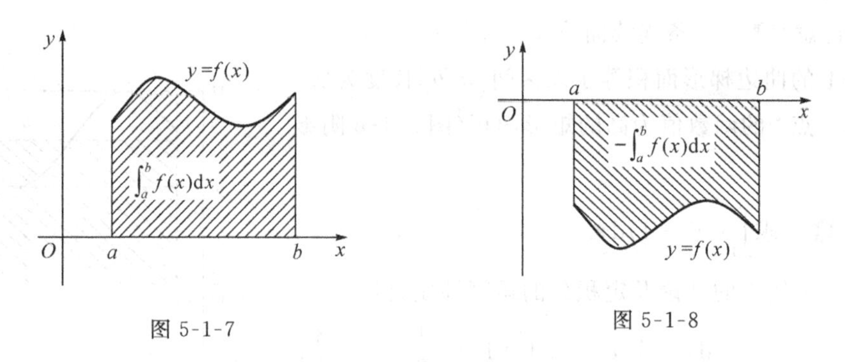

图5-1-7　　　图5-1-8

(2) 当$f(x)$有正有负时,表示各部分面积的代数和,即$\int_a^b f(x)\mathrm{d}x=A_1-A_2+A_3$(见图5-1-9).

【例7】　利用定积分的几何意义计算定积分$\int_0^2\sqrt{4-x^2}\,\mathrm{d}x$.

解　由曲线$y=\sqrt{4-x^2}$,直线$x=0$,$x=2$和x轴所围成的曲边梯形在x轴上方(见图5-1-10),图形为四分之一圆面. 由定积分几何意义知,

$$\int_0^2\sqrt{4-x^2}\,\mathrm{d}x=\frac{1}{4}\pi\cdot 2^2=\pi.$$

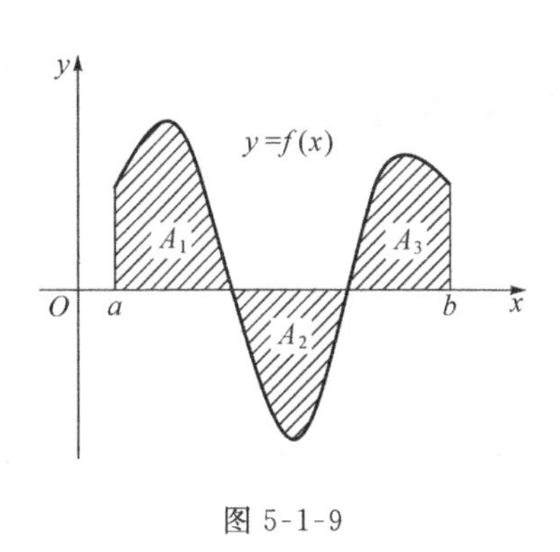

图 5-1-9

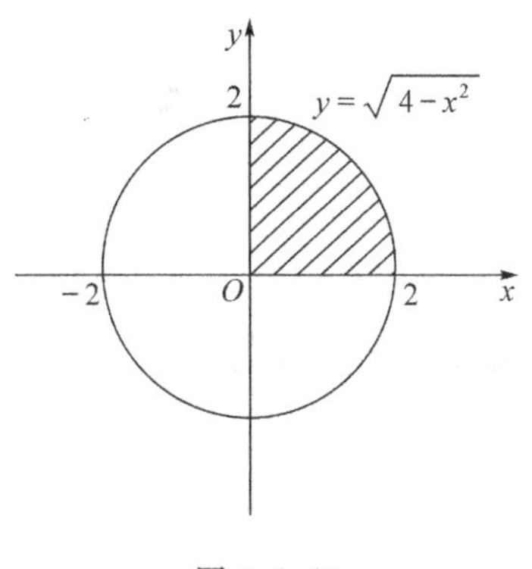

图 5-1-10

▶▶▶▶ 习题 5.1 ◀◀◀◀

1. 填空题：

(1) 定积分$\int_a^b f(x)\mathrm{d}x$的值取决于________.

(2) $\frac{\mathrm{d}}{\mathrm{d}x}\int_a^b f(x)\mathrm{d}x=$ ________.

(3) $\int_{\frac{1}{2}}^1 x^2\ln x\mathrm{d}x$的值的符号为________.

(4) 放射性物体的分解速度为$V=V(T)$，用定积分表示放射性物体由时间T_1到T_2所分解的质量$m=$ ________.

(5) 若$f(x)$在$[a,b]$上连续，且$\int_a^b f(x)\mathrm{d}x=0$，则$\int_a^b[f(x)+1]\mathrm{d}x=$ ________.

2. 根据定积分的几何意义，填写下列定积分值：

(1) $\int_0^1 2x\mathrm{d}x=$ ________；　　(2) $\int_0^{2\pi}\cos x\mathrm{d}x=$ ________；

(3) $\int_0^1\sqrt{1-x^2}\,\mathrm{d}x=$ ________；　　(4) $\int_1^2(2x-1)\mathrm{d}x=$ ________.

3. 比较下列各组两个积分的大小(填不等号)：

(1) $\int_0^1 x^2\mathrm{d}x$ ________ $\int_0^1 x^3\mathrm{d}x$；　　(2) $\int_3^4\ln x\mathrm{d}x$ ________ $\int_3^4(\ln x)^2\mathrm{d}x$；

(3) $\int_0^1 \mathrm{e}^x\mathrm{d}x$ ________ $\int_0^1(1+x)^2\mathrm{d}x$；　　(4) $\int_0^{\frac{\pi}{2}}\sin x\mathrm{d}x$ ________ $\int_0^{\frac{\pi}{2}}x\mathrm{d}x$.

4. 综合应用题：

(1) 估计$\int_{\frac{\pi}{4}}^{\frac{3\pi}{4}}\sin^2 x\mathrm{d}x$的值；

(2) 利用定积分的估值性质证明：$\frac{1}{2}\leqslant\int_1^4\frac{\mathrm{d}x}{2+x}\leqslant 1$.

§5.2 微积分基本公式

5.2.1 变上限积分函数

设 $f(x)$ 在区间$[a,b]$上连续,又设 $x\in[a,b]$ 为任意一点,则 $f(x)$ 在部分区间$[a,x]$上的定积分$\int_a^x f(x)\mathrm{d}x$ 称为**变上限的定积分**.

注意到变上限的定积分$\int_a^x f(x)\mathrm{d}x$ 是一个积分值,当被积函数 $f(x)$ 确定后,积分值$\int_a^x f(x)\mathrm{d}x$ 与积分上限 x 有关. 在区间$[a,b]$上任意取定的一个 x 值,就确定一个积分值$\int_a^x f(x)\mathrm{d}x$ 与 x 对应. 因此,变上限的定积分$\int_a^x f(x)\mathrm{d}x$ 是区间$[a,b]$上自变量为 x 的一个函数,我们把它称作**变上限积分函数**,并记作 $\Phi(x)$(如图 5-2-1),即

$$\Phi(x)=\int_a^x f(t)\mathrm{d}t\ (a\leqslant x\leqslant b).$$

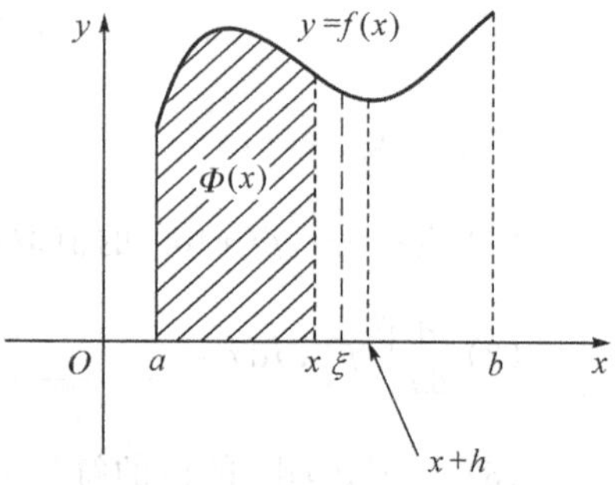

图 5-2-1

【注意】 变上限积分函数与积分变量无关,上式又可写作

$$\Phi(x)=\int_a^x f(x)\mathrm{d}x\quad(a\leqslant x\leqslant b).$$

此外,可定义变下限积分函数$\int_x^b f(x)\mathrm{d}x$ 和变上下限积分函数$\int_{x_1}^{x_2} f(x)\mathrm{d}x$,但这些函数都可以转化为变上限积分函数:$\int_x^b f(x)\mathrm{d}x=-\int_b^x f(x)\mathrm{d}x$ 和$\int_{x_1}^{x_2} f(x)\mathrm{d}x=\int_{x_1}^{c} f(x)\mathrm{d}x+\int_c^{x_2} f(x)\mathrm{d}x$.

5.2.2 原函数的存在性

定理 5.1 如果函数 $f(x)$ 在区间$[a,b]$上连续,则变上限积分函数 $\Phi(x)=\int_a^x f(t)\mathrm{d}t$ 在$[a,b]$上具有导数,并且它的导数为 $\Phi'(x)=\frac{\mathrm{d}}{\mathrm{d}x}\int_a^x f(t)\mathrm{d}t=f(x)\quad(a\leqslant x\leqslant b)$.

证明 当 $x\in(a,b),x+h\in(a,b)$ 时,

$$\begin{aligned}\Phi(x+h)-\Phi(x) &= \int_a^{x+h} f(t)\,\mathrm{d}t-\int_a^x f(t)\,\mathrm{d}t \\ &= \int_a^x f(t)\,\mathrm{d}t+\int_x^{x+h} f(t)\,\mathrm{d}t-\int_a^x f(t)\,\mathrm{d}t \\ &= \int_x^{x+h} f(t)\,\mathrm{d}t = f(\xi)h \quad (\text{积分中值定理}, \xi \text{ 在 } x \text{ 与 } x+h \text{ 之间}).\end{aligned}$$

显然，当 $h \to 0$ 时，有 $\xi \to x$，由此得 $\lim\limits_{h\to 0}\dfrac{\Phi(x+h)-\Phi(x)}{h} = \lim\limits_{h\to 0} f(\xi) = f(x)$（第二个等式成立是因为 $f(x)$ 在 $[a,b]$ 上连续），即 $\Phi'(x) = f(x)$.

【说明】

(1) 积分变量改变后不影响变上限积分函数的导数，即若 $\Phi(x) = \int_a^x f(x)\,\mathrm{d}x$，仍有 $\Phi'(x) = \dfrac{\mathrm{d}}{\mathrm{d}x}\int_a^x f(x)\,\mathrm{d}x = f(x)$.

(2) 变下限积分函数的导数：$\dfrac{\mathrm{d}}{\mathrm{d}x}\int_x^b f(t)\,\mathrm{d}t = -f(x)$.

(3) 若 $f(x)$ 在区间 $[a,b]$ 上连续，$a \leqslant \varphi(x) \leqslant b$ 且 $\varphi(x)$ 在区间 (a,b) 内可导，则运用复合函数的求导公式可得 $\dfrac{\mathrm{d}}{\mathrm{d}x}\int_a^{\varphi(x)} f(t)\,\mathrm{d}t = f[\varphi(x)]\cdot\varphi'(x)$.

(4) 定理表明，在 $[a,b]$ 上的连续函数 $f(x)$ 一定存在原函数，且变上限积分函数 $\Phi(x) = \int_a^x f(t)\,\mathrm{d}t$ 是 $f(x)$ 的一个原函数，这为计算定积分开辟了道路.

【例 1】 计算 $\lim\limits_{x\to 0}\dfrac{\int_0^x \sin t\,\mathrm{d}t}{x^2}$.

解　这是一个 $\dfrac{0}{0}$ 型的未定式. 我们用洛必达法则来求极限.

$$\lim_{x\to 0}\frac{\int_0^x \sin t\,\mathrm{d}t}{x^2} = \lim_{x\to 0}\frac{\left(\int_0^x \sin t\,\mathrm{d}t\right)'}{(x^2)'} = \lim_{x\to 0}\frac{\sin x}{2x} = \frac{1}{2}.$$

【例 2】 计算 $\lim\limits_{x\to 0}\dfrac{\int_1^{\cos x} \mathrm{e}^{-t^2}\,\mathrm{d}t}{x^2}$.

解　这是一个 $\dfrac{0}{0}$ 型的未定式. 我们用洛必达法则来求极限.

$$\lim_{x\to 0}\frac{\int_1^{\cos x} \mathrm{e}^{-t^2}\,\mathrm{d}t}{x^2} = \lim_{x\to 0}\frac{\left(\int_1^{\cos x} \mathrm{e}^{-t^2}\,\mathrm{d}t\right)'}{(x^2)'} = \lim_{x\to 0}\frac{\mathrm{e}^{-\cos^2 x}\cdot(-\sin x)}{2x} = -\frac{1}{2\mathrm{e}}.$$

5.2.3　牛顿-莱布尼茨公式

在物理上，做变速直线运动的质点的位置函数 $s = s(t)$ 与速度函数 $v = v(t)$ 有关系：

$$s'(t)=v(t)\ \text{(说明 } s(t) \text{ 是 } v(t) \text{ 的一个原函数)}.$$

注意到质点在时间区间$[T_1,T_2]$内的位移既可用定积分表示为$\int_{T_1}^{T_2}v(t)\mathrm{d}t$,又可表示为$s(t)$在时间区间$[T_1,T_2]$上的增量$s(T_2)-s(T_1)$,即

$$\int_{T_1}^{T_2}v(t)\mathrm{d}t=s(T_2)-s(T_1).$$

这个公式表明被积函数$v(t)$在时间区间$[T_1,T_2]$上的定积分$\int_{T_1}^{T_2}v(t)\mathrm{d}t$等于$v(t)$的一个原函数$s(t)$在时间区间$[T_1,T_2]$上的增量$s(T_2)-s(T_1)$.定积分与原函数的这种关系,在一定条件下也成立.

定理 5.2 若函数$F(x)$是连续函数$f(x)$在区间$[a,b]$上的任意一个原函数,则

$$\int_a^b f(x)\mathrm{d}x=F(b)-F(a).\quad \text{(牛顿-莱布尼兹公式)}$$

证明 因为变上限函数$\Phi(x)=\int_a^x f(t)\mathrm{d}t$是$f(x)$的一个原函数,又已知$F(x)$也是$f(x)$的一个原函数,所以$F(x)=\Phi(x)+C$.于是

$$F(b)-F(a)=\Phi(b)-\Phi(a)=\int_a^b f(t)\mathrm{d}t-\int_a^a f(t)\mathrm{d}t=\int_a^b f(t)\mathrm{d}t=\int_a^b f(x)\mathrm{d}x,$$

即$\int_a^b f(x)\mathrm{d}x=F(b)-F(a)$.

为了方便起见,常把$F(b)-F(a)$记作$F(x)\Big|_a^b$或$[F(x)]_a^b$,于是

$$\int_a^b f(x)\mathrm{d}x=F(x)\Big|_a^b.$$

上式表明:**定积分的值等于被积函数的任一个原函数在积分上限处与积分下限处的函数值之差.**

牛顿-莱布尼兹公式也称微积分基本公式,它是微积分学中最重要的公式之一,它把计算定积分的问题转化为求被积函数的原函数的问题,揭示了定积分与不定积分之间的内在联系.它为我们提供了计算定积分的简便方法,即求定积分的值,只需求出被积函数$f(x)$的一个原函数$F(x)$,然后求出这个原函数在区间$[a,b]$上的增量$F(b)-F(a)$即可.

【例 3】 $\int_0^1 x^2\mathrm{d}x=\dfrac{x^3}{3}\Big|_0^1=\dfrac{1^3}{3}-\dfrac{0^3}{3}=\dfrac{1}{3}.$

【例 4】 $\int_{-1}^{\sqrt{3}}\dfrac{1}{1+x^2}\mathrm{d}x=\arctan x\Big|_{-1}^{\sqrt{3}}=\arctan\sqrt{3}-\arctan(-1)$

$$=\frac{\pi}{3}-(-\frac{\pi}{4})=\frac{7\pi}{12}.$$

【例 5】 计算$\int_0^{\pi}\sin x\mathrm{d}x$.

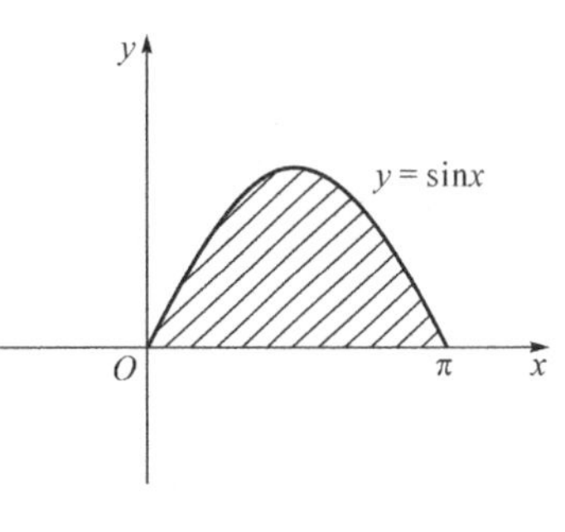

图 5-2-2

解　由定积分的几何意义知，曲线 $y=\sin x$ 在 $[0,\pi]$ 上与 x 轴所围成平面图形的面积 $A=\int_0^{\pi}\sin x\mathrm{d}x=[-\cos x]\Big|_0^{\pi}=2$，如图 5-2-2 所示.

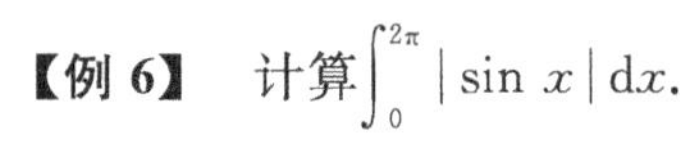

【例 6】　计算 $\int_0^{2\pi}|\sin x|\mathrm{d}x$.

解　$\int_0^{2\pi}|\sin x|\mathrm{d}x=\int_0^{\pi}\sin x\mathrm{d}x-\int_{\pi}^{2\pi}\sin x\,\mathrm{d}x$

$$=-\cos x\big|_0^{\pi}+\cos x\Big|_{\pi}^{2\pi}=4.$$

【说明】　微分中值定理、积分中值定理、牛顿-莱布尼兹公式之间的关系：若 $f(x)$ 在区间 $[a,b]$ 上的任意一个原函数，$F(x)$ 是连续函数，则

$$\underbrace{\underbrace{\int_a^b f(x)\mathrm{d}x=f(\xi)(b-a)}_{\text{积分中值定理}}=\underbrace{F'(\xi)(b-a)=F(b)-F(a)}_{\text{微分中值定理}}}_{\text{牛顿-莱布尼兹}}.$$

▶▶▶▶ 习题 5.2 ◀◀◀◀

1. 填空题：

(1) $\int_0^{\pi}\sin x\mathrm{d}x=$ ________.

(2) $\frac{\mathrm{d}}{\mathrm{d}x}\int_0^{x}\sin^2 x\mathrm{d}t=$ ________，$\frac{\mathrm{d}}{\mathrm{d}x}\int_0^{x}\sin^2 t\mathrm{d}t=$ ________.

(3) $\frac{\mathrm{d}}{\mathrm{d}x}\int_0^{x^2}\sin t^2\mathrm{d}t=$ ________.

(4) $\frac{\mathrm{d}}{\mathrm{d}x}\int_0^{1}\sin x^2\mathrm{d}x=$ ________，$\frac{\mathrm{d}}{\mathrm{d}x}\int_0^{e^x}\sin^2 x\mathrm{d}x=$ ________.

2. 计算下列定积分：

(1) $\int_1^4\left(\frac{3}{2}\sqrt{x}-\frac{2}{x}\right)\mathrm{d}x$；　(2) $\int_0^{\sqrt{2}}x\sqrt{2-x^2}\,\mathrm{d}x$；

(3) $\int_{\frac{1}{\sqrt{3}}}^{\sqrt{3}}\frac{1}{1+x^2}\mathrm{d}x$；　(4) $\int_0^{\frac{\pi}{2}}\frac{\sin x\mathrm{d}x}{(3+\cos x)^3}$；

(5) $\int_{-2}^{2}|x^2-1|\mathrm{d}x$；

(6) $\int_0^2 f(x)\mathrm{d}x$，其中 $f(x)=\begin{cases}x^2+1, & 0\leqslant x\leqslant 1\\ 3-x, & 1<x\leqslant 3\end{cases}$.

3. 求下列极限:

(1) $\lim\limits_{x\to 0}\dfrac{\int_0^x \cos t^2 \mathrm{d}x}{\int_0^x \dfrac{\sin t}{t}\mathrm{d}t}$;　　　(2) $\lim\limits_{x\to 0}\dfrac{\int_0^{2x}\ln(1+t)\mathrm{d}t}{x^2}$.

§5.3　定积分的换元积分法和分部积分法

上一节，我们证明了牛顿-莱布尼兹公式，并用它处理定积分的计算问题. 对于定积分的计算，可先求原函数，然后使用牛顿-莱布尼兹公式求解. 求原函数的过程就是求不定积分，而不定积分的求解有换元积分法与分部积分法，自然地，定积分的计算也有换元积分法与分部积分法.

$$\begin{matrix} \text{不定积分} & & \text{定积分} \\ \begin{cases}\text{换元积分法}\\ \text{分部积分法}\end{cases} & \Rightarrow & \begin{cases}\text{换元积分法}\\ \text{分部积分法}\end{cases}\end{matrix}$$

5.3.1　定积分的换元积分法

设函数 $f(x)$ 在区间$[a,b]$上连续，函数 $x=\varphi(t)$ 满足:

(1) $\varphi(\alpha)=a$, $\varphi(\beta)=b$;

(2) $\varphi(t)$ 在 α 与 β 之间的闭区间上是单值连续函数，且当 t 在 α 与 β 之间变动时，$x=\varphi(t)$ 的值在区间$[a,b]$上变化，

则

$$\int_a^b f(x)\mathrm{d}x=\int_\alpha^\beta f[\varphi(t)]\varphi'(t)\mathrm{d}t,$$

即

$$\int_a^b f(x)\mathrm{d}x \xlongequal{\text{令 } x=\varphi(t)} \int_{\varphi^{-1}(a)}^{\varphi^{-1}(b)} f[\varphi(t)]\varphi'(t)\mathrm{d}t.$$

上式称为定积分的**换元积分公式**.

【说明】

(1) 换元必须换限(要及时变更积分上下限的值)，而原函数中的变量不需要回代;

(2) 换元积分公式也可倒过来使用，即

$$\int_\alpha^\beta f[\varphi(t)]\varphi'(t)\mathrm{d}t \overset{x=\varphi(t)}{=} \int_a^b f(x)\mathrm{d}x=\int_\alpha^\beta f[\varphi(t)]\mathrm{d}\varphi(t).\text{(这种配元不需要换限)}$$

【例 1】　如图 5-3-1 所示，已知 $a>0$，计算$\int_0^a\sqrt{a^2-x^2}\,\mathrm{d}x$.

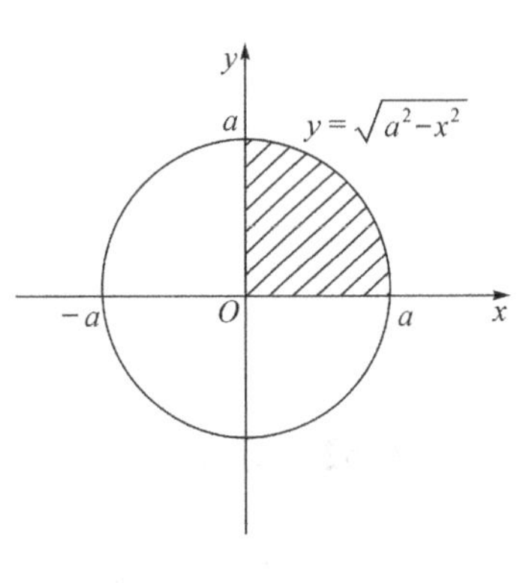

图 5-3-1

解　令 $x=a\sin t$，则 $\mathrm{d}x=a\cos t\mathrm{d}t$，且上限 $x=a$，$t=\frac{\pi}{2}$；下限 $x=0$，$t=0$. 于是

$$\int_0^a\sqrt{a^2-x^2}\,\mathrm{d}x=\int_0^{\frac{\pi}{2}}a\cos t\cdot a\cos t\mathrm{d}t$$

$$=a^2\int_0^{\frac{\pi}{2}}\cos^2 t\mathrm{d}t$$

$$=\frac{a^2}{2}\int_0^{\frac{\pi}{2}}(1+\cos 2t)\mathrm{d}t$$

$$=\frac{a^2}{2}\left(t+\frac{1}{2}\sin 2t\right)\Big|_0^{\frac{\pi}{2}}=\frac{\pi a^2}{4}.$$

【例 2】　计算 $\int_0^4\frac{1}{1+\sqrt{x}}\mathrm{d}x$.

解　令 $\sqrt{x}=t\ (t>0)$，则当 $x=0$ 时，$t=0$，当 $x=4$ 时，$t=2$. 于是

$$\int_0^4\frac{1}{1+\sqrt{x}}\mathrm{d}x=\int_0^2\frac{2t}{1+t}\mathrm{d}t=2\int_0^2\left(1-\frac{1}{1+t}\right)\mathrm{d}t=2[t-\ln(1+t)]\Big|_0^2=4-2\ln3.$$

【说明】　先求不定积分 $\int\frac{1}{1+\sqrt{x}}\mathrm{d}x$(从而确定一个原函数)，再用牛顿-莱布尼兹公式计算 $\int_0^4\frac{1}{1+\sqrt{x}}\mathrm{d}x$，其步骤如下：令 $\sqrt{x}=t\ (t>0)$，则 $x=t^2$，$\mathrm{d}x=2t\mathrm{d}t$，于是

$$\int\frac{1}{1+\sqrt{x}}\mathrm{d}x=\int\frac{2t\mathrm{d}t}{1+t}=2\int\left(1-\frac{1}{1+t}\right)\mathrm{d}t$$

$$=2t-2\ln(1+t)+C=2\sqrt{x}-2\ln(1+\sqrt{x})+C,$$

根据牛顿-莱布尼兹公式，得

$$\int_0^4\frac{1}{1+\sqrt{x}}\mathrm{d}x=\left[2\sqrt{x}-2\ln(1+\sqrt{x})\right]\Big|_0^4=4-2\ln3.$$

【例 3】　计算 $\int_0^1\frac{\mathrm{d}x}{4-x^2}$.

解　$$\int_0^1\frac{\mathrm{d}x}{4-x^2}=\int_0^1\frac{\mathrm{d}x}{(2+x)(2-x)}=\frac{1}{4}\int_0^1\left(\frac{1}{2+x}+\frac{1}{2-x}\right)\mathrm{d}x$$

$$=\frac{1}{4}\left[\int_0^1\frac{1}{2+x}\mathrm{d}(2+x)-\int_0^1\frac{1}{2-x}\mathrm{d}(2-x)\right]$$

$$=\left(\frac{1}{4}\ln\left|\frac{2+x}{2-x}\right|\right)\Big|_0^1=\frac{1}{4}\ln3.$$

【例 4】　计算 $\int_0^\pi\sqrt{\sin^3 x-\sin^5 x}\,\mathrm{d}x$.

解　$$\int_0^\pi\sqrt{\sin^3 x-\sin^5 x}\,\mathrm{d}x=\int_0^\pi(\sin x)^{\frac{3}{2}}\sqrt{\cos^2 x}\,\mathrm{d}x=\int_0^\pi(\sin x)^{\frac{3}{2}}|\cos x|\mathrm{d}x$$

$$= \int_0^{\frac{\pi}{2}} (\sin x)^{\frac{3}{2}} \cos x \mathrm{d}x - \int_{\frac{\pi}{2}}^{\pi} (\sin x)^{\frac{3}{2}} \cos x \mathrm{d}x$$

$$= \int_0^{\frac{\pi}{2}} (\sin x)^{\frac{3}{2}} \mathrm{d}\sin x - \int_{\frac{\pi}{2}}^{\pi} (\sin x)^{\frac{3}{2}} \mathrm{d}\sin x$$

$$= \frac{2\sin^2 x\sqrt{\sin x}}{5}\Big|_0^{\frac{\pi}{2}} - \frac{2\sin^2 x\sqrt{\sin x}}{5}\Big|_{\frac{\pi}{2}}^{\pi} = \frac{4}{5}.$$

【例 5】 计算$\int_1^4 \frac{\mathrm{e}^{\sqrt{x}}}{\sqrt{x}}\mathrm{d}x$.

解 令$\sqrt{x}=t$,则$\frac{1}{\sqrt{x}}\mathrm{d}x = 2\mathrm{d}\sqrt{x} = 2\mathrm{d}t$. 又 $x=1$ 时,$t=1$;$x=4$ 时,$t=2$,于是

$$\int_1^4 \frac{\mathrm{e}^{\sqrt{x}}}{\sqrt{x}}\mathrm{d}x = 2\int_1^2 \mathrm{e}^t \mathrm{d}t = 2\mathrm{e}^t\Big|_1^2 = 2(\mathrm{e}^2 - \mathrm{e}).$$

【例 6】 证明

(1) 若 $f(x)$ 在$[-a,a]$上连续且为偶函数,则

$$\int_{-a}^{a} f(x)\mathrm{d}x = 2\int_0^a f(x)\mathrm{d}x.$$

(2) 若 $f(x)$ 在$[-a,a]$上连续且为奇函数,则

$$\int_{-a}^{a} f(x)\mathrm{d}x = 0.$$

证明 $\int_{-a}^{a} f(x)\mathrm{d}x = \int_{-a}^{0} f(x)\mathrm{d}x + \int_0^a f(x)\mathrm{d}x$,对$\int_{-a}^{0} f(x)\mathrm{d}x$ 作变量代换,令 $x=-t$,则 $\mathrm{d}x = -\mathrm{d}t$,且 $x=0$ 时 $t=0$;$x=a$ 时,$t=-a$. 于是

$$\int_{-a}^{0} f(x)\mathrm{d}x = -\int_a^0 f(-t)\mathrm{d}t = \int_0^a f(-t)\mathrm{d}t = \int_0^a f(-x)\mathrm{d}x,$$

所以

$$\int_{-a}^{a} f(x)\mathrm{d}x = \int_0^a f(-x)\mathrm{d}x + \int_0^a f(x)\mathrm{d}x = \int_0^a [f(-x)+f(x)]\mathrm{d}x.$$

(1) $f(x)$ 为偶函数时,$f(x)+f(-x)=2f(x)$,从而

$$\int_{-a}^{a} f(x)\mathrm{d}x = 2\int_0^a f(x)\mathrm{d}x.$$

(2) $f(x)$ 为奇函数时,$f(x)+f(-x)=0$,从而

$$\int_{-a}^{a} f(x)\mathrm{d}x = 0.$$

【说明】 上述性质(1)、(2) 的几何意义是明显的,请思考? 另外,在计算定积分时,可直接使用例 6 中对称区间上偶函数或奇函数的定积分性质(1)、(2) 来简化计算. 如

$$\int_{-\pi}^{\pi} x^4 \sin x\mathrm{d}x = 0;$$

$$\int_{-1}^{1} (\sin x\cos 2x - x^2)\mathrm{d}x = -\int_{-1}^{1} x^2\mathrm{d}x = -2\int_0^1 x^2\mathrm{d}x = -\frac{2}{3};$$

$$\int_{-1}^{1}|x|(x+\sqrt{1+x^{2}})\mathrm{d}x=\int_{-1}^{1}|x|x\mathrm{d}x+\int_{-1}^{1}|x|\sqrt{1+x^{2}}\mathrm{d}x$$

$$=2\int_{0}^{1}|x|\sqrt{1+x^{2}}\mathrm{d}x=\int_{0}^{1}\sqrt{1+x^{2}}\mathrm{d}(1+x^{2})=\frac{2}{3}(1+x^{2})^{\frac{3}{2}}\Big|_{0}^{1}=\frac{2}{3}(2\sqrt{2}-1).$$

5.3.2　定积分的分部积分法

已知函数 $u=u(x),v=v(x)$ 在$[a,b]$上具有连续导数 $u'(x),v'(x)$，则由函数乘积的导数公式、定积分定义及其运算法则可得

$$(uv)'=u'v+uv',$$

$$\Rightarrow \int_{a}^{b}(uv)'\mathrm{d}x=\int_{a}^{b}u'v\mathrm{d}x+\int_{a}^{b}uv'\mathrm{d}x,$$

$$\Rightarrow uv\Big|_{a}^{b}=\int_{a}^{b}v\mathrm{d}u+\int_{a}^{b}u\mathrm{d}v,$$

$$\Rightarrow \text{亦即}\int_{a}^{b}u\mathrm{d}v=uv\Big|_{a}^{b}-\int_{a}^{b}v\mathrm{d}u.$$

公式 $\int_{a}^{b}u\mathrm{d}v=uv\Big|_{a}^{b}-\int_{a}^{b}v\mathrm{d}u$ 或 $\int_{a}^{b}uv'\mathrm{d}x=uv\Big|_{a}^{b}-\int_{a}^{b}vu'\mathrm{d}x$ 称为定积分的**分部积分公式**，其中 $u,\mathrm{d}v$ 的选择规律与不定积分分部积分法相同.

【例 7】　计算 $\int_{0}^{\frac{1}{2}}\arcsin x\mathrm{d}x$.

解 运用分部积分法，得

$$\int_{0}^{\frac{1}{2}}\arcsin x\mathrm{d}x=x\arcsin x\Big|_{0}^{\frac{1}{2}}-\int_{0}^{\frac{1}{2}}\frac{x}{\sqrt{1-x^{2}}}\mathrm{d}x=\frac{\pi}{12}+\frac{1}{2}\int_{0}^{\frac{1}{2}}(1-x^{2})\mathrm{d}(1-x^{2})$$

$$=\frac{\pi}{12}+(1-x^{2})^{\frac{1}{2}}\Big|_{0}^{\frac{1}{2}}=\frac{\pi}{12}+\frac{\sqrt{3}}{2}-1.$$

【例 8】　计算 $\int_{\frac{1}{e}}^{e}|\ln x|\mathrm{d}x$.

解

$$\int_{\frac{1}{e}}^{e}|\ln x|\mathrm{d}x=-\int_{\frac{1}{e}}^{1}\ln x\mathrm{d}x+\int_{1}^{e}\ln x\mathrm{d}x$$

$$=-x\ln x\Big|_{\frac{1}{e}}^{1}-(-\int_{\frac{1}{e}}^{1}x\mathrm{d}\ln x)+x\ln x\Big|_{1}^{e}-\int_{1}^{e}x\mathrm{d}\ln x$$

$$=-x\ln x\Big|_{\frac{1}{e}}^{1}+\int_{\frac{1}{e}}^{1}x\cdot\frac{1}{x}\mathrm{d}x+x\ln x\Big|_{1}^{e}-\int_{1}^{e}x\cdot\frac{1}{x}\mathrm{d}x$$

$$=-\frac{1}{e}+\left(1-\frac{1}{e}\right)+e-(e-1)=2-\frac{2}{e}.$$

【例 9】　计算 $\int_{0}^{1}e^{\sqrt{x}}\mathrm{d}x$.

解　先换元，令 $\sqrt{x}=t$，则 $x=t^{2}$，$\mathrm{d}x=2t\mathrm{d}t$，且 $x=0$ 时，$t=0$；$x=1$ 时，$t=1$. 于是

$$\int_0^1 e^{\sqrt{x}}\,dx = 2\int_0^1 te^t\,dt = 2te^t\Big|_0^1 - 2\int_0^1 e^t\,dt$$

$$= 2e - 2e^t\Big|_0^1 = 2.$$

【例 10】 已知 $f''(x)$ 在 $[0,2]$ 上连续，且 $f(0)=1, f(2)=3, f'(2)=5$，求 $\int_0^1 xf''(2x)\,dx$.

解 $\int_0^1 xf''(2x)\,dx = \frac{1}{2}\int_0^1 x\,df'(2x)$

$$= \frac{1}{2}xf'(2x)\Big|_0^1 - \frac{1}{2}\int_0^1 f'(2x)\,dx$$

$$= \frac{1}{2}f'(2) - \frac{1}{4}f(2x)\Big|_0^1$$

$$= \frac{5}{2} - \frac{1}{4}[f(2)-f(0)] = 2.$$

【例 11】 已知 $f(x)$ 是连续函数，证明 $\int_0^x f(t)(x-t)\,dt = \int_0^x\left[\int_0^t f(u)\,du\right]dt$.

证明 运用分部积分公式，得

$$\int_0^x\left[\int_0^t f(u)\,du\right]dt = \int_0^t f(u)\,du\cdot t\Big|_0^x - \int_0^x t\,d\left[\int_0^t f(u)\,du\right]$$

$$= x\int_0^x f(u)\,du - \int_0^x tf(t)\,dt = \int_0^x [xf(t)-tf(t)]\,dt$$

$$= \int_0^x f(t)(x-t)\,dt.$$

【结束语】 不定积分是导数的逆运算，其实质还是微分类问题. 而定积分是无限求和，是真正意义上的积分. 定积分源于求曲边梯形的面积，它的计算形式为 $\int_a^b f(x)dx = \lim_{\lambda\to 0}\sum_{i=1}^n f(\xi_i)\Delta x_i$，结果是一个数值，其值的大小取决于两个因素(被积函数与积分上下限). 几何意义：曲线 $y=f(x)$ 介于 $[a,b]$ 之间与 x 轴所围的面积的代数和. 物理意义：做变速直线运动的物体经过的路程 s，等于其速度函数 $v=v(t)\,(v(t)\geqslant 0)$ 在时间区间 $[a,b]$ 上的定积分. 经济意义：若 $f(x)$ 是某经济量关于 x 的变化率(边际问题)，则 $\int_a^b f(x)\,dx$ 是 x 在区间 $[a,b]$ 中的该经济总量. 定积分的计算，存在两种模式：(1) 当被积函数的原函数容易找到时，先通过对应的不定积分求出原函数，再套用微积分基本公式(牛顿-莱布尼兹公式) 求解；(2) 当被积函数的结构比较复杂，且原函数不容易找到时，采用定积分的换元积分法和分部积分法.

▶▶▶▶ 习题 5.3 ◀◀◀◀

1. 填空题：

(1) $\int_{-\pi}^{\pi} x^3 \sin^2 x \mathrm{d}x =$ ________.

(2) $\int_{-\frac{1}{2}}^{\frac{1}{2}} \frac{(\arcsin x)^2}{\sqrt{1-x^2}} \mathrm{d}x =$ ________.

(3) $\frac{\mathrm{d}}{\mathrm{d}x}\int_0^x \sin^{100}(x-t)\mathrm{d}t =$ ________.

(4) $\int_0^{\pi} x\sin x \mathrm{d}x =$ ________.

(5) $\int_{-1}^{1} x\mathrm{e}^{-x^2} \mathrm{d}x =$ ________.

(6) $f(x)$ 连续，$a \neq b$ 为常数，则 $\frac{\mathrm{d}}{\mathrm{d}x}\int_a^b f(x+t)\mathrm{d}t =$ ________.

2. 用换元积分法计算定积分：

(1) $\int_0^1 x\mathrm{e}^{-\frac{x^2}{2}} \mathrm{d}x$；

(2) $\int_0^{\frac{\pi}{2}} \sin x\cos^3 x \mathrm{d}x$；

(3) $\int_{-2}^{1} \frac{\mathrm{d}x}{(11+5x)^3}$；

(4) $\int_0^{\pi} \sqrt{\sin x - \sin^3 x} \mathrm{d}x$；

(5) $\int_1^{e^2} \frac{\mathrm{d}x}{x\sqrt{1+\ln x}}$；

(6) $\int_1^{\sqrt{3}} \frac{\mathrm{d}x}{x^2\sqrt{1+x^2}}$；

(7) $\int_0^1 \frac{\mathrm{d}x}{\sqrt{4+5x}-1}$；

(8) $\int_0^4 \sqrt{x^2+9} \mathrm{d}x$.

3. 用分部积分法计算定积分：

(1) $\int_0^1 x\mathrm{e}^x \mathrm{d}x$；

(2) $\int_0^1 \arctan x \mathrm{d}x$；

(3) $\int_0^{\pi^2} \sin\sqrt{x} \mathrm{d}x$；

(4) $\int_0^1 \arctan\sqrt{x} \mathrm{d}x$；

(5) $\int_1^4 \frac{\ln x}{\sqrt{x}} \mathrm{d}x$；

(6) $\int_1^e x\ln x \mathrm{d}x$；

(7) $\int_{\frac{\pi}{4}}^{\frac{\pi}{3}} \frac{x}{\sin^2 x} \mathrm{d}x$；

(8) $\int_0^{\frac{\pi}{2}} \mathrm{e}^x \cos x \mathrm{d}x$.

4. 证明题：

(1) 证明 $\int_x^1 \frac{\mathrm{d}x}{1+x^2} = \int_1^{\frac{1}{x}} \frac{\mathrm{d}x}{1+x^2} \quad (x>0)$；

(2) 证明 $\int_0^{\frac{\pi}{2}} \frac{\sin x}{\sin x + \cos x} \mathrm{d}x = \int_0^{\frac{\pi}{2}} \frac{\cos x}{\cos x + \cos x} \mathrm{d}x$.

反常积分

定积分包括常义积分和反常积分，**常义积分**指被积函数有界且积分区间有限的定积分，如$\int_1^2 \frac{1}{x^2}\mathrm{d}x$. 常义积分存在两种推广形式：(1) 被积函数是无界函数，如$\int_0^1 \frac{1}{x^2}\mathrm{d}x$；(2) 积分区间是无穷区间，如$\int_1^{+\infty} \frac{1}{x^2}\mathrm{d}x$. 这两种推广的积分形式统称为**反常积分**.

【无限区间的反常积分】 若 $f(x)$ 在$[a,+\infty)$上连续，则无穷区间$[a,+\infty)$上的**反常积分**$\int_a^{+\infty} f(x)\mathrm{d}x$ 定义为极限$\lim\limits_{b\to+\infty}\int_a^b f(x)\mathrm{d}x\ (b>a)$，即

$$\int_a^{+\infty} f(x)\mathrm{d}x = \lim_{b\to+\infty}\int_a^b f(x)\mathrm{d}x.$$

如果上述极限存在，那么称反常积分$\int_a^{+\infty} f(x)\mathrm{d}x$ **收敛**；如果上述极限不存在，那么称反常积分$\int_a^{+\infty} f(x)\mathrm{d}x$ **发散**，这时，反常积分$\int_a^{+\infty} f(x)\mathrm{d}x$ 不是一个确定的数值.

类似可定义，在区间$(-\infty,b]$上的反常积分$\int_{-\infty}^b f(x)\mathrm{d}x = \lim\limits_{a\to-\infty}\int_a^b f(x)\mathrm{d}x\ (b>a)$；在无穷区间$(-\infty,+\infty)$上的反常积分$\int_{-\infty}^{+\infty} f(x)\mathrm{d}x = \int_{-\infty}^c f(x)\mathrm{d}x + \int_c^{+\infty} f(x)\mathrm{d}x = \lim\limits_{a\to-\infty}\int_{-a}^c f(x)\mathrm{d}x + \lim\limits_{b\to+\infty}\int_c^b f(x)\mathrm{d}x$ (c 为任意常数).

若 $F'(x)=f(x)$，引入记号：$F(+\infty)=\lim\limits_{x\to+\infty}F(x)$，$F(-\infty)=\lim\limits_{x\to-\infty}F(x)$，则有类似牛顿-莱布尼兹公式的简洁表达式：

$$\int_a^{+\infty} f(x)\mathrm{d}x = F(x)\Big|_a^{+\infty} = F(+\infty)-F(a);$$

$$\int_{-\infty}^b f(x)\mathrm{d}x = F(x)\Big|_{-\infty}^b = F(b)-F(-\infty);$$

$$\int_{-\infty}^{+\infty} f(x)\mathrm{d}x = F(x)\Big|_{-\infty}^{+\infty} = F(+\infty)-F(-\infty).$$

【例 1】 计算$\int_1^{+\infty} \frac{1}{x^2}\mathrm{d}x$.

解 **方法一** $\int_1^{+\infty} \frac{1}{x^2}\mathrm{d}x = \lim\limits_{b\to+\infty}\int_1^b \frac{1}{x^2}\mathrm{d}x = \lim\limits_{b\to+\infty}\left(-\frac{1}{x}\right)\Big|_1^b = \lim\limits_{b\to+\infty}\left(1-\frac{1}{b}\right)=1$；

方法二 $\int_1^{+\infty} \frac{1}{x^2}\mathrm{d}x = \left(-\frac{1}{x}\right)\Big|_1^{+\infty} = \lim\limits_{x\to+\infty}\left(-\frac{1}{x}\right)-\left(-\frac{1}{1}\right)=0-(-1)=1.$

【无界函数的反常积分】 若函数 $f(x)$ 在$(a,b]$上连续，且$\lim\limits_{x\to a^+}f(x)=\infty$，对任意$\varepsilon>0$，无界函数 $f(x)$ 在$(a,b]$上的**反常积分**$\int_a^b f(x)\mathrm{d}x$ 定义为极限$\lim\limits_{\varepsilon\to0^+}\int_{a+\varepsilon}^b f(x)\mathrm{d}x$，即

$$\int_a^b f(x)\mathrm{d}x = \lim_{\varepsilon\to 0^+}\int_{a+\varepsilon}^b f(x)\mathrm{d}x.$$

如果极限$\lim\limits_{\varepsilon\to 0^+}\int_{a+\varepsilon}^b f(x)\mathrm{d}x$存在，那么称无界函数反常积分$\int_a^b f(x)\mathrm{d}x$**收敛**；否则称无界函数反常积分$\int_a^b f(x)\mathrm{d}x$**发散**.

类似地，若函数 $f(x)$ 在$[a,b)$上连续，且$\lim\limits_{x\to b^-}f(x)=\infty$，可定义无界函数积分$\int_a^b f(x)\mathrm{d}x$为

$$\int_a^b f(x)\mathrm{d}x = \lim_{\varepsilon\to 0^+}\int_a^{b-\varepsilon} f(x)\mathrm{d}x.$$

若函数 $f(x)$ 在$[a,b]$上除点 $c(a<c<b)$ 外连续，且$\lim\limits_{x\to c}f(x)=\infty$，而无界函数$\int_a^c f(x)\mathrm{d}x$和$\int_c^b f(x)\mathrm{d}x$都收敛，则定义无界函数积分$\int_a^b f(x)\mathrm{d}x$为

$$\int_a^b f(x)\mathrm{d}x = \int_a^c f(x)\mathrm{d}x + \int_c^b f(x)\mathrm{d}x = \lim_{\varepsilon_1\to 0^+}\int_a^{c-\varepsilon_1} f(x)\mathrm{d}x + \lim_{\varepsilon_2\to 0^+}\int_{c+\varepsilon_2}^b f(x)\mathrm{d}x,$$

并称其为收敛的；否则称其为发散的.

如果函数 $f(x)$ 在点 x_0 的任一邻域内都无界，那么点 x_0 称为函数 $f(x)$ 的**无界点**(也称**瑕点**). 若 $F'(x)=f(x)$，注意到 $F(b^-)=\lim\limits_{x\to b^-}F(x)$，$F(a^+)=\lim\limits_{x\to a^+}F(x)$，则有类似牛顿-莱布尼茨公式的简洁表达式：若 b 为无界点，则$\int_a^b f(x)\mathrm{d}x = F(b^-)-F(a)$；若 a 为无界点，则$\int_a^b f(x)\mathrm{d}x = F(b)-F(a^+)$；若 a,b 均为无界点，则$\int_a^b f(x)\mathrm{d}x = F(b^-)-F(a^+)$. 若 $a<c<b$ 为无界点，则$\int_a^b f(x)dx = \int_a^c f(x)dx + \int_c^b f(x)dx = [F(c^-)-F(a)]+[F(b)-F(c^+)]$.

【例 2】 计算$\int_0^1 \frac{1}{\sqrt{x}}\mathrm{d}x$.

解　方法一　$\int_0^1 \frac{1}{\sqrt{x}}\mathrm{d}x = \lim\limits_{\varepsilon\to 0^+}\int_\varepsilon^1 \frac{1}{\sqrt{x}}\mathrm{d}x = \lim\limits_{\varepsilon\to 0^+}(2\sqrt{x})\Big|_\varepsilon^1 = \lim\limits_{\varepsilon\to 0^+}2(1-\sqrt{\varepsilon}) = 2$；

方法二　$\int_0^1 \frac{1}{\sqrt{x}}\mathrm{d}x = 2\sqrt{x}\,|_{x=1} - \lim\limits_{\varepsilon\to 0^+}2\sqrt{x} = 2$.

第6章 定积分的应用

前 言

定积分是对实际量的无限细分后再无限累加，无限就是极限，无限细分就是微分，无限累加就是积分. 实质上，定积分是一种和式的极限，它对于解决一类非均匀分布的量的累加问题很有效. 在产品生产、科学技术研究和现实生活中，许多实际问题如求路程、求面积、求体积等都可以归结为求某种和的极限. 因此，定积分在天文学、化学、生物学、经济学等自然科学、社会科学及科学技术与工程问题中有着广泛的应用.

在上一章，积分中值定理已经给出定积分的一个应用——求函数的平均值. 这一章，我们将继续给出定积分的一些其他应用，如求两条曲线所夹的不规则图形的面积、几何体体积、变速直线运动的路程、物体所做的功、平面图形的静矩和形心、液体的静压力等问题.

教学知识

1. 微元法的思想和方法；

2. 用微元法解一些简单的几何问题（平面图形的面积、旋转体的体积、截面已知的立体的体积、平面曲线的弧长等）；

3. 用微元法解一些简单的物理问题（变力做功、水压力、引力等）.

重点难点

重点：平面图形的面积公式，绕坐标轴旋转一周的旋转体的体积公式，截面已知的立体的体积公式，平面曲线的弧长的计算公式.

难点：将实际问题用微元法建立定积分数学模型.

§6.1　定积分的微元法

6.1.1　求曲边梯形面积的两种方法

【问题回顾】　以定积分求曲边梯形的面积 A 为例，面积 A 是待求的定积分量，它是区间 $[a,b]$ 上的函数，并且 A 在区间 $[a,b]$ 上具有可分割性和可加性. 求积分量 A 存在两种思路.

元素相加方法：由定积分直接定义一个量.

(1) 分小取近似：将区间 $[a,b]$ 分成 n 个小区间 $[x_{i-1},x_i]$，$\Delta x_i = x_i - x_{i-1}(i=1,2,\cdots,n)$，相应地得到 n 个小曲边梯形，将小曲边梯形的面积记为 $\Delta A_i(i=1,2,\cdots,n)$，计算 ΔA_i 的近似值，即 $\Delta A_i \approx f(\xi_i)\Delta x_i$，其中 $\xi_i \in [x_{i-1},x_i]$.

(2) 求和取极限：对 A 的近似值 $\sum\limits_{i=1}^{n} f(\xi_i)\Delta x_i$ 取极限得 $A = \lim\limits_{\lambda\to 0}\sum\limits_{i=1}^{n} f(\xi_i)\Delta x_i = \int_a^b f(x)\mathrm{d}x$，其中 λ 为小区间长度的最大值 $\lambda = \max\limits_{1\leqslant i\leqslant n}\{\Delta x_i\}$.

微元分析方法：分析函数的增量求出其微分的方法.

(1) 分小取微分：以"常代变、直代曲"观点，用矩形代替曲边梯形，确定每一小曲边梯形面积 $\Delta A_i \approx f(\xi_i)\Delta x_i(i=1,2,\cdots,n)$. 省略下标，以 $[x,x+\mathrm{d}x]$ 代替任一小区间 $[x_{i-1},x_i]$，并取 ξ_i 为小区间的左端点 x，则 ΔA 的近似值就是以 $\mathrm{d}x$ 为底，$f(x)$ 为高的小矩形的面积，如图 6-1-1 所示.

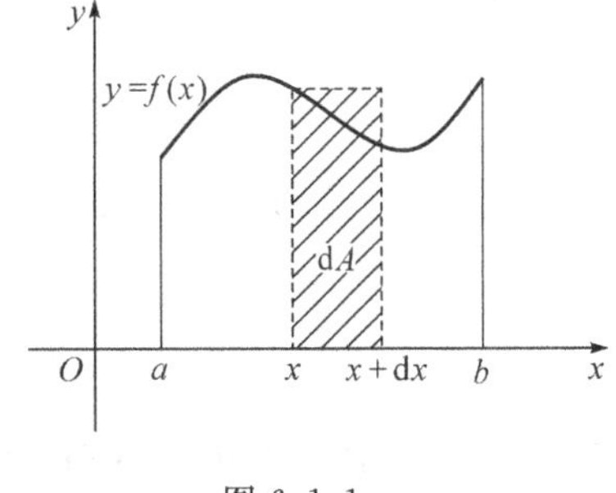

图 6-1-1

由于 $f(x)$ 为区间 $[a,b]$ 上一连续函数，则 $\Delta A \approx f(x)\mathrm{d}x$，因此，$f(x)\mathrm{d}x$ 就是曲边梯形面积 A 的微分，称为面积 A 的**元素**或**微元**，记作 $\mathrm{d}A$. 即 $\Delta A \approx \mathrm{d}A = f(x)\mathrm{d}x$.

(2) 积分求增量：将这些面积微元在 $[a,b]$ 上"无限累加"，就得到曲边梯形的面积，即

$$A = \sum \Delta A = \int_a^b \mathrm{d}A = \int_a^b f(x)\mathrm{d}x.$$

6.1.2　定积分的微元法

一般来说，用定积分解决实际问题(求量 Q) 的步骤为：

(1) 选取一个积分变量 x(选取积分变量 y，情况类似)，并确定它的变化区间 $[a,b]$；

(2) 将区间$[a,b]$分成若干小区间,取其中的任一小区间$[x,x+\mathrm{d}x]$,并在小区间上找出所求的量Q的微元$\mathrm{d}Q = f(x)\mathrm{d}x$;

(3) 将微元$\mathrm{d}Q$在$[a,b]$上"无限累加",即以Q的微元$\mathrm{d}Q$作被积表达式,以$[a,b]$为积分区间,得Q的积分表达式$Q = \int_a^b \mathrm{d}Q = \int_a^b f(x)\mathrm{d}x$,进而计算它的值.

这种用定积分解实际问题的方法叫做**定积分的元素法或微元法**,其关键是找出Q的元素$\mathrm{d}Q$的微分表达式$\mathrm{d}Q = f(x)\mathrm{d}x \quad (a \leqslant x \leqslant b)$.

【说明】

(1) $f(x)\mathrm{d}x$作为Q在区间$[x,x+\mathrm{d}x]$上的部分量ΔQ的近似表达式,要求其差是关于Δx的高阶无穷小,即$\Delta Q - f(x) = o(\Delta x)$,实际上就是所求量的微分$\mathrm{d}Q$.

(2) 怎样求微元呢?一般要分析问题的实际意义及数量关系,在局部$[x,x+\mathrm{d}x]$上以"常值代替变值"、"直线代替曲线"的思路(局部线性化),写出局部上所求量Q的近似值,即为微元$\mathrm{d}Q = f(x)\mathrm{d}x$.

(3) 元素的几何形状可以是"条、带、段、扇、环、片、壳"等.

▶▶▶▶ 习题 6.1 ◀◀◀◀

1. 叙述定积分的微元法思想.

2. 用定积分的微元法求定积分$\int_0^1 x^2 \mathrm{d}x$.

§6.2 定积分的微元法在几何上的应用

6.2.1 计算平面图形的面积

1. 直角坐标系情形,以 x 为积分变量

如图 6-2-1 所示,由直线$x = a$,$x = b$及曲线$y = f(x)$,$y = g(x)$所围成的平面图形的面积A的计算方法:

取x为积分变量,$x \in [a,b]$,面积微元$\mathrm{d}A = |f(x) - g(x)|\mathrm{d}x$,根据微元法可得其面积

$$A = \int_a^b |f(x) - g(x)| \mathrm{d}x.$$

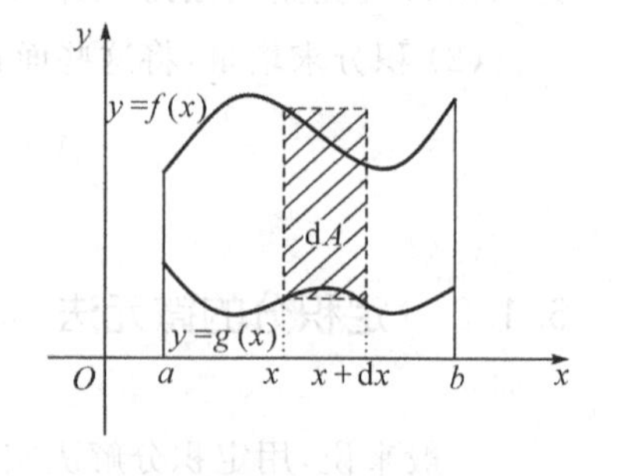

图 6-2-1

特别地,当$f(x) \geqslant g(x)$时,被积函数为上方函数$y = f(x)$减去下方函数$y = g(x)$,有

$$A=\int_a^b[f(x)-g(x)]\mathrm{d}x.$$

【注意】 上述讨论允许 $g(x)=0$，这时，$A=\int_a^b|f(x)-g(x)|\mathrm{d}x=\int_a^b|f(x)|\mathrm{d}x.$

2. 直角坐标系情形，取 y 为积分变量

如图 6-2-2 所示，由直线 $y=c$，$y=d$ 及曲线 $x=\varphi(y)$，$x=\psi(y)$ 所围成的平面图形的面积 A 的计算方法：

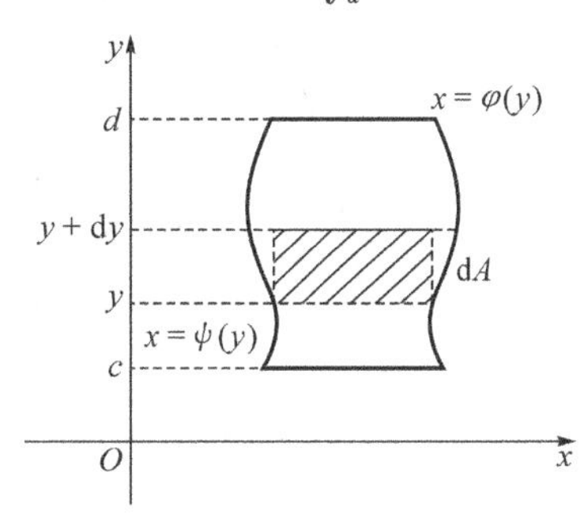

图 6-2-2

取 y 为积分变量，$y\in[c,d]$，面积微元 $\mathrm{d}A=|\varphi(y)-\psi(y)|\mathrm{d}y$，根据微元法可得其面积

$$A=\int_c^d|\varphi(y)-\psi(y)|\mathrm{d}y.$$

特别地，当 $\varphi(y)\geqslant\psi(y)$ 时，被积函数为右方函数 $x=\varphi(y)$ 减去左方函数 $x=\psi(y)$，有

$$A=\int_c^d[\varphi(y)-\psi(y)]\mathrm{d}y.$$

【注意】 上述讨论允许 $\psi(y)=0$，这时，$A=\int_c^d|\varphi(y)-\psi(y)|\mathrm{d}y=\int_c^d|\varphi(y)|\mathrm{d}y.$

【例 1】 求由曲线 $y=2-x^2$ 与直线 $y=-x$ 所围的面积.

解 (1) 作草图（图 6-2-3），由方程组 $\begin{cases}y=2-x^2\\y=-x\end{cases}$，得两条曲线的交点的横坐标 $x_1=-1$，$x_2=2$；

(2) 取 x 为积分变量，$x\in[-1,2]$，得面积微元 $\mathrm{d}A=[(2-x^2)-(-x)]\mathrm{d}x$；

(3) 所求的面积为

$$A=\int_{-1}^2[(2-x^2)-(-x)]\mathrm{d}x=\left(2x+\frac{1}{2}x^2-\frac{1}{3}x^3\right)\Big|_{-1}^2=\frac{9}{2}.$$

【例 2】 求曲线 $y^2=x$ 与 $y=x-2$ 所围图形的面积.

解 (1) 作草图（图 6-2-4），由方程组 $\begin{cases}y^2=x\\y=x-2\end{cases}$，得两条曲线的交点纵坐标为 $y_1=-1$，$y_2=2$；

(2) 取 y 为积分变量，$y\in[-1,2]$，得面积微元 $\mathrm{d}A=[(y+2)-y^2]\mathrm{d}y$；

(3) 所求面积为

$$A=\int_{-1}^2[(y+2)-y^2]\mathrm{d}y=\left(\frac{1}{2}y^2+2y-\frac{1}{3}y^3\right)\Big|_{-1}^2=\frac{9}{2}.$$

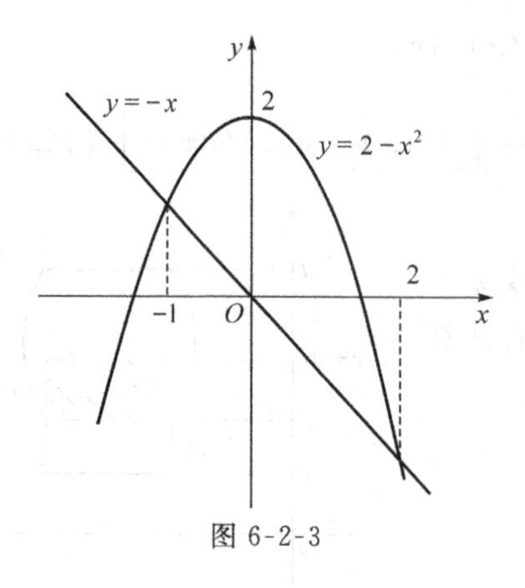

图 6-2-3

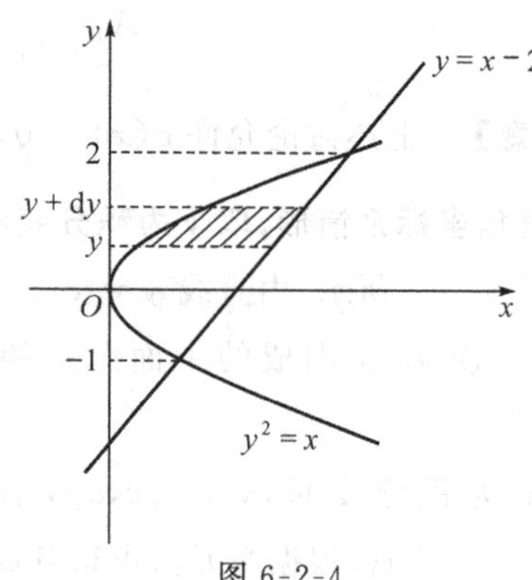

图 6-2-4

【注意】 若本题以 x 为积分变量,由于在[0,1]和[1,4]两个区间上的构成情况不同,因此需要分成两部分来计算,其结果为

$$A=\int_0^1[\sqrt{x}-(-\sqrt{x})]\mathrm{d}x+\int_1^4[\sqrt{x}-(x-2)]\mathrm{d}x$$

$$=\left(\frac{4}{3}\sqrt{x^3}\right)\Big|_0^1+\left(\frac{2}{3}\sqrt{x^3}-\frac{1}{2}x^2+2x\right)\Big|_1^4=\frac{4}{3}+\frac{19}{6}=\frac{9}{2}.$$

显然,对于该例选取 x 为积分变量,不如选取 y 为积分变量计算简便.可见,选取适当的积分变量,可使计算简化.

【例 3】 求由两条曲线 $y=x^2$ 和 $x=y^2$ 所围成的面积.

解 如图 6-2-5 所示.

方法一 以 x 为积分变量,由 $\begin{cases}y=x^2\\x=y^2\end{cases}$ 得交点的横坐标 $x_1=0,x_2=1$,所以

$$A=\int_0^1(\sqrt{x}-x^2)\mathrm{d}x=\frac{1}{3}.$$

方法二 以 y 为积分变量,由 $\begin{cases}y=x^2\\x=y^2\end{cases}$ 得交点的横坐标 $y_1=0,y_2=1$,所以

$$A=\int_0^1(\sqrt{y}-y^2)\mathrm{d}y=\frac{1}{3}.$$

【例 4】 求由曲线 $y=\mathrm{e}^x,y=\mathrm{e}^{-x}$ 和直线 $x=1$ 所围成的平面图形面积.

解 如图 6-2-6 所示,以 x 为积分变量,解方程组 $\begin{cases}y=\mathrm{e}^x\\y=\mathrm{e}^{-x}\end{cases}$ 得 $\begin{cases}x=0\\y=1\end{cases}$,结合图形得积分区间为[0,1].所求平面图形面积为

$$A=\int_0^1(\mathrm{e}^x-\mathrm{e}^{-x})\mathrm{d}x=(\mathrm{e}^x+\mathrm{e}^{-x})\Big|_0^1=\mathrm{e}+\frac{1}{\mathrm{e}}-2.$$

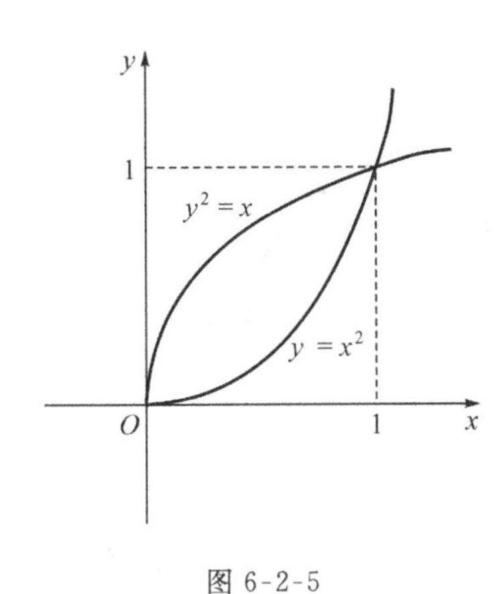

图 6-2-5

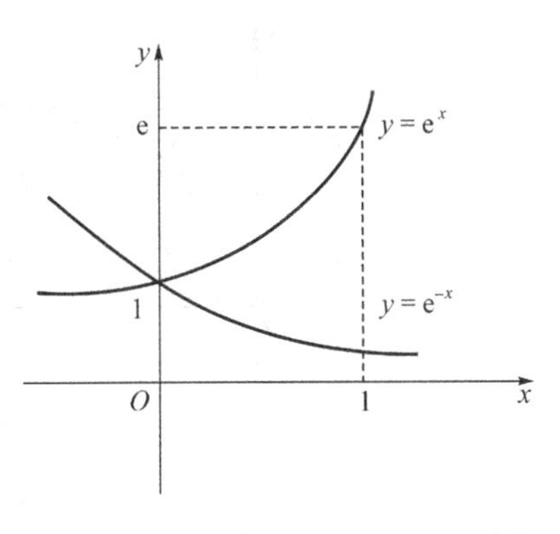

图 6-2-6

3. 参数方程确定的曲线所围的平面图形面积

若曲边梯形的曲边以参数方程给出：$\begin{cases} x=\varphi(t), & \alpha\leqslant t\leqslant\beta \\ y=\psi(t), & \alpha\leqslant t\leqslant\beta \end{cases}$，且满足$\begin{cases} b=\varphi(\beta) \\ a=\varphi(\alpha) \end{cases}$，则容易看出，取 t 为积分变量，$t\in[\alpha,\beta]$，面积微元 $\mathrm{d}A=y\mathrm{d}x=\psi(t)\mathrm{d}\varphi(t)=\psi(t)\varphi'(t)\mathrm{d}t$，根据微元法可得其面积

$$A=\int_a^b y\mathrm{d}x=\int_\alpha^\beta \psi(t)\varphi'(t)\mathrm{d}t.$$

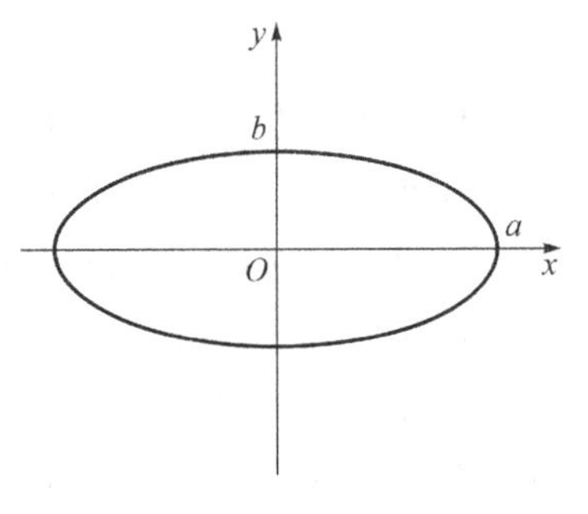

图 6-2-7

【例 5】　求由椭圆 $\dfrac{x^2}{a^2}+\dfrac{y^2}{b^2}=1$ 所围成的平面图形面积.

解　如图 6-2-7，由对称性，$A=4\int_0^a y\mathrm{d}x$，且椭圆的参数方程为$\begin{cases} x=a\cos t, & 0\leqslant t\leqslant 2\pi \\ y=b\sin t, & 0\leqslant t\leqslant 2\pi \end{cases}$，且满足 $x=a$，$t=0$；$x=0$，$t=\dfrac{\pi}{2}$. 故

$$A=4\int_0^a y\mathrm{d}x=4\int_{\frac{\pi}{2}}^0 b\sin t\cdot a(-\sin t)\mathrm{d}t=4ab\int_0^{\frac{\pi}{2}}\sin^2 t\mathrm{d}t=4ab\cdot\frac{1}{2}\cdot\frac{\pi}{2}=\pi ab.$$

当 $a=b$ 时，即得圆的面积公式 πa^2，其中 a 为圆半径.

如图 6-2-8，**摆线**是数学中众多的迷人曲线之一. 被定义为一个圆沿一条直线运动时，圆边界上一定点所形成的轨迹.

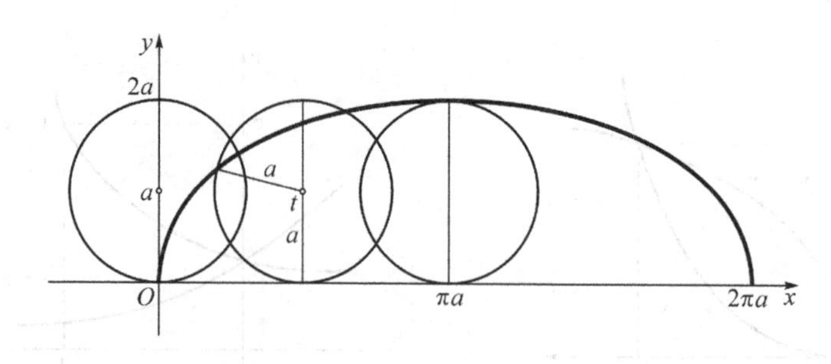

图 6-2-8

【例 6】 求由摆线$\begin{cases} x = a(t - \sin t), & 0 \leqslant t \leqslant 2\pi \\ y = a(1 - \cos t), & 0 \leqslant t \leqslant 2\pi \end{cases}$的一拱与$x$轴所围成的平面图形面积.

解 由微元 $\mathrm{d}A = a(1 - \cos t) \cdot a(1 - \cos t)\mathrm{d}t$,且满足 $x = 2\pi a, t = 2\pi; x = 0, t = 0$. 故

$$A = \int_0^{2\pi a} \mathrm{d}A = \int_0^{2\pi a} y\mathrm{d}x = \int_0^{2\pi} a(1 - \cos t) \cdot a(1 - \cos t)\mathrm{d}t$$

$$= a^2 \int_0^{2\pi} (1 - \cos t)^2 \mathrm{d}t = 4a^2 \int_0^{2\pi} \sin^4 \frac{t}{2} \mathrm{d}t \quad \left(令\ u = \frac{t}{2}\right)$$

$$= 8a^2 \int_0^{\pi} \sin^4 u\mathrm{d}u = 16a^2 \int_0^{\frac{\pi}{2}} \sin^4 u\mathrm{d}u = 3\pi a^2.$$

4. 极坐标方程确定的曲线所围的平面图形面积

由曲线 $\rho = \rho(\theta)$(满足条件:$\rho(\theta) \geqslant 0$,$\rho(\theta)$ 在$[\alpha,\beta]$上连续)及射线$\theta = \alpha$,$\theta = \beta$围成的图形称为**曲边扇形**. 为求其面积A,取极角θ为积分变量,θ的变化范围为$[\alpha,\beta]$,在$[\alpha,\beta]$上任取一个小区间$[\theta,\theta + \mathrm{d}\theta]$,窄曲边梯形的面积$\Delta A$可用半径为$\rho(\theta)$、中心角为$\mathrm{d}\theta$的圆扇形面积来近似替代,也就是说,曲边扇形的面积元素为 $\mathrm{d}A = \frac{1}{2}[\rho(\theta)]^2 \mathrm{d}\theta$(见图 6-2-9). 因此,

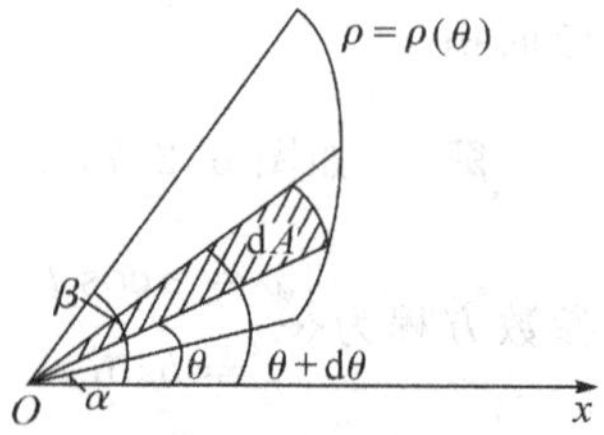

图 6-2-9

$$A = \int_\alpha^\beta \frac{1}{2}[\rho(\theta)]^2 \mathrm{d}\theta.$$

阿基米德螺线(亦称**等速螺线**),得名于公元前三世纪希腊数学家阿基米德. 阿基米德螺线是一个点匀速离开一个固定点的同时又以固定的角速度绕该固定点转动而产生的轨迹. 阿基米德螺线的极坐标方程为 $\rho = a\theta \quad (a \geqslant 0)$(见图 6-2-10).

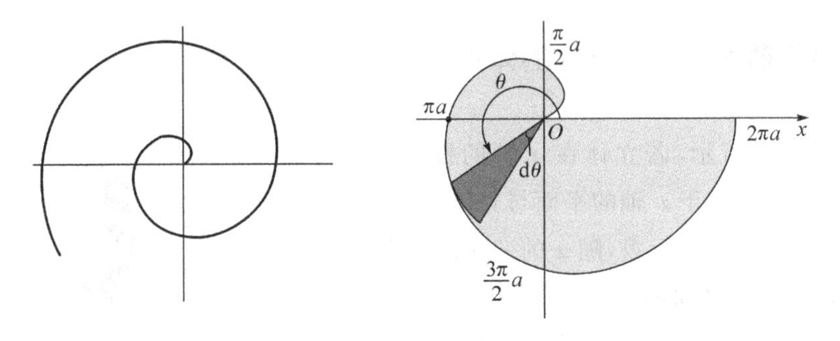

图 6-2-10　阿基米德螺线及其面积元素

【例 7】 计算阿基米德螺线对应 θ 从 0 变到 2π 的一段弧与极轴所围成的图形面积.

解　$A=\int_0^{2\pi}\frac{1}{2}(a\theta)^2\mathrm{d}\theta=\frac{1}{2}a^2\cdot\left(\frac{1}{3}\theta^3\Big|_0^{2\pi}\right)=\frac{4}{3}a^2\pi^3.$

心形线是一个圆上的固定一点在它绕着与其相切且半径相同的另外一个圆周滚动时所形成的轨迹,因其形状像心形而得名. 心形线的极坐标方程共有 4 种形式(分水平方向和垂直方向)(见图 6-2-11).

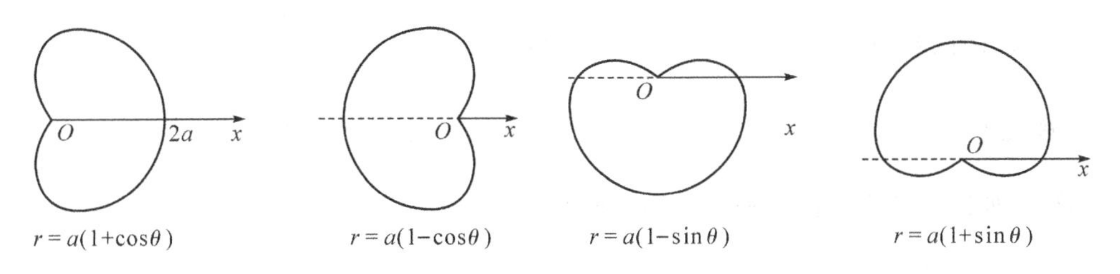

图 6-2-11

【例 8】 计算水平方向心形线 $r=a(1+\cos\theta)(a>0)$ 所围成的图形的面积.

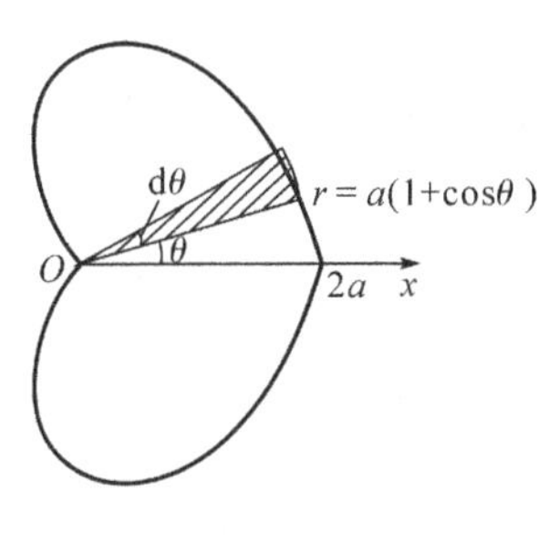

图 6-2-12

解　如图 6-2-12 所示,由对称性,得面积:

$$A=2\int_0^{\pi}\frac{1}{2}[a(1+\cos\theta)]^2\mathrm{d}\theta=a^2\int_0^{\pi}4\cos^4\frac{\theta}{2}\mathrm{d}\theta$$

$$=8a^2\int_0^{\frac{\pi}{2}}\cos^4t\mathrm{d}t\ \left(\mathrm{t}=\frac{\theta}{2}\right)$$

$$=8a^2\cdot\frac{3}{4}\cdot\frac{1}{2}\cdot\frac{\pi}{2}=\frac{3}{2}\pi a^2.$$

【思考】 请说明连续曲线 $y=f(x)$ 绕 x 轴旋转一周所产生的旋转曲面的面积为

$$A=\int_a^b 2\pi x\sqrt{1+f'^2(x)}\mathrm{d}x.$$

6.2.2 平行截面已知的立体的体积

如图 6-2-13 所示，若立体在 x 轴的投影区间为 $[a,b]$，过点 x 且垂直于 x 轴的平面与立体相截，截面面积为 $A(x)$（关于 x 的函数，随 x 的变化而变化），则夹在两个平行截面之间的体积近似等于 $A(x)\mathrm{d}x$（所求体积的元素），那么，所求立体的体积为

$$V=\int_a^b A(x)\mathrm{d}x.$$

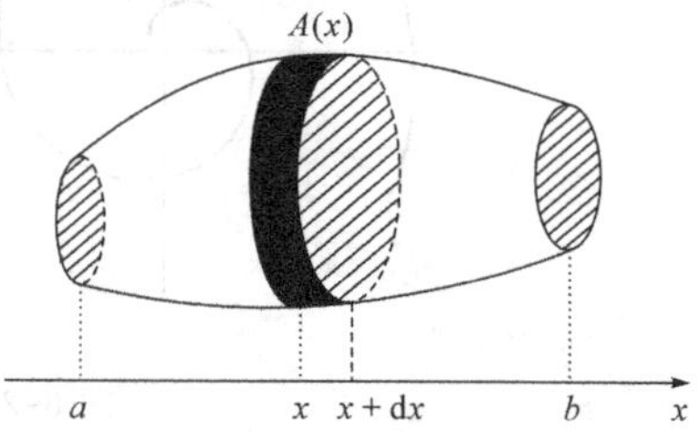

图 6-2-13

【例 9】 计算底面是半径为 r 的圆，垂直底面某一条直径的所有截面都是等边三角形的立体体积.

解 如图 6-2-14 所示，等边三角形的边长为 $2y=2\sqrt{r^2-x^2}$，

截面面积 $A(x)=\frac{1}{2}\cdot\frac{\sqrt{3}}{2}\cdot\left(2\sqrt{r^2-x^2}\right)^2=\sqrt{3}\,(r^2-x^2)$，

则所求立体的体积为 $V=2\int_0^r A(x)\mathrm{d}x=2\sqrt{3}\left(r^2x-\frac{1}{3}x^3\right)\Big|_0^r=\frac{4\sqrt{3}}{3}r^3$.

【例 10】 计算由曲面 $\frac{x^2}{a^2}+\frac{y^2}{b^2}+\frac{z^2}{c^2}=1$ 所围的椭球面的体积.

解 如图 6-2-15 所示，垂直 x 轴的截面是椭圆

$$\frac{y^2}{b^2\left(1-\frac{x^2}{a^2}\right)}+\frac{z^2}{c^2\left(1-\frac{x^2}{a^2}\right)}=1,$$

它的面积（即截面面积）是 $A(x)=\pi bc\left(1-\frac{x^2}{a^2}\right)\ (-a\leqslant x\leqslant a)$. 因此，椭球面的体积为

$$A(x)=2\int_0^a \pi bc\left(1-\frac{x^2}{a^2}\right)\mathrm{d}x=2\pi bc\left(1-\frac{x^2}{a^2}\right)\Big|_0^a=\frac{4}{3}\pi abc.$$

特别地，当 $a=b=c$ 时就是球体的体积.

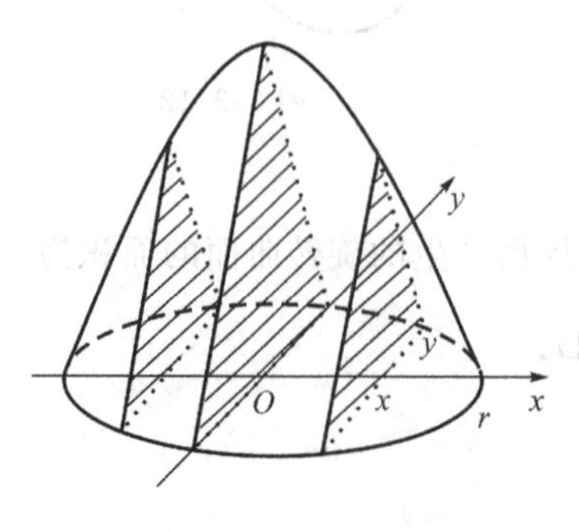

图 6-2-14

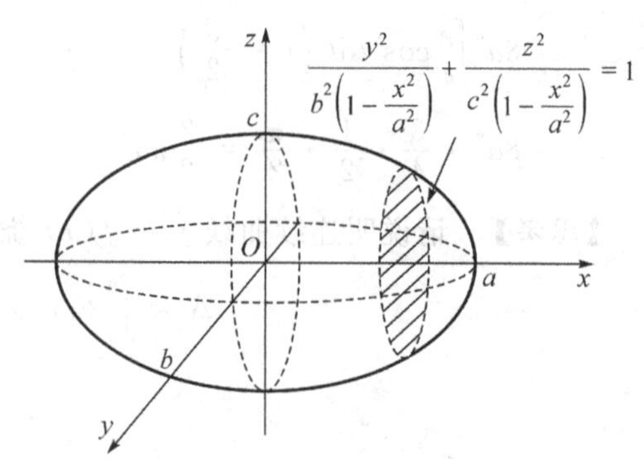

图 6-2-15

【思考】　祖暅《缀术》有云:“幂势既同,则积不容异.”这句话说明一个涉及几何求积的著名命题——**祖暅原理**.意思是:夹在两个平行平面间的两个几何体,被平行于这两个平行平面的任何平面所截,如果截得两个截面的面积总相等,那么这两个几何体的体积相等.你能给出祖暅原理的一种数学证明吗?

6.2.3　计算旋转体的体积

平面上一条封闭的曲线所围的区域绕着它所在平面内的一条定直线旋转(旋转一周)所形成的几何体叫作**旋转体**,该定直线叫做旋转体的**轴**.比如,圆柱体、圆锥、球体分别是由矩形、直角三角形、半圆绕它的一条边旋转一周而成的旋转体,见图 6-2-16.

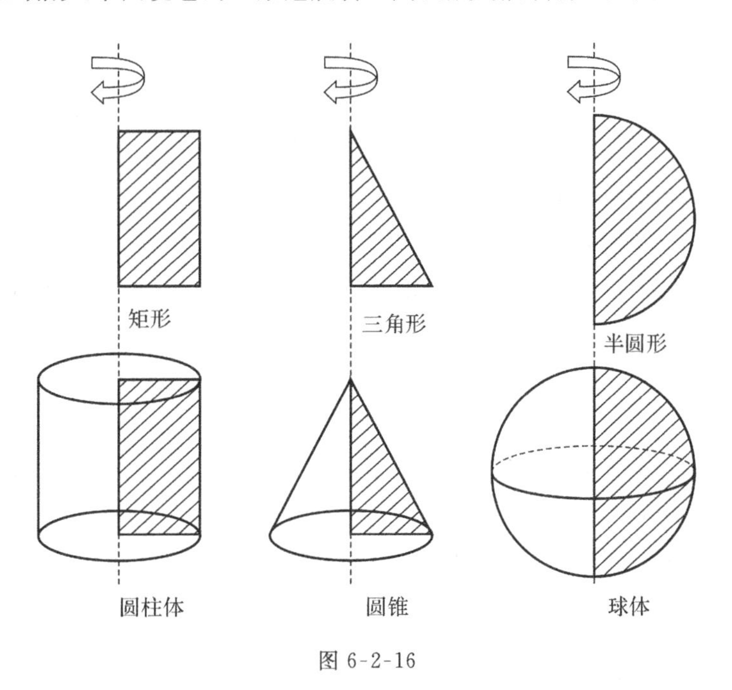

图 6-2-16

下面,我们运用微元法给出一些旋转体体积的计算公式.

1. 平面封闭曲线绕 x 轴旋转而成的旋转体的体积

求由连续曲线 $y=f(x)$,直线 $x=a,x=b(a<b)$ 及 x 轴所围成的曲边梯形绕 x 轴旋转一周而成的立体(图 6-2-17)的体积.取 x 为积分变量,则 $x\in[a,b]$,对于区间 $[a,b]$ 的任一小区间 $[x,x+\mathrm{d}x]$,它所对应的窄曲边梯形绕 x 轴旋转而生成的薄片似的立体的体积近似等于以 $f(x)$ 为底半径、$\mathrm{d}x$ 为高的圆柱体体积.即:体积元素为 $\mathrm{d}V=\pi[f(x)]^2\mathrm{d}x=\pi y^2\mathrm{d}x$,所求的旋转体的体积为 $V=\int_a^b\pi[f(x)]^2\mathrm{d}x=\int_a^b\pi y^2\mathrm{d}x$.

2. 平面封闭曲线绕 y 轴旋转而成的旋转体的体积

类似地,由曲线 $x=\varphi(y)$ 和直线 $y=c,y=d$ 及 y 轴所围成的曲边梯形绕 y 轴旋转一周(图 6-2-18),所得的旋转体体积为 $V=\int_c^d \pi[\varphi(y)]^2 \mathrm{d}y=\int_c^d \pi x^2 \mathrm{d}y$.

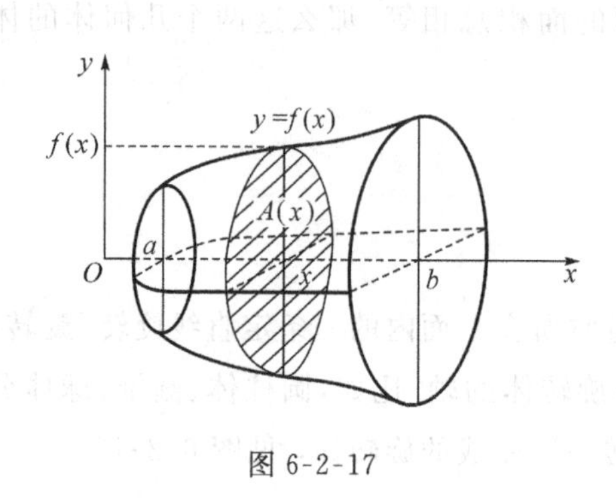

图 6-2-17

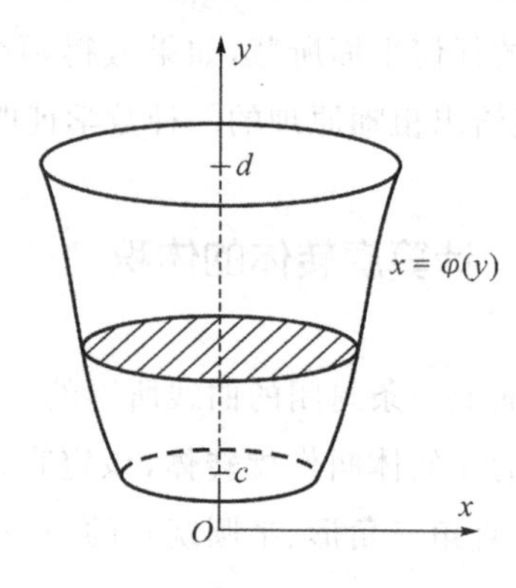

图 6-2-18

【例 11】 求由椭圆$\frac{x^2}{a^2}+\frac{y^2}{b^2}=1$所围成的图形绕 x 轴和 y 轴旋转而成的椭球体体积.

解 (1) 绕 x 轴旋转的椭球体如图 6-2-19 所示. 该旋转体可看作是由上半个椭圆 $y=\frac{b}{a}\sqrt{a^2-x^2}$ 与 x 轴所围成的图形绕 x 轴旋转所生成的立体.

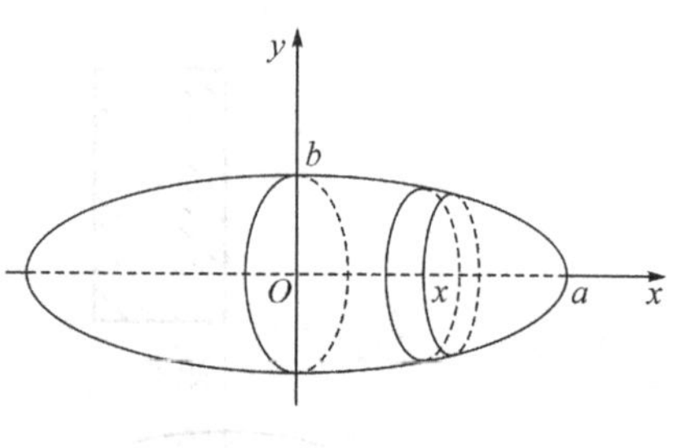

图 6-2-19

$$V=\int_{-a}^{a}\pi y^2 \mathrm{d}x=\pi\int_{-a}^{a}\left(\frac{b}{a}\sqrt{a^2-x^2}\right)^2 \mathrm{d}x=\frac{2\pi b^2}{a^2}\int_0^a (a^2-x^2)\mathrm{d}x=\frac{4}{3}\pi ab^2.$$

(2) 类似地,绕 y 旋转的椭球体可看作由右半部分 $x=\frac{a}{b}\sqrt{b^2-y^2}$ 与 y 轴所围成的图形绕 y 轴旋转而成的立体.

$$V=\int_{-b}^{b}\pi x^2 \mathrm{d}y=\pi\int_{-b}^{b}\left(\frac{a}{b}\sqrt{b^2-y^2}\right)^2 \mathrm{d}y=2\pi\frac{a^2}{b^2}\int_0^b (b^2-y^2)\mathrm{d}y=\frac{4}{3}\pi a^2 b.$$

【问题】 试证用椭圆的参数方程求其绕 x 轴旋转生成的椭球体的体积为$\frac{4\pi ab^2}{3}$.

【例 12】 求曲线 $y=\sin x$ 绕 x 轴和 y 轴旋转而成的旋转体的体积.

解 绕 y 轴旋转椭球体如图 6-2-20 所示.

(1) 绕 x 轴旋转所生成的旋转体体积为

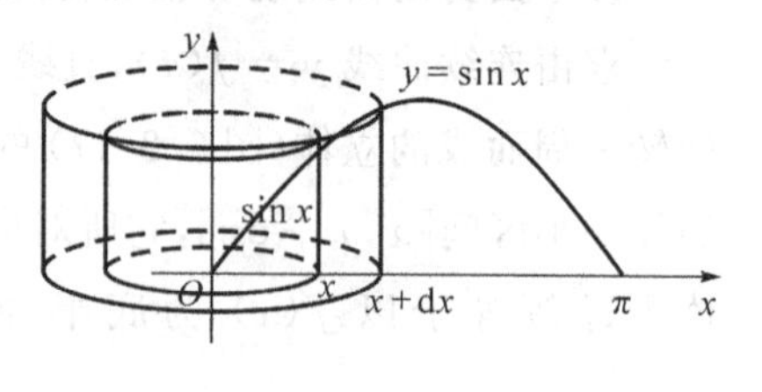

图 6-2-20

$$V=\int_0^{\pi}\pi y^2 \mathrm{d}x=\pi\int_0^{\pi}\sin^2 x\mathrm{d}x$$

$$=\pi\int_0^{\pi}\frac{1-\cos 2x}{2}\mathrm{d}x=\frac{\pi^2}{2}.$$

(2) 绕 y 轴旋转所生成的旋转体体积为

$$V=\int_0^{\pi}2\pi xy\,\mathrm{d}x=\int_0^{\pi}2\pi x\sin x\,\mathrm{d}x=2\pi(-x\cos x+\sin x)\Big|_0^{\pi}=2\pi^2.$$

【思考】 请说明连续曲线 $y=f(x)$ 绕 y 轴旋转所产生的旋转体体积为 $V=\int_a^b 2\pi xf(x)\mathrm{d}x$(见图 6-2-21);连续曲线 $x=\varphi(y)$ 绕 x 轴旋转所产生的旋转体体积为 $V=\int_c^d 2\pi y\varphi(y)\mathrm{d}y$(见图 6-2-22).

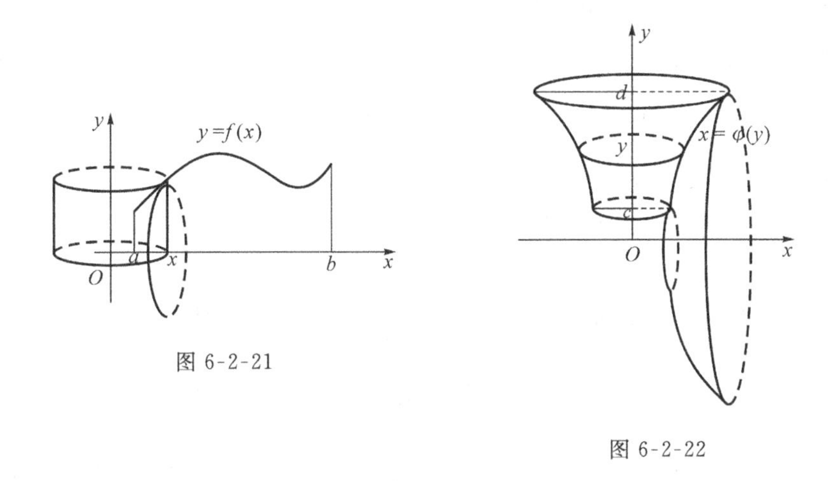

图 6-2-21

图 6-2-22

6.2.4 平面曲线的弧长

在曲线弧 $\widehat{AB}$ 上任取 n 个点,以直线段代替小弧线段,将弧 $\widehat{AB}$ 分成 n 段线段,当最长的线段 λ 趋近于 0 时,总有 n 条线段长度之和趋向于一个确定的极限,则称此极限为曲线弧 $\widehat{AB}$ 的**弧长**,即曲线弧长 $s=\lim\limits_{\lambda\to 0}\sum\limits_{i=1}^{n}|A_{i-1}A_i|$;称此曲线弧为可求长的.

根据图 6-2-23,对可求长的曲线弧,可按以下三种形式给出弧长元素,进而计算弧长.

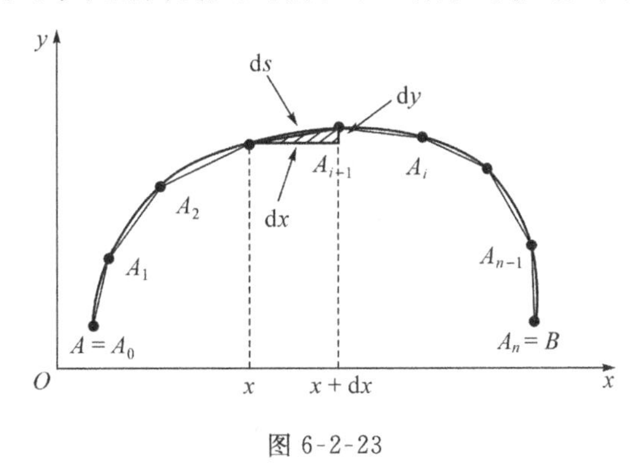

图 6-2-23

(1) 曲线由直角坐标方程给出：$y=f(x)\ (a\leqslant x\leqslant b)$，

弧长元素：$ds=\sqrt{(dx)^2+(dy)^2}=\sqrt{1+\left(\frac{dy}{dx}\right)^2}dx=\sqrt{1+y'^2}dx$，

可求长的曲线弧的弧长：$s=\int_a^b\sqrt{1+y'^2}dx=\int_a^b\sqrt{1+f'^2(x)}dx.$

(2) 曲线由参数方程给出：$\begin{cases}x=\varphi(x)\\y=\psi(x)\end{cases}(\alpha\leqslant t\leqslant\beta)$，

弧长元素：$ds=\sqrt{(dx)^2+(dy)^2}dt=\sqrt{\varphi'^2(t)+\psi'^2(t)}dt$，

可求长的曲线弧的弧长：$s=\int_\alpha^\beta\sqrt{\varphi'^2(t)+\psi'^2(t)}dt.$

(3) 曲线由极坐标方程给出：$\rho=\rho(\theta)(\alpha\leqslant\theta\leqslant\beta)$，

弧长元素：$ds=\sqrt{\rho^2(\theta)+\rho'^2(\theta)}d\theta$，

可求长的曲线弧的弧长：$s=\int_\alpha^\beta\sqrt{\rho(\theta)^2+\rho'^2(\theta)}d\theta.$

【问题】 对极坐标情形，请用$\begin{cases}x=\rho(\theta)\cos\theta\\y=\rho(\theta)\sin\theta\end{cases}(\alpha\leqslant\theta\leqslant\beta)$验证$ds=\sqrt{\rho^2(\theta)+\rho'^2(\theta)}d\theta.$

【例 13】 计算曲线弧 $y=\int_{-\frac{\pi}{2}}^x\sqrt{\cos t}dt$ 在$\left[\frac{\pi}{2},\frac{\pi}{2}\right]$上的弧长.

解 由于被积函数 $\sqrt{\cos x}$ 在$-\frac{\pi}{2}\leqslant x\leqslant\frac{\pi}{2}$(因为 $\sqrt{\cos x}\geqslant0$) 上是偶函数，于是

$$s=\int_{-\frac{\pi}{2}}^{\frac{\pi}{2}}\sqrt{1+y'^2}dx=2\int_0^{\frac{\pi}{2}}\sqrt{1+(\sqrt{\cos x})^2}dx$$

$$=2\int_0^{\frac{\pi}{2}}\sqrt{2}\cos\frac{x}{2}dx=2\sqrt{2}\left(2\sin\frac{x}{2}\right)\Big|_0^{\frac{\pi}{2}}=4.$$

【例 14】 计算半径为 r 的圆周长度.

解 圆的参数方程为 $\begin{cases}x=r\cos t\\y=r\sin t\end{cases}\quad(0\leqslant t\leqslant2\pi)$，

$$ds=\sqrt{(-r\sin t)^2+(r\cos t)^2}dt=rdt,$$

$$s=\int_0^{2\pi}rdt=2\pi r.$$

这就是圆周长的计算公式.

【例 15】 计算摆线$\begin{cases}x=a(t-\sin t)\\y=a(1-\cos t)\end{cases}(a>0)$对应一拱 $0\leqslant t\leqslant2\pi$ 的弧长(见图 6-2-24).

解 弧长元素 $ds=\sqrt{a^2(1-\cos t)^2+a^2\sin^2t}dt=a\sqrt{2(1-\cos t)}dt=2a\sin\frac{t}{2}dt$，

$$s=\int_0^{2\pi}2a\sin\frac{t}{2}dt=2a\left(-2\cos\frac{t}{2}\right)\Big|_0^{2\pi}=8a.$$

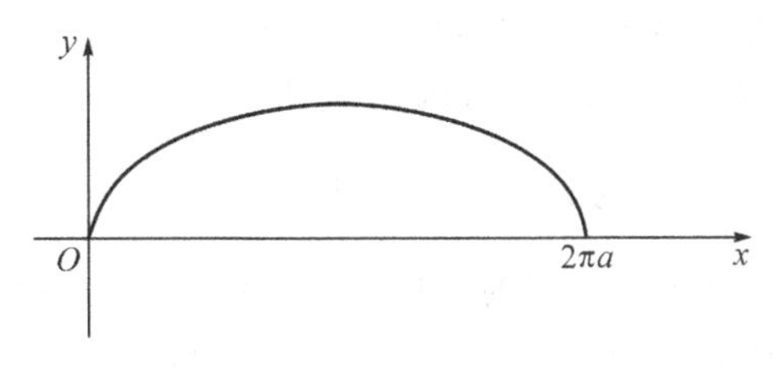

图 6-2-24

▶▶▶▶ 习题 6.2 ◀◀◀◀

1. 求由曲线 $y=x^3$ 和直线 $y=x$ 所围成的平面图形的面积.

2. 求由直线 $y=x, y=2x$ 及 $y=2$ 所围成的平面图形的面积.

3. 求由曲线 $y=\ln x$ 与直线 $y=\ln a, y=\ln b \quad (b>a>0), x=0$ 所围成的平面图形的面积.

4. 求心形线 $\rho=3(1-\sin\theta)$ 所围成的图形的面积.

5. 求星形线 $\begin{cases} x=a\cos^3 t \\ y=a\sin^3 t \end{cases}$ $(0\leqslant t\leqslant 2\pi)$ 的全长和所围成的图形的面积.

6. 将 $y=x^3, x=2, y=0$ 所围成的图形分别绕 x 轴及 y 轴旋转,计算所得的两个旋转体的体积.

7. 设有一截锥体,其高为 h,上、下底均为椭圆,椭圆的轴长分别为 $2a,2b$ 和 $2A,2B$,求该截锥体的体积.

8. 计算曲线 $y=\dfrac{1}{3}\sqrt{x}(3-x)$ 上相应于 $1\leqslant x\leqslant 3$ 的一段弧长.

9. 试证曲线 $y=\sin x \quad (0\leqslant x\leqslant 2\pi)$ 的弧长等于椭圆 $x^2+2y^2=2$ 的周长.

*10. 求摆线的一拱 $\begin{cases} x=a(t-\sin t) \\ y=a(t-\cos t) \end{cases}$ $(0\leqslant t\leqslant 2\pi)$ 绕 x 轴旋转而得的旋转体体积.

* §6.3　定积分的微元法在物理上的应用

6.3.1　变速直线运动的路程

设某物体做变速直线运动,已知速度 $v=v(t)$ 是时间区间 $[T_1,T_2]$ 上关于 t 的连续函数,且 $t\geqslant 0$. 在区间 $[T_1,T_2]$ 上任取一个小区间 $[t,t+\mathrm{d}t]$,由于时间间隔非常之小,在小

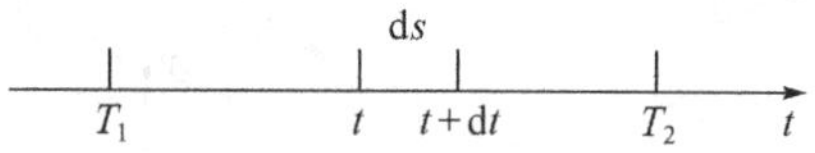

时间段内,可以近似地看成是匀速运动(如图6-3-1),路程微元可表示为 $ds = v(t)dt$,因此从 T_1 到 T_2 这一总时间段上的总路程为 $s = \int_{T_1}^{T_2} v(t)dt$.

图 6-3-1

【例 1】 计算从 0 秒到 T 秒这段时间内自由落体经过的路程.

解 0 秒到 T 秒这段时间内自由落体经过的路程为

$$s = \int_0^T v(t)dt = \int_0^T gt\,dt = \frac{1}{2}gT^2.$$

【例 2】 一辆汽车在笔直的道路上以 12 米 / 秒的速度行驶,快到目的地的时候,为了节省能源,司机关闭油门,让汽车自动滑行.如果汽车滑行后的加速度是 -0.4 米 / 秒^2,试问开始滑行到完全停止,汽车又行驶了多少米?

解 根据题意,$v(0) = 12$ 米 / 秒,由于汽车关闭油门后做匀减速直线运动,则

$$v(t) = v(0) + at = 12 - 0.4t.$$

当汽车完全停止行驶时,$v(t) = 0$,得 $t = \dfrac{12}{0.4} = 30$(秒),所以,开始滑行到完全停止,汽车行驶的路程为

$$s = \int_0^{30} v(t)dt = \int_0^{30} (12 - 0.4t)dt = 180(\text{米}).$$

6.3.2 变力沿直线所做的功

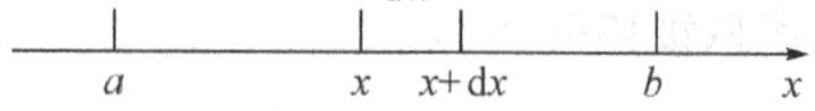

设一物体受连续变力 $F(x)$ 作用,沿力的方向做直线运动,变力 $F(x)$ 是区间 $[a,b]$ 上一个非均匀变化的量.取 x 为积分变量,$x \in [a,b]$,相应于区间 $[a,b]$ 上任一小区间 $[x, x+dx]$ 上变力所做的功(如图 6-3-2),用微分形式表示为 $dW = F(x)dx$.因此,从 a 到 b 这一段变力 $F(x)$ 所做的功为 $W = \int_a^b F(x)dx$.

图 6-3-2

【例 3】 一个带 $+q$ 电量的点电荷放在 r 轴上坐标原点处,形成一电场.求单位正电荷在电场中沿 r 轴方向从 $r = a$ 移动到 $r = b$ 处时,电场力对它做的功.

解 根据静电学,如果有一单位正电荷放在电场中距离原点为 r 的地方,则电荷对它的作用力的大小为 $F(r) = k\dfrac{q}{r^2}$(k 为常数),因此,在单位正电荷移动的过程中,电场力对它的作用力是变力.

取 r 为积分变量,$r \in [a,b]$.在区间 $[a,b]$ 的任意小区间 $[r, r+dr]$ 上,当单位正电荷从 r 处移动到 $r + dr$ 处时,电场力所做功的近似值即功的微元为 $dW = k\dfrac{q}{r^2}dr$.以 $k\dfrac{q}{r^2}dr$ 为

被积表达式,在闭区间$[a,b]$上做定积分,得所求的功为

$$W=\int_a^b F(r)\mathrm{d}r=k\frac{q}{-r}\Big|_a^b=kq(\frac{1}{a}-\frac{1}{b}).$$

【例4】 设有一弹簧,原长为15cm.假定作用5N力能使弹簧伸长1cm.求把这弹簧拉长10cm所做的功.

解 设弹簧一端固定,如图6-3-3所示.在弹簧未变形时,取其自由端的平衡位置为坐标原点O.根据胡克(Hookean)定律,在一定的弹性限度内,将弹簧拉长所需的力F与弹簧的伸长量x成正比,即变力函数$F(x)=kx$.由题意知,当$x=0.01\mathrm{m}$时,$F=5\mathrm{N}$,故得$5=k\times0.01$,即$k=500(\mathrm{N/m})$.因此,弹簧的拉力函数为$F(x)=500x$.

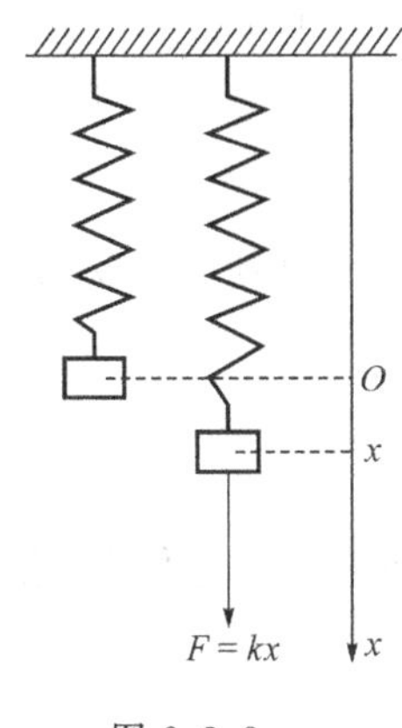

图6-3-3

取伸长量x为积分变量,它的变化区间为$[0,0.1]$,在$[0,0.1]$上任取一小区间$[x,x+\mathrm{d}x]$,与该微区间对应的变力F可近似地看成为恒力,因此,在此微区间上力F所做功W的微元为$\mathrm{d}W=500x\mathrm{d}x$,于是弹簧拉长0.1m所做的功为

$$W=\int_0^{0.1}500x\mathrm{d}x=2.5(\mathrm{N}\cdot\mathrm{m})=2.5(\mathrm{J}).$$

【例5】 设有半径为r的半球形空容器,如图6-3-4.

(1) 以每秒a升的速度向空容器中注水,求水深为$h(0<h<r)$时水面的上升速度.

(2) 假设空容器已注满水,求将其全部抽出所做的功最少应为多少?

解 如图6-3-4所示,建立直角坐标系,则半圆方程为$x^2=2ry-y^2$.

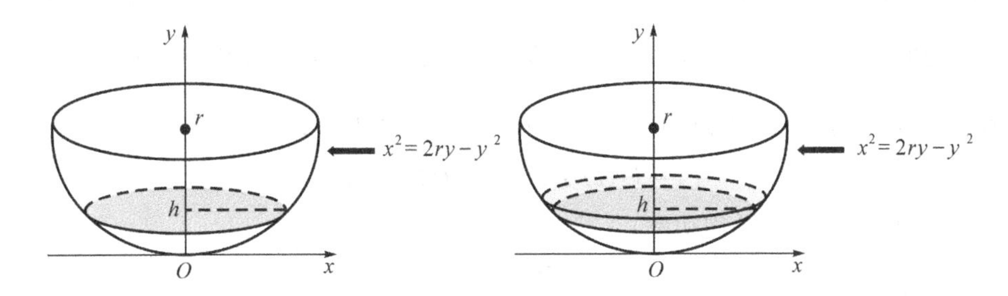

图6-3-4

设经过t秒后容器内水深为$h=h(t)$.

(1) 求$\frac{\mathrm{d}h}{\mathrm{d}t}$.

由题设,经过t秒后容器内的水量为at升,而高为h的球缺的体积为

$V(h)=\int_0^h\pi(2ry-y^2)\mathrm{d}y$ (半球可看作半圆绕y轴旋转而成,体积元素为$\pi x^2\mathrm{d}y$).

因此,

$$at = \int_0^h \pi(2ry - y^2)\mathrm{d}y,$$

上式两边对 t 求导,得

$$\frac{\mathrm{d}h}{\mathrm{d}t} = \frac{a}{\pi(2rh - h^2)}.$$

(2) 将满池水全部抽出所做的最少功为将全部水提到池沿高度所做的功.

注意到体积元素:$\pi x^2 \mathrm{d}y$,重力元素:$\rho g \pi x^2 \mathrm{d}y$. 对应于$[y, y+\mathrm{d}y]$薄层所需的功元素

$$\mathrm{d}W = \rho g \pi x^2 \mathrm{d}y \cdot (r - y) = \rho g \pi(2ry - y^2)(r - y)\mathrm{d}y,$$

故所求得功为

$$W = \rho g \pi \int_0^\pi (2ry - y^2)(r - y)\mathrm{d}y = \frac{\pi}{4}\rho g r^4.$$

6.3.3 交流电的平均功率

在直流电路中,若电流为 I,电阻为 R,则电路中的电压为 $U = IR$,电流通过电阻 R 所消耗的功率为 $P = UI = I^2R$. 在交流电路中,电流 $I(t)$ 是时间 t 的函数,因此上式所表示的功率只是瞬时功率. 由于使用电器不是瞬间的事,所以需要计算一段时间内的平均功率,我们日常所用的电器所标明的"40W""60W" 等就是平均功率. 平均功率等于交流电 $I = I(t)$ 在一个周期 T 内所做的功除以 T,即

$$\overline{P} = \frac{1}{T}\int_0^T I^2(t)R\mathrm{d}t.$$

【例 6】 设交流电 $I(t) = I_m \sin \omega t$,其中 I_m 是电流最大值(峰值),ω 为角频率,而周期 $T = \frac{2\pi}{\omega}$. 若电流通过电阻为常数 R 的纯电阻电路,求在一周期内该电路的平均功率 $\overline{P}$.

解 由物理学可知,电路中的电压为 $U(t) = I(t)R = I_m R \sin \omega t$,消耗的功率为

$$P = U(t) \cdot I(t) = I_m^2 R \sin^2 \omega t.$$

因此,一周期内该电路的平均功率

$$\begin{aligned}
\overline{P} &= \frac{1}{T}\int_0^T P\mathrm{d}t = \frac{1}{T}\int_0^T RI^2(t)\mathrm{d}t = \frac{I_m^2 R\omega}{2\pi}\int_0^{\frac{2\pi}{\omega}} \sin^2 \omega t\,\mathrm{d}t \\
&= \frac{I_m^2 R}{4\pi}\int_0^{\frac{2\pi}{\omega}} (1 - \cos 2\omega t)\mathrm{d}(\omega t) \\
&= \frac{I_m^2 R}{4\pi}\left(\omega t - \frac{\sin 2\omega t}{2}\right)\Big|_0^{\frac{2\pi}{\omega}} = \frac{I_m^2 R}{2}.
\end{aligned}$$

6.3.4 物体对质点的引力

牛顿的万有引力定律说明:质量为 m_1, m_2 的质点,相距 d,两质点的引力 F 的方向为

沿质点的连线，大小为 $F=G\frac{m_1m_2}{d^2}$，这里，G 为万有引力常数(见图 6-3-5). 若考虑物体对质点的引力，则需要用积分来解决.

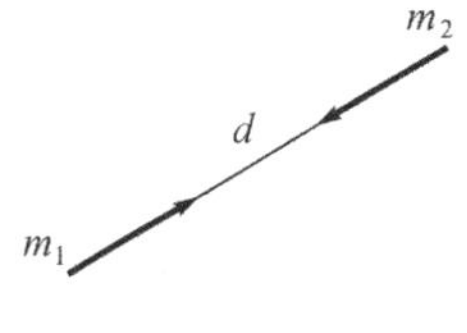

图 6-3-5

【例 7】　设有一长度为 l，线密度为 ρ 的均匀细直棒，在其中垂线上 a 单位处有一质量为 m 的质点 M，计算该棒对质点的引力.

解　如图 6-3-6 所示，建立直角坐标系.

细棒上小段 $[x,x+\mathrm{d}x]$ 对质点的引力大小为 $\mathrm{d}F=G\frac{m\rho\mathrm{d}x}{a^2+x^2}$，故垂直分力元素为

$$\mathrm{d}F_y=-\mathrm{d}F\cos\alpha=-G\frac{m\rho\mathrm{d}x}{a^2+x^2}\cdot\frac{a}{\sqrt{a^2+x^2}}.$$

棒对质点的引力的垂直分力为

$$\begin{aligned}F_y&=-2Gm\rho a\int_0^{\frac{l}{2}}\frac{\mathrm{d}x}{(a^2+x^2)^{3/2}}\\&=-2Gm\rho a\left(\frac{x}{a^2\sqrt{a^2+x^2}}\right)\Bigg|_0^{\frac{l}{2}}\\&=-\frac{2Gm\rho l}{a\sqrt{4a^2+l^2}}.\end{aligned}$$

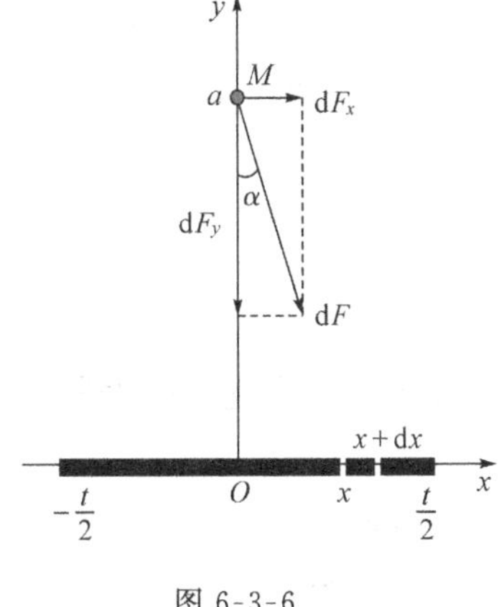

图 6-3-6

同理，棒对质点的引力的水平分力为 $F_x=0$. 故棒对质点的引力大小为 $\frac{2Gm\rho l}{a\sqrt{4a^2+l^2}}$.

6.3.5　液体的静压力

设液体的密度为 ρ，深度为 h 处的压强为 $p=g\rho h$. 当平板与水面平行时，平板一侧所受的压力 $P=pA$，这里 A 是平板的面积(见图 6-3-7). 若平板与水面不平行，则需要用积分来计算平板一侧所受的压力.

【例 8】　一水平横放的半径为 r 的圆桶，内有半桶密度为 ρ 的液体，求桶的一个端面所受的侧压力.

解　如图 6-3-8 所示，建立直角坐标系.

半圆的方程为 $y=\pm\sqrt{r^2-x^2}\,(0\leqslant x\leqslant r)$，小条上各点的压强 $p\approx g\rho x$，小条的面积 $2\sqrt{r^2-x^2}\,\mathrm{d}x$，侧压力元素 $\mathrm{d}p=g\rho x\cdot2\sqrt{r^2-x^2}\,\mathrm{d}x$. 因此，端面所受的侧压力

$$P=\int_0^r\mathrm{d}p=\int_0^r g\rho x\cdot2\sqrt{r^2-x^2}\,\mathrm{d}x=\frac{2g\rho r^3}{3}.$$

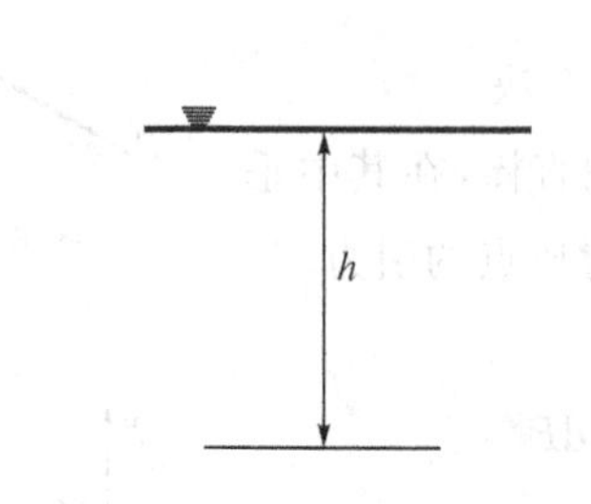

图 6-3-7　底部是面积为 A 的平板

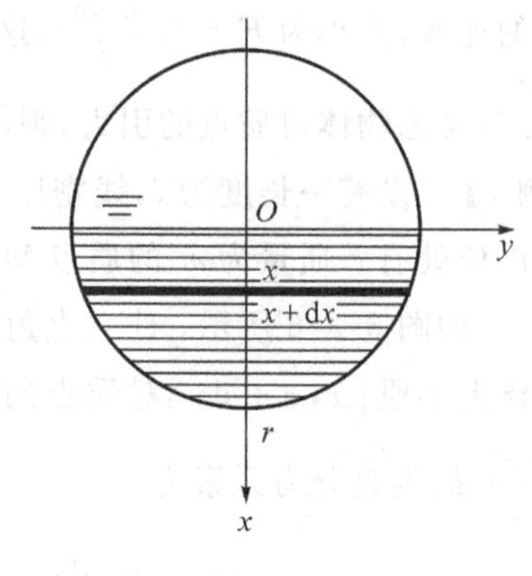

图 6-3-8

6.3.6　平面图形的静矩和形心

形心是物体的几何中心(只与物体的几何形状和尺寸有关,与组成该物体的物质无关).平面图形的形心就是其几何中心. 物体的重力的合力作用点(与组成该物体的物质有关)称为物体的**重心**,也就是说,重心是在重力场中,物体处于任何方位时所有各组成支点的重力的合力都通过的那一点. 在工程中遇到的具有对称中心、对称轴、对称面的均匀物体,其形心与重心重合,且必在对称中心、对称轴、对称面上. 例如,均质细直棒的形心是棒的中点,均质球体的形心是球心,矩形均质物体的形心在对称轴的交点上.

静矩,又称**截面面积矩**,它定义为平面图形的面积 A 与其形心到某一坐标轴的距离的乘积.

如图 6-3-9,平面图形面积为 A,则平面图形面积 A 对 x 轴的静矩 S_x 等于静矩元素 $\mathrm{d}S_x = y\mathrm{d}A$ 在整个平面图形上的积分. 即 $S_x = \int_A \mathrm{d}S_x = \int_A y\mathrm{d}A$;平面图形面积 A 对 y 轴的静矩 S_y 等于静矩微元 $\mathrm{d}S_y = x\mathrm{d}A$ 在整个平面图形上的积分,即 $S_y = \int_A \mathrm{d}S_y = \int_A x\mathrm{d}A$.

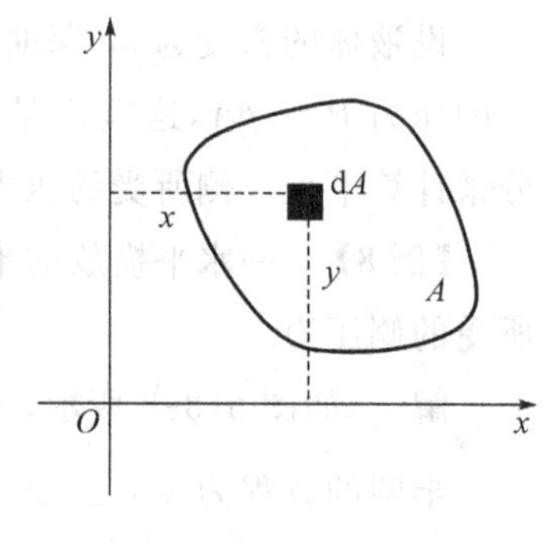

图 6-3-9

【注意】　静矩与坐标轴有关,同一平面图形对于不同的坐标轴有不同的静矩. 静矩可正,可负,也可以为零.

工程上,面积元素 $\mathrm{d}A$ 与其至 x 轴或 y 轴距离平方的乘积 $y^2\mathrm{d}A$ 或 $x^2\mathrm{d}A$,分别称为该面积元素对于 x 轴或 y 轴的**惯性矩**或**截面二次轴矩**. 惯性矩的数值恒大于零. 即

$$I_x = \int_A y^2\mathrm{d}A,\quad I_y = \int_A x^2\mathrm{d}A.$$

根据力学知识，若(x_c, y_c)是平面图形的形心坐标，则 x_c 和 y_c 的计算公式为

$$x_c = \frac{S_y}{A} = \frac{\int_A x\,dA}{A}, \quad y_c = \frac{S_x}{A} = \frac{\int_A y\,dA}{A}.$$

在用上式计算平面图形形心时，我们需要根据平面图形选定合适的积分变量，使 dA 容易计算. 一般地，由曲线 $y = f(x)$，直线 $x = a, x = b(a < b)$ 及 x 轴所围成的曲边梯形的形心坐标 $x_c = \frac{S_y}{A} = \frac{\int_a^b x f(x)\,dx}{\int_a^b f(x)\,dx}, y_c = \frac{S_x}{A} = \frac{\int_a^b \frac{1}{2} f^2(x)\,dx}{\int_a^b f(x)\,dx}$. 这是因为：取 x 为积分变量，积分区间为$[a,b]$，在$[a,b]$上任取一个小区间$[x, x+dx]$，则区间$[x, x+dx]$相对应的窄曲边梯形的面积可以近似地用高为 $f(x)$，宽为 dx 的矩形面积来代替，所以面积元素为 $dA = f(x)dx$. 因为 dx 很小，窄曲边梯形的形心的横坐标可近似为 x，纵坐标可近似为 $\frac{1}{2}f(x)$. 则对于 x 轴和 y 轴的静矩元素为

$$dS_x = y\,dA = \frac{1}{2}f(x)\,dA = \frac{1}{2}f^2(x)\,dx, \quad dS_y = x\,dA = xf(x)\,dx.$$

类似可得，由 $x = \varphi(y)$ 和直线 $y = c, y = d(c < d)$ 以及 y 轴所围成的曲边梯形的形心坐标为

$$x_c = \frac{S_y}{A} = \frac{\frac{1}{2}\int_c^d \varphi^2(y)\,dy}{\int_c^d \varphi(y)\,dy}, \quad y_c = \frac{S_x}{A} = \frac{\int_c^d y\varphi(y)\,dy}{\int_c^d \varphi(y)\,dy}.$$

【例 10】 计算由抛物线 $y = h\left(1 - \frac{x^2}{b^2}\right)$，$x$ 轴和 y 轴所围成的平面图形（如图 6-3-10）对 x 轴和 y 轴的静矩，并确定图形的形心坐标.

解 取 x 为积分变量，积分区间为$[0,b]$. 在$[0,b]$上任取一个小区间$[x, x+dx]$，则与这一小区间相对应的一小片的面积可以用宽为 dx，高为 $h(1 - \frac{x^2}{b^2})$ 的矩形面积来近似代替，即面积微元 $dA = h\left(1 - \frac{x^2}{b^2}\right)dx$，所以

$$S_x = \int_A \frac{y}{2}\,dA = \frac{1}{2}\int_0^b h^2\left(1 - \frac{x^2}{b^2}\right)^2 dx = \frac{4bh^2}{15},$$

$$S_y = \int_A x\,dA = \int_0^b xh\left(1 - \frac{x^2}{b^2}\right)dx = \frac{b^2 h}{4}.$$

又平面图形的面积 $A = \int_A dA = \int_0^b h\left(1 - \frac{x^2}{b^2}\right)dx = \frac{2bh}{3}$，所以形心坐标为

$$x_c = \frac{S_y}{A} = \frac{\frac{bh^2}{4}}{\frac{2bh}{3}} = \frac{3b}{8}, \quad y_c = \frac{S_x}{A} = \frac{\frac{4bh^2}{15}}{\frac{2bh}{3}} = \frac{2h}{5}.$$

【例 11】 土木工程中"鱼腹梁"的纵断面如图 6-3-11 所示,设平面图形质量均匀分布,面密度 $\sigma=1$,求其重心.

解 由于平面图形($y_1=1,y_2=cx^2$ 所围的平面图形)质量均匀分布,其重心与形心重合.由对称性知,形心的横坐标为0,只要求纵坐标 y_c 即可.选 x 为积分变量,积分区间为 $[-a,a]$,在 $[-a,a]$ 上任取一个小区间 $[x,x+\mathrm{d}x]$,则与这一小区间相对应的一小片的面积可以用宽为 $\mathrm{d}x$,高为 $1-cx^2$ 的矩形面积来近似代替,即面积微元 $\mathrm{d}A=(1-cx^2)\mathrm{d}x$,所以

$$面积\ A=\int_{-a}^{a}(1-cx^2)\mathrm{d}x=2\left(a-\frac{c}{3}a^3\right),$$

与这一小区间相对应的一小片形心的纵坐标可近似为 $\dfrac{y_1+y_2}{2}=\dfrac{1+cx^2}{2}$,从而

$$S_x=\int_{-a}^{a}\frac{1}{2}(1+cx^2)(1-cx^2)\mathrm{d}x=\int_{0}^{a}(1-c^2x^4)\mathrm{d}x=a-\frac{c^2a^5}{5},$$

故 $$y_c=\frac{S_x}{A}=\frac{a-\dfrac{c^2a^5}{5}}{2(a-\dfrac{c}{3}a^3)}=\frac{3}{10}\,\frac{5-c^2a^4}{3-ca^2}.$$

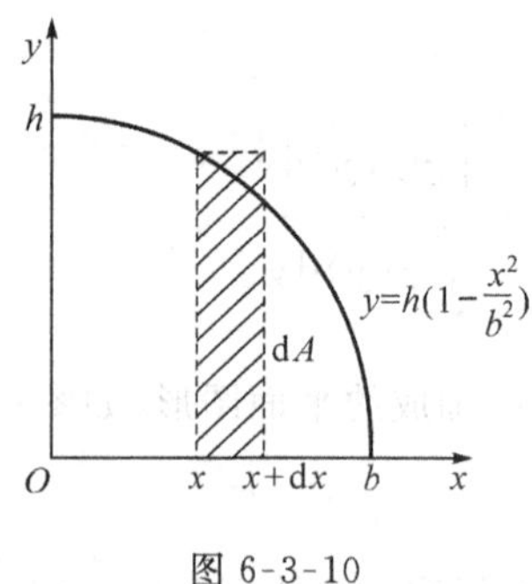

图 6-3-10

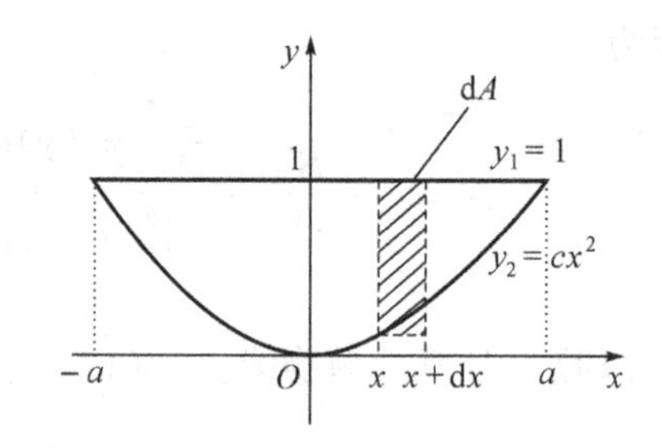

图 6-3-11

【例 12】 如图 6-3-12 所示,求阴影部分对 x 轴的静矩和惯性矩.

解 如图 6-3-12 所示,建立直角坐标系,任取一小区间 $[x,x+\mathrm{d}x]$,则面积微元为

$$\mathrm{d}A=\left(\frac{h}{2}-a\right)\mathrm{d}x.$$

则阴影部分对 x 轴的静矩为

$$S_x=\int_A\frac{y}{2}\mathrm{d}A=\int_{-\frac{b}{2}}^{\frac{b}{2}}\left[a+\frac{1}{2}\left(\frac{h}{2}-a\right)\right]\left(\frac{h}{2}-a\right)\mathrm{d}x=\frac{b}{2}\left(\frac{h^2}{4}-a^2\right).$$

阴影部分对 x 轴的惯性矩为

$$I_x=\int_A y^2\mathrm{d}A=\int_{-\frac{h}{2}}^{\frac{h}{2}}y^2b\mathrm{d}y=\frac{bh^3}{12}.$$

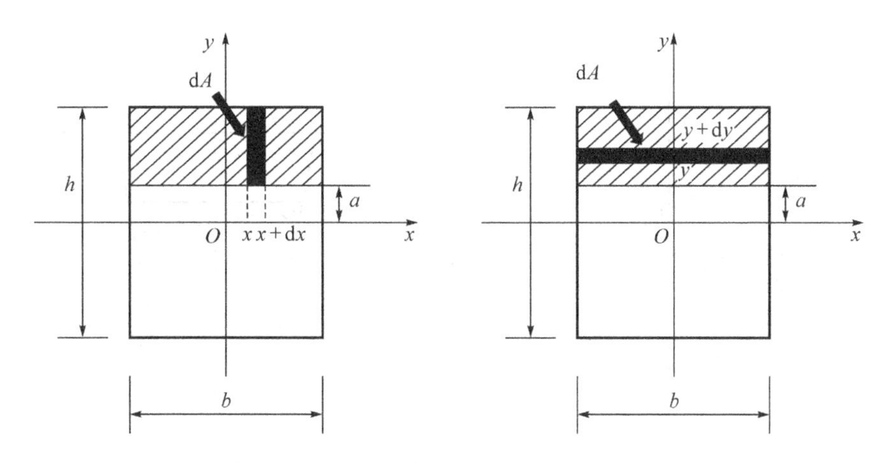

图 6-3-12　左图:静矩微元;右图:惯性矩微元

【结束语】 微元法是应用科学工作人员和工程技术人员解决实际问题的一种常用方法.用定积分解决实际问题的关键在于把实际问题所求的某个量 Q 化为某个函数的定积分,微元法(元素法)是实现这一转化的工具.由定义来求定积分的过程可概括为"分割 — 取近似 — 求和 — 取极限"四个步骤,但事先需要知道积分区间和被积函数.而微元法正是一种求被积表达式 $f(x)\mathrm{d}x$ 的有效方法,也是确定被积函数积分区间的方法.因此,求微元是定积分应用的关键,这需要注意以下几个方面:(1) 对一小区间 $[x,x+\mathrm{d}x]$ 上增量 ΔQ 进行分析,寻找出正确、简便的微元表达式 $\mathrm{d}Q=f(x)\mathrm{d}x$;(2) 选择适当的积分变量,可使积分计算变得简单,否则,会造成计算复杂,甚至无法计算;(3) 坐标系的建立是否恰当,直接影响建立函数关系的难易,从而影响微元的寻找和积分的计算.

▶▶▶▶ 习题 6.3 ◀◀◀◀

1. 一物体的速度 $v=t^2+3t(\mathrm{m/s})$,且做直线运动,试计算在 $t=0\mathrm{s}$ 到 $t=4\mathrm{s}$ 这段时间内的平均速度.

2. 已知弹簧每拉长 0.02 米要用 9.8 牛顿的力.求把弹簧从平衡位置拉长 0.1 米所做的功.

3. 两个小球中心相距 r,各带同性电荷 Q_1 及 Q_2,其相互推斥的力可由库仑定律 $F=k\dfrac{Q_1Q_2}{r^2}$ 计算.设当 $r=0.50$ 米时,$F=0.196$ 牛顿,在电场力的作用下,两球距离自 $r=0.75$ 米变为 $r=1$ 米,求电场力所做的功.

4. 有一长为 2 米、宽为 3 米的矩形闸门,求当水面超过门顶 1 米时,闸门上所受的水压力.

5. 设有一水平放置的水管,其断面是直径为 0.6 米的圆.求当水半满时,水管一端的竖立闸门上所受的压力.

6. 设水渠的闸门与水面垂直,水渠横截面是等腰梯形,下底长 4 米,上底长 6 米,高 6 米.当水渠灌满水时,求闸门所受的水压力.

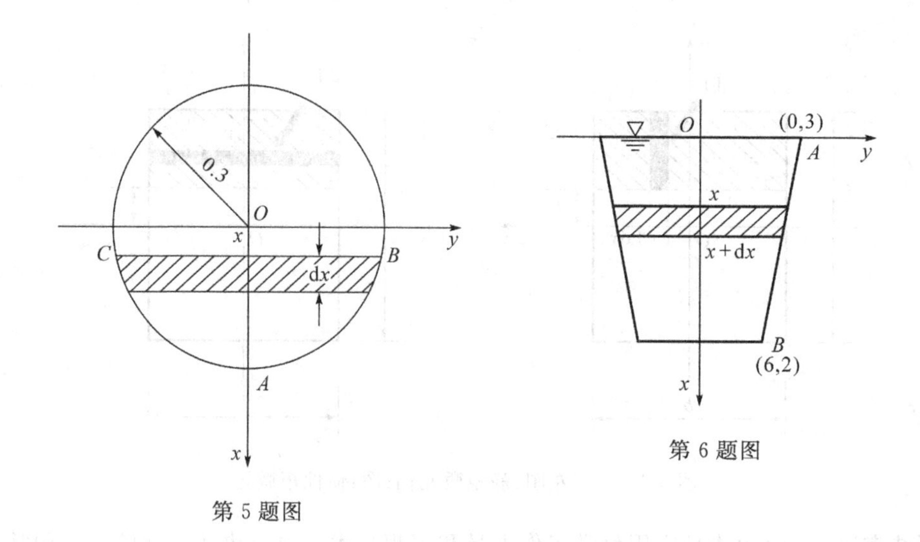

第 5 题图　　　　第 6 题图

7. 求由曲线 $y = x^2$，x 轴和直线 $x = 1$ 所围成的平面图形的形心.

8. 求阴影三角形图形对 x 轴、y 轴的惯性矩 I_x、I_y.

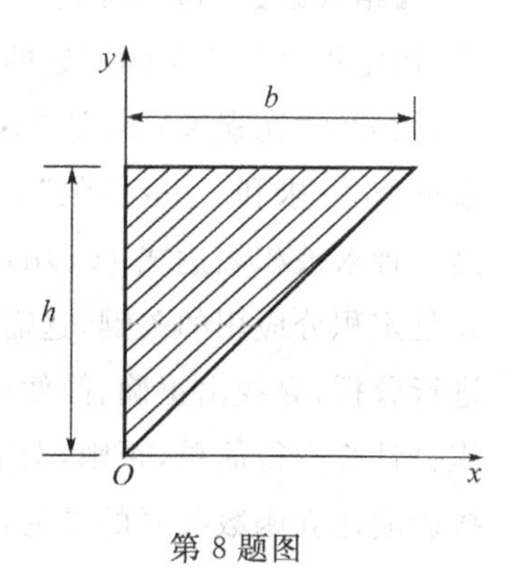

第 8 题图

定积分在经济学中的一个应用

经济学在社会科学中占有举足轻重的地位. 一方面是它与人的生活密切相关. 它探讨的是资源如何在人群中进行有效分配的问题. 另一方面，是因为经济学理论的清晰性、严密性和完整性使它成为社会科学中最“科学”的学科，而这要归功于数学.

——北京大学数学教授张顺燕

在微积分中，“无限细分”就是微分，“无限求和”就是积分. 无限就是极限，极限的思想是微积分的基础. 比如，子弹飞出枪膛的瞬间速度就是微分的概念，子弹每个瞬间所飞行的路程之和就是积分的概念. 在经济管理中，由边际函数求总函数(即原函数)，一般采用不定积分来解决，或求一个变上限的定积分；如果求总函数在某个范围的改变量，则采用定积分来解决.

某产品的总成本是指生产一定数量的产品所需的全部经济资源投入(劳力、原料、设备等)的价格或费用总额. 它由固定成本与可变成本构成. 在经济学中，边际概念是反映一种经济变量 y 相对于另一种经济标量 x 的变化率 $\dfrac{\Delta y}{\Delta x}$ 或 $\lim\limits_{\Delta x \to 0} \dfrac{\Delta y}{\Delta x}$.

用 $C(Q)$ 表示生产 Q 个单位某种产品的总成本. 平均成本 $\overline{C}(Q)=\dfrac{C(Q)}{Q}$ 表示生产 Q 个单位商品时,平均每单位商品的成本. $C'(Q)$ 为产量 Q 的**边际成本**. 由微分公式,得

$$C(Q+1)-C(Q)\approx C'(Q)\cdot(Q+1-Q)=C'(Q),$$

因此,边际成本 $C'(Q)$ 表示产量从 Q 个单位时在生产一个单位商品所需的成本,即表示生产第 $Q+1$ 个单位商品的成本.

总收益是指出售一定量产品所得到的全部收入. 用 $R(Q)$ 表示销售 Q 个单位某种产品的总收益, Q 表示商品量, P 表示商品价格, R 表示总收益. 平均收益 $\overline{R}(Q)=\dfrac{R(Q)}{Q}$ 表示销售 Q 个单位商品时,平均每单位商品的收益. $R'(Q)$ 为产量 Q 的**边际收益**. 收益与需求(商品价格)的关系为 $R=R(Q)=Q\cdot P(Q)$. 因此,边际收益 $R'(Q)$ 表示产量从 Q 个单位时在生产一个单位商品所需的成本,即表示生产第 $Q+1$ 个单位商品的收益.

用 $L(Q)=R(Q)-C(Q)$ 表示生产或销售 Q 个单位某种产品的总利润. 平均利润 $\overline{L}(Q)=\dfrac{L(Q)}{Q}$ 表示生产或销售 Q 个单位商品时,平均每单位商品的利润. $L'(Q)$ 为产量或销量为 Q 时的**边际利润**. 因此,边际利润 $L'(Q)$ 表示产量从 Q 个单位时再生产或销售一个单位商品所得的利润,即表示生产或销售第 $Q+1$ 个单位商品的成本.

若固定成本为 C_0,则 $C(Q)=\int_0^Q C'(Q)\mathrm{d}Q+C_0$, $L(Q)=\int_0^Q[R'(Q)-C'(Q)]\mathrm{d}Q-C_0$, $R(Q)=\int_0^Q R'(Q)\mathrm{d}Q$.

【例 1】　某企业生产 x 吨产品时的边际成本为 $C'(x)=\dfrac{1}{50}x+30$(元/吨). 且固定成本为 900 元,试求产量为多少时平均成本最低?

解　首先求出成本函数

$C(x)=\int_0^x C'(x)\mathrm{d}x+c_0=\int_0^x\left(\dfrac{1}{50}x+30\right)\mathrm{d}x+900=\dfrac{1}{100}x^2+30x+900$,得平均成本函数为 $\overline{C}(x)=\dfrac{C(x)}{x}=\dfrac{1}{100}x+30+\dfrac{900}{x}$,求一阶导数 $\overline{C}'(x)=\dfrac{1}{100}-\dfrac{900}{x^2}$.

令 $\overline{C}'=0$,解得 $x_1=300$($x_2=-300$ 舍去). 因此, $\overline{C}(x)$ 仅有一个驻点 $x_1=300$,再由实际问题本身可知 $\overline{C}(x)$ 有最小值,故当产量为 300 吨时,平均成本最低.

【例 2】　某煤矿投资 2000 万元建成,在时刻 t 的追加成本和增加收益分别 $\begin{cases}C'(t)=6+2t^{\frac{2}{3}}\\R'(t)=18-t^{\frac{2}{3}}\end{cases}$(百万元/年),试确定该矿何时停止生产可获得最大利润?最大利润是多少?

解　有极值存在的必要条件为 $R'(t)-C'(t)=0$,即 $18-t^{\frac{2}{3}}-(6+2t^{\frac{2}{3}})=0$,可解得 $t=8$. 由于

$$R''(t)-C''(t)=-\frac{2}{3}t^{\frac{-1}{3}}-\frac{4}{3}t^{-\frac{2}{3}},\quad R''(t)-C''(t)<0.$$

故 $t=8$ 时是最佳终止时间,此时的利润为

$$L=\int_0^8[R'(t)-C'(t)]\mathrm{d}t-20=\int_0^8[(18-t^{\frac{2}{3}})-(6+2t^{\frac{2}{3}})]\mathrm{d}t-20$$

$$=\left(12t-\frac{9}{5}t^{\frac{5}{3}}\right)\Big|_0^8-20=18.4.$$

因此最大利润为 18.4 百万元.

附录

《高等数学》(上册)综合自测题 I

一、判断题(每小题 1 分,共 5 分)

说明:判断以下命题正误,对的在题后括号内打“√”,错的打“×”.

1. 连续函数在连续点都有切线. (　　)

2. 偶函数的导数为奇函数,奇函数的导数为偶函数. (　　)

3. 分段函数必存在间断点. (　　)

4. 函数的最大值可能在区间端点、驻点或导数不存在的点上取到. (　　)

5. 函数 $y=f(x)$ 在开区间 (a,b) 内有二阶导数,如果在 (a,b) 内 $f''(x)<0$,则函数曲线在 (a,b) 内是凸函数. (　　)

二、填空题(每小题 3 分,共 30 分)

6. $\lim\limits_{x\to 0}\dfrac{\sin 3x}{\tan 2x}=$ ________.

7. $x=0$ 是函数 $f(x)=x\sin\dfrac{1}{x}$ 的________间断点.

8. 导数 $f'(x_0)$ 的几何意义是曲线 $y=f(x)$ 上点 $(x_0,f(x_0))$ 处切线的________.

9. 已知 $f(x)=x\sin x$,则 $f'\left(\dfrac{\pi}{2}\right)=$ ________.

10. 曲线 $y=x^3-3x+1$ 的拐点是 ________.

11. 曲线 $y=x\sin\dfrac{1}{x}$ 的水平渐近线是________.

12. 曲线 $y=6x-24x^2+x^4$ 的凸区间是________.

13. 函数 $y=\sin x$ 图像在 $[0,\pi]$ 上与 x 轴所围成平面图形的面积 $S=$ ________.

14. $\int_{\frac{1}{2}}^{1}x^2\ln x\mathrm{d}x$ 的值的符号为________.

15. 若 $f(x)$ 在 $[a,b]$ 上连续,且 $\int_a^b f(x)\mathrm{d}x=0$,则 $\int_a^b[f(x)+1]\mathrm{d}x=$ ________.

三、选择题(每小题 3 分,共 15 分)

16. $\lim\limits_{x\to+\infty}\dfrac{\sin x}{2x}$ 的计算结果为(　　).

A. 1　　B. 0　　C. $\dfrac{1}{2}$　　D. 不存在

17. $f(x)=\begin{cases}0, & x\leqslant 0\\ \dfrac{1}{x}, & x>0\end{cases}$ 在点 $x=0$ 不连续是因为(　　).

A. $f(0^-)$ 不存在　　B. $f(0^+)$ 不存在

C. $f(0^+)\neq f(0)$　　D. $f(0^-)\neq f(0)$

18. 当 $x>0$ 时,e^x 与 $1+x$ 的大小关系是(　　).

A. $\mathrm{e}^x>1+x$　　B. $\mathrm{e}^x<1+x$　　C. $\mathrm{e}^x\geqslant 1+x$　　D. $\mathrm{e}^x\leqslant 1+x$

19. $\dfrac{\mathrm{d}}{\mathrm{d}x}\left(\int_a^b \cos x\mathrm{d}x\right)=$ (　　).

A. 0　　B. $\cos b-\cos a$　　C. $\sin x$　　D. $\sin b-\sin a$

20. 如果某函数的一阶和二阶导数在定义域各个区间上的符号如下表所示:

x	$(-\infty, a)$	(a, b)	$(b, +\infty)$
y'	+	−	+
y''	−	−	−

则该函数的可能图像是(　　).

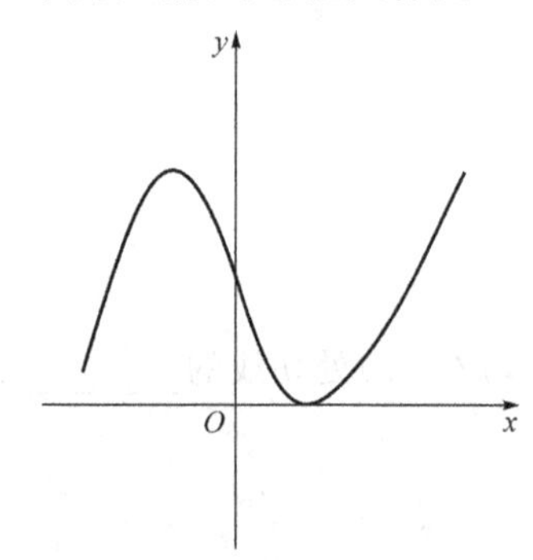

A

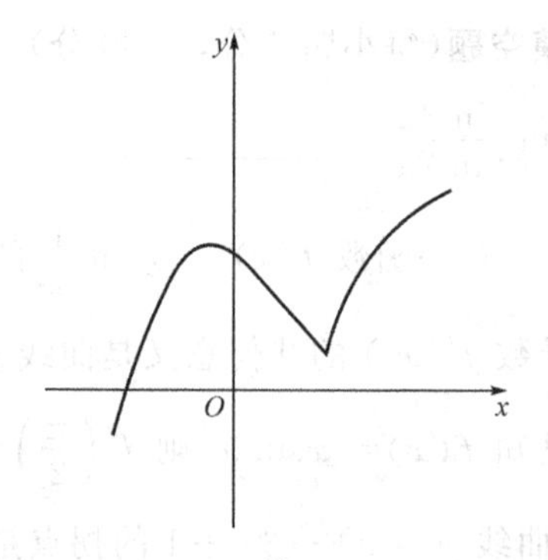

B

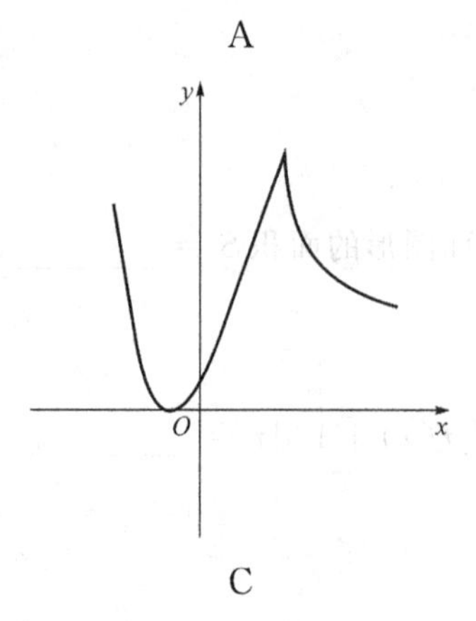

C

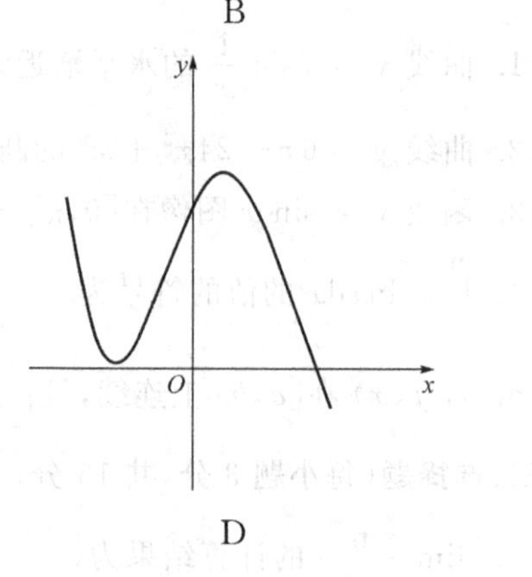

D

四、计算题(每小题 5 分,共 30 分)

21. 求极限$\lim\limits_{x\to 0}(e^{x}+x)^{\frac{1}{\sin x}}$.

22. $y=\ln(x+\sqrt{x^{2}+1})$,求 y'.

23. 求不定积分$\int\frac{dx}{x^{2}-a^{2}}\quad(a\neq 0)$.

24. 求函数 $f(x)=2x^{3}-3x^{2}-12x+13$ 的单调区间和极值.

25. 求不定积分$\int\cos^{3}x\,dx$.

26. 求定积分$\int_{0}^{\ln 2}\sqrt{1-e^{-2x}}\,dx$.

五、综合题(每小题 10 分,共 20 分)

27. 证明不等式$\frac{x}{1+x}<\ln(1+x)<x\quad(x>0)$.

28. 求由曲线 $y=x^{2}$ 和 $y=2-x^{2}$ 所围成的平面图形面积.

参考答案

一、判断题(共 5 题,每小题 1 分,共 5 分)

1. × 2. √ 3. × 4. √ 5. √

二、填空题(共 10 题,每小题 3 分,共 30 分)

6. $\frac{3}{2}$ 7. 振荡间断点 8. 斜率 9. 1 10. (0,1)

11. $y=1$ 12. (−2,2) 13. 2 14. 负的 15. $b-a$

三、选择题(共 5 题,每小题 3 分,共 15 分)

16. B 17. B 18. A 19. A 20. A

四、计算题(共 6 题,每小题 5 分,共 30 分)

21. 求极限$\lim\limits_{x\to 0}(e^{x}+x)^{\frac{1}{\sin x}}$.

解 $\lim\limits_{x\to 0}(e^{x}+x)^{\frac{1}{\sin x}}=\lim\limits_{x\to 0}e^{\ln(e^{x}+x)^{\frac{1}{\sin x}}}$ ……2 分

又 $\lim\limits_{x\to 0}\frac{\ln(e^{x}+x)}{\sin x}=\lim\limits_{x\to 0}\frac{e^{x}+1}{\cos x(e^{x}+x)}=2$ ……3 分

22. $y=\ln(x+\sqrt{x^{2}+1})$,求 y'.

解 $y'=\frac{1}{x+\sqrt{x^{2}+1}}(x+\sqrt{x^{2}+1})'=\frac{1}{x+\sqrt{x^{2}+1}}\left(1+\frac{1}{2}\cdot 2x\cdot\frac{1}{\sqrt{x^{2}+1}}\right)$

$$=\frac{1}{x+\sqrt{x^{2}+1}}\left(1+\frac{x}{\sqrt{x^{2}+1}}\right)=\frac{1}{x+\sqrt{x^{2}+1}}\left(\frac{\sqrt{x^{2}+1}+x}{\sqrt{x^{2}+1}}\right)$$

$$=\frac{1}{\sqrt{x^2+1}}.$$ ……5 分

23. 求不定积分$\int\frac{\mathrm{d}x}{x^2-a^2}\quad(a\neq 0)$.

解 因为$\frac{1}{x^2-a^2}=\frac{1}{2a}\left(\frac{1}{x-a}-\frac{1}{x+a}\right)$,故

原式$=\int\frac{\mathrm{d}x}{x^2-a^2}=\frac{1}{2a}\int\left(\frac{1}{x-a}-\frac{1}{x+a}\right)\mathrm{d}x$ ……2 分

$$=\frac{1}{2a}\left(\int\frac{1}{x-a}\mathrm{d}x-\int\frac{1}{x+a}\mathrm{d}x\right)=\frac{1}{2a}\left[\int\frac{1}{x-a}\mathrm{d}(x-a)-\int\frac{1}{x+a}\mathrm{d}(x+a)\right]$$

$$=\frac{1}{2a}[\ln|x-a|-\ln|x+a|]+C$$

$$=\frac{1}{2a}\ln\left|\frac{x-a}{x+a}\right|+C.$$ ……3 分

24. 求函数 $f(x)=2x^3-3x^2-12x+13$ 的单调区间和极值.

解 $\because f(x)=2x^3-3x^2-12x+13,\quad x\in\mathbf{R}$,

$\therefore f'(x)=6x^2-6x-12=6(x^2-x-2)=6(x-2)(x+1)$. ……1 分

x	$(-\infty,-1)$	-1	$(-1,2)$	2	$(2,+\infty)$
y'	$+$	0	$-$	0	$+$
y	递增	20	递减	-7	递增

$\therefore$ 函数单调增区间为$(-\infty,-1)$,$(2,+\infty)$;

函数单调减区间为$(-1,2)$; ……2 分

函数的极大值为 20,极小值为 -7. ……2 分

25. 求不定积分$\int\cos^3 x\mathrm{d}x$.

解 原式$=\int\cos^2 x\cos x\mathrm{d}x=\int\cos^2 x\mathrm{d}(\sin x)$ ……2 分

$$=\int(1-\sin^2 x)\mathrm{d}(\sin x)=\sin x-\frac{1}{3}\sin^3 x+C.$$ ……3 分

26. 求定积分$\int_0^{\ln 2}\sqrt{1-\mathrm{e}^{-2x}}\mathrm{d}x$.

解 原式$\xlongequal{u=\sqrt{1-\mathrm{e}^{-2x}}}\int_0^{\frac{\sqrt{3}}{2}}\frac{u^2}{1-u^2}\mathrm{d}u=\int_0^{\frac{\sqrt{3}}{2}}\left(\frac{1}{1-u^2}-1\right)\mathrm{d}u$

$$=\left(\frac{1}{2}\ln\left|\frac{1+u}{1-u}\right|\right)\Big|_0^{\frac{\sqrt{3}}{2}}-\frac{\sqrt{3}}{2}$$

$$=\ln(2+\sqrt{3})-\frac{\sqrt{3}}{2}.$$ ……5 分

五、综合题(共 2 题,每小题 10 分,共 20 分)

27. 证明不等式$\frac{x}{1+x}<\ln(1+x)<x \quad (x>0)$.

证明 设 $f(x)=\ln(1+x)$,其在$[0,x]$连续,$(0,x)$可导,满足微分中值定理的条件,且 $f'(x)=\frac{1}{1+x}$. ……3 分

由拉格朗日中值定理得

$$\ln(1+x)-\ln(1+0)=\frac{1}{1+\xi}(x-0) \quad (0<\xi<x),$$ ……3 分

即 $$\ln(1+x)=\frac{x}{1+\xi} \quad (0<\xi<x),$$ ……3 分

又 $\frac{x}{1+x}<\frac{x}{1+\xi}<x$, 因此, $\frac{x}{1+x}<\ln(1+x)<x(x>0)$. ……1 分

28. 求由曲线 $y=x^2$ 和 $y=2-x^2$ 所围成的平面图形面积.

解 作图(略),以 x 为积分变量.解方程组 $\begin{cases} y=x^2 \\ y=2-x^2 \end{cases}$ 得 $\begin{cases} x_1=-1 \\ y_1=1 \end{cases}$, $\begin{cases} x_2=1 \\ y_2=1 \end{cases}$, 从而得积分区间为$[-1,1]$. ……5 分

所以,所求平面图形面积为:$A=\int_{-1}^{1}(2-x^2-x^2)\mathrm{d}x=\left(2x-\frac{2}{3}x^3\right)\Big|_{-1}^{1}=\frac{8}{3}$.

……5 分

《高等数学》(上册)综合自测题 Ⅱ

一、判断题(每小题 1 分,共 5 分)

说明:判断以下命题正误,对的在题后括号内打"√",错的打"×".

1. 可导的偶函数的导数为非奇非偶函数. ( )

2. 若 $f(x_0^+) = f(x_0^-)$,则 $f(x)$ 在 x_0 连续. ( )

3. 方程 $x \cdot 2^x = 1$ 至少有一个小于 1 的正数根. ( )

4. 函数的最大值可能在区间端点、驻点或导数不存在的点上取到. ( )

5. 驻点一定是极值点. ( )

二、填空题(每小题 3 分,共 30 分)

6. $\lim\limits_{x\to 0}\dfrac{\arctan x}{x} =$ ________.

7. 设 $f(x) = \begin{cases} k(k-1)xe^x + 1, & x > 0 \\ k^2, & x = 0 \\ x^2 + 1, & x < 0 \end{cases}$ 在 $x = 0$ 处可导,则 $k =$ ________.

8. 函数 $f(x)$ 在 x_0 处可导是函数 $f(x)$ 在 x_0 处连续的________条件.

9. 设函数 $y = f(\sin x)$,则函数的导数为 $y' =$ ________.

10. 点(0,1) 是曲线 $y = x^3 + bx^2 + c$ 的拐点,则 $b =$ ________,$c =$ ________.

11. 曲线 $y = \dfrac{x}{x^2 + 1} - 3$ 的水平渐近线为________.

12. 函曲线 $f(x) = x^4 - 2x^3 + 2x$ 在(1, 2) 的凹凸性为________.

13. $\int d(\sin x) =$ ________.

14. $\dfrac{d}{dx}\left(\int_a^b \cos x dx\right) =$ ________.

15. 若$\int_0^c x(1-x)dx = 0$,则 $c =$ ________ .

三、选择题(每小题 3 分,共 15 分)

16. 当 $x \to 0$ 时,两无穷小 $\alpha = 1 - \cos x$,$\beta = x + \sin x$ 比较,正确的是( ).

A. α 是 β 的高阶无穷小

B. α 是β 的低阶无穷小

C. α 是β 的同阶无穷小,但不是等阶无穷小

D. α 是β 的等价无穷小

17. 对函数 $y=\begin{cases}x^2\sin\dfrac{1}{x}, & x\neq 0\\ 0, & x=0\end{cases}$ 在点 $x=0$ 处正确的说法是(　　)

A. 在点 $x=0$ 处是不连续的

B. 在点 $x=0$ 处是连续的,但不可导

C. 在点 $x=0$ 处是不连续的,但是可导的

D. 在点 $x=0$ 处是连续可导的

18. 若在(a,b)上恒有 $f'(x)=g'(x)$,则该二函数在区间(a,b)内(　　).

A. $f(x)-g(x)=x$　　　B. 相等

C. 仅相差一个常数　　　D. 均为常数

19. 设 $f(x)$在$[a,b]$上连续,$f(x)$在$[a,b]$上的平均值是(　　).

A. $\dfrac{1}{2}\int_a^b f(x)\mathrm{d}x$　　　B. $\int_a^b f(x)\mathrm{d}x$

C. $\dfrac{1}{b-a}\int_a^b f(x)\mathrm{d}x$　　　D. $\dfrac{1}{2}[f(a)+f(b)]$

20. 下列曲线会是以下哪个函数的图像?(　　)

A. $\sin x$

B. $-x^3+3x$

C. x^3-3x^2

D. x^4-x^2

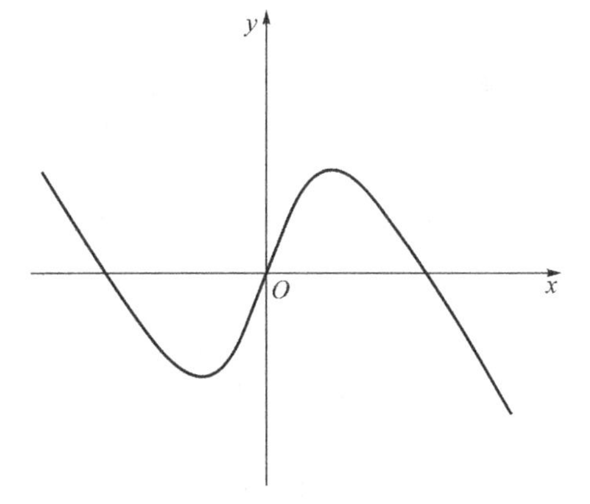

第 20 题图

四、计算题(每小题 6 分,共 30 分)

21. 求极限$\lim\limits_{x\to 0}\dfrac{1-\cos x}{x^2}$.

22. 求 $y=\arcsin\dfrac{2t}{1+t^2}$ 的导数.

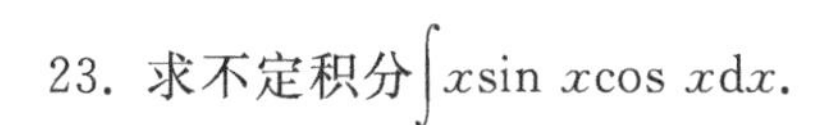

23. 求不定积分$\int x\sin x\cos x\mathrm{d}x$.

24. 求函数 $f(x)=x^2\mathrm{e}^{-x}$ 的单调区间和极值.

25. 求定积分$\int_0^{\frac{\pi}{4}}\dfrac{x}{1+\cos 2x}\mathrm{d}x$.

26. 求不定积分 $I=\int\mathrm{e}^x\cos 2x\mathrm{d}x$.

五、综合题(每小题 10 分,共 20 分)

27. 利用函数的单调性证明不等式:当 $x>0$ 时,$1+x\ln(x+\sqrt{1+x^2})>\sqrt{1+x^2}$.

28. 求由曲线 $y=1-x^2$ 和直线 $y=0$ 所围成的平面图形面积.

参考答案

一、判断题(共 5 题,每小题 1 分,共 5 分)

1. × 2. × 3. √ 4. √ 5. ×

二、填空题(共 10 题,每小题 3 分,共 30 分)

6. 1 7. 1 8. 充分 9. $\cos xf'(\sin x)$ 10. 0,1

11. $y=-3$ 12. 凸 13. $\sin x+C$ 14. 0 15. 0 或 1.5

三、选择题(共 5 题,每小题 3 分,共 15 分)

16. A 17. B 18. C 19. C 20. B

四、计算题(共 6 题,每小题 5 分,共 30 分)

21. 求极限 $\lim\limits_{x\to0}\dfrac{1-\cos x}{x^2}$.

解 $\lim\limits_{x\to0}\dfrac{1-\cos x}{x^2}=\lim\limits_{x\to0}\dfrac{2\sin^2\dfrac{x}{2}}{4\left(\dfrac{x}{2}\right)^2}=\dfrac{1}{2}\left(\lim\limits_{x\to0}\dfrac{\sin\dfrac{x}{2}}{\dfrac{x}{2}}\right)^2=\dfrac{1}{2}.$ ……5 分

22. 求 $y=\arcsin\dfrac{2t}{1+t^2}$ 的导数.

解 $y'=\dfrac{1}{\sqrt{1-\left(\dfrac{2t}{1+t^2}\right)^2}}\cdot\dfrac{2(1+t^2)-2t\cdot2t}{(1+t^2)^2}$ ……2 分

$$=\frac{1}{\sqrt{(1-t^2)^2}}\cdot\frac{2(1-t^2)}{1+t^2}$$

$$=\begin{cases}\dfrac{2}{1+t^2}, & t^2<1\\ -\dfrac{2}{1+t^2}, & t^2>1\end{cases}.$$ ……3 分

23. 求不定积分 $\int x\sin x\cos x\mathrm{d}x$.

解 原式 $=\dfrac{1}{2}\int x\mathrm{d}\sin^2x=\dfrac{1}{2}x\sin^2x-\dfrac{1}{2}\int\sin^2x\mathrm{d}x$

$=-\dfrac{1}{4}x\cos2x+\dfrac{1}{8}\sin2x+C.$ ……5 分

24. 求函数 $f(x)=x^2e^{-x}$ 的单调区间和极值.

解 $\because f(x)=x^2e^{-x}$, $x\in\mathbf{R}$,

$\therefore f'(x)=2xe^{-x}+x^2(-e^{-x})=xe^{-x}(2-x)$. ……2 分

由 $f'(x)=0$,得 $x=0,2$,

x	$(-\infty,0)$	0	$(0,2)$	2	$(2,+\infty)$
y'	$-$	0	$+$	0	$-$
y	递增	0	递增	$4e^{-2}$	递减

$\therefore$ 函数单调上升区间为 $(0,2)$,单调下降区间为 $(-\infty,0)$,$(2,+\infty)$,

极小值为 0 ,极大值为 $4e^{-2}$. ……3 分

25. 求定积分 $\int_0^{\frac{\pi}{4}}\frac{x}{1+\cos 2x}dx$.

解 原式 $=\frac{1}{2}\int_0^{\frac{\pi}{4}}\frac{x}{\cos^2 x}dx=\frac{1}{2}\int_0^{\frac{\pi}{4}}x\,d\tan x=\frac{1}{2}x\tan x\Big|_0^{\frac{\pi}{4}}-\frac{1}{2}\int_0^{\frac{\pi}{4}}\tan x\,dx$

$=\frac{\pi}{8}+\frac{1}{2}\int_0^{\frac{\pi}{4}}\frac{1}{\cos x}d\cos x=\frac{\pi}{8}-\frac{1}{4}\ln 2$. ……5 分

26. 求不定积分 $I=\int e^x\cos 2x\,dx$.

解 $I=\int\cos 2x\,de^x=\cos 2xe^x+\int 2\sin 2x\,de^x$

$=\cos 2xe^x+2(\sin 2xe^x-\int 2\cos 2xe^x\,dx)$ ……2 分

$=e^x(\cos 2x+2\sin 2x)-4I$.

$I=\frac{1}{5}e^x(\cos 2x+2\sin 2x)+C$. ……3 分

五、综合题(每小题 10 分,共 20 分)

27. 证明不等式:当 $x>0$ 时,$1+x\ln(x+\sqrt{1+x^2})>\sqrt{1+x^2}$.

证明 令 $F(x)=1+x\ln(x+\sqrt{1+x^2})-\sqrt{1+x^2}$,则 $F(0)=0$,

$F'(x)=\ln(x+\sqrt{1+x^2})$. ……5 分

因为当 $x>0$ 时,显然 $F'(x)>0$,所以 $F(x)$ 单调递增,所以当 $x>0$ 时,

$F(x)>F(0)=0$,即 $1+x\ln(x+\sqrt{1+x^2})>\sqrt{1+x^2}$ 成立. ……5 分

28. 求由曲线 $y=1-x^2$ 和直线 $y=0$ 所围成的平面图形面积.

解 作图(略),以 x 为积分变量.解方程组 $\begin{cases}y=1-x^2\\y=0\end{cases}$ 得 $\begin{cases}x_1=-1\\y_1=0\end{cases}$,$\begin{cases}x_2=1\\y_2=0\end{cases}$,

从而得积分区间为 $[-1,1]$. ……5 分

所求平面图形面积为:$A=\int_{-1}^{1}(1-x^2)dx=\left(x-\frac{1}{3}x^3\right)\Big|_{-1}^{1}=\frac{4}{3}$ ……5 分

参考文献

[1] 陈君.高等数学应用基础.杭州:浙江大学出版社,2015.

[2] 楮宝增.高等数学.北京:北京大学出版社,2008.

[3] 龚成通.大学数学应用题精讲.上海:华东理工大学出版社,2006.

[4] 蒋兴国，吴延东. 高等数学.3 版. 北京：机械工业出版社，2002.

[5] 李亚杰.简明微积分.2 版.北京:高等教育出版社,2009.

[6] 沈跃云,马怀远.应用高等数学.北京:高等教育出版社,2010.

[7] 田玉芳,王克金,胥斌.高等数学(上册).北京:清华大学出版社,2014.

[8] 同济大学应用数学系.高等数学(上册).5 版.北京:高等教育出版社,2002.

[9] 王桂云.应用高等数学上册.杭州:浙江大学出版社,2015.

[10] 邢春峰,李平.应用数学基础.北京:高等教育出版社,2008.

[11] 张仲毅,曹治勋.高等数学(同济五版、四版)全程指导(上册).沈阳:东北大学出版社,2006.